高等教育艺术设计专业“十四五”校企合作融媒体系列教材

3ds Max 三维建模与渲染教程

主　编　李芷萱　孙　慧　张　骐

副主编　曾庆亮　熊　昕　赵晓彤

郭丽丽　缪　静　徐　腾

胡　君　谢增福　张　雪

華中科技大學出版社

http://press.hust.edu.cn

中国 · 武汉

图书在版编目（CIP）数据

3ds Max 三维建模与渲染教程 / 李芷萱，孙慧，张骐主编．—武汉：华中科技大学出版社，2022.11（2025.1 重印）
ISBN 978-7-5680-8888-6

Ⅰ．①3… Ⅱ．①李… ②孙… ③张… Ⅲ．①三维动画软件－教材 Ⅳ．①TP391.414

中国版本图书馆 CIP 数据核字（2022）第 222834 号

3ds Max 三维建模与渲染教程
3ds Max Sanwei Jianmo yu Xuanran Jiaocheng

李芷萱　孙慧　张骐　主编

策划编辑：江　畅
责任编辑：刘姝甜
封面设计：孢　子
责任监印：朱　玢
出版发行：华中科技大学出版社（中国・武汉）　电话：（027）81321913
　　　　　武汉市东湖新技术开发区华工科技园　邮编：430223
录　　排：武汉创易图文工作室
印　　刷：武汉科源印刷设计有限公司
开　　本：880 mm × 1230 mm　1/16
印　　张：11
字　　数：324 千字
版　　次：2025 年 1 月第 1 版第 2 次印刷
定　　价：58.00 元

前言

Preface

随着数字技术的发展，三维软件设计与应用已逐步融入社会的各个领域，是新一代数字化、虚拟化、智能化设计平台的基础。随着虚拟现实、元宇宙等概念的提出，三维设计呈现出蓬勃发展的态势，成为解决虚实再现、创意呈现等设计过程中实际问题的有力工具，其普及成为必然的趋势。

本书结构清晰、图文并茂、通俗易懂，通过“基础知识 + 实例操作 + 案例详解”的学习结构，由易到难、系统地介绍了主流三维设计软件 3ds Max 的基本功能操作与实际应用技术，对软件的基本操作、建模技术、灯光技术、摄影机技术、材质与贴图、渲染技术以及 VRay 渲染器与 VRay 材质等重要功能与技巧进行了重点解析。每个重要的知识点都配有应用案例，详细阐述了制作原理及操作步骤，以帮助读者熟悉软件的相关命令及使用技巧，提升软件实际操作能力，并在学习中融会贯通、举一反三，解决设计方案的实际问题。

本书融入职业精神、创意思维和传统文化资源等思政元素，引导学生认识三维设计在社会相关领域中的应用及对其发展的促进意义，体会三维设计“源于生活、服务生活”的特点。这也让本书在传统软件技能教材模式的基础上有所突破。编者希望读者可以通过本书进一步理解传统文化资源三维数字转化的意义，形成传承创新民族文化的设计思维，同时，在课题训练的过程中提高自主学习、合作探究、项目式学习的能力。

本书由广州航海学院李芷萱担任第一主编，深圳信息职业技术学院孙慧担任第二主编，浙江建设技师学院张琪担任第三主编，广州航海学院曾庆亮、广东科贸职业学院熊昕、西安明德理工学院赵晓彤等老师共同参与了编写。本书在编写过程中，得到了许多老师、同学及企业（翼狐网）的帮助，在此表示感谢。由于编写时间仓促、编者水平有限，难免存在疏漏之处，恳请广大读者批评指正。

编者

2022 年 11 月

目录
Contents

3ds Max SANWEI JIANMO YU XUANRAN JIAOCHENG

第一章

初识 3ds Max

本章知识点

3ds Max 软件发展、工作界面与基础操作。

学习目标

重点掌握 3ds Max 基础操作，了解软件发展历程，熟悉软件的界面布局。

素养目标

培养良好的软件应用习惯，建立科学严谨的三维项目创作观。

1.1 软件发展概述

3D Studio Max，常简称为 3d Max 或 3ds Max，是 Discreet 公司（后被 Autodesk 公司合并）开发的世界顶级三维软件之一。其前身是基于磁盘操作系统（DOS）的 3D Studio。1996 年随着 Windows 系统的全面到来，全新的可在 Windows 系统环境下运行的 3D Studio Max 1.0 诞生了。在 Discreet 3ds Max 7 后，Discreet 3ds Max 正式更名为 Autodesk 3ds Max。2022 年 3 月，3ds Max 版本已经更新至 3ds Max 2022。

3ds Max 在模型塑造、场景渲染等方面都展现出强大的优势，这使其从诞生以来就一直受到 CG 艺术家的喜爱，在影视动画、游戏、建筑可视化、产品造型等领域起到了重要作用，成为全球最受欢迎的三维制作软件之一。

3ds Max 自问世以来，经历了许多的版本变化，每次升级都会带给用户许多惊喜。功能的提升对于计算机的硬件会提出更高的要求，在版本的选择上，要综合考虑个人计算机的配置，实现性能和稳定性的良好协调。本书均采用 3ds Max 2018 中文版来编写。

1.2 3ds Max 的工作界面

打开 3ds Max 2018 中文版（后文简称 3ds Max 2018），启动画面如图 1–1 所示，工作界面如图 1–2 所示。

3ds Max 2018 的工作界面分为标题栏、菜单栏、主工具栏、视口区域、视图控制区、命令面板、时间尺、动画控制区及状态栏等部分，如图 1–3 所示。

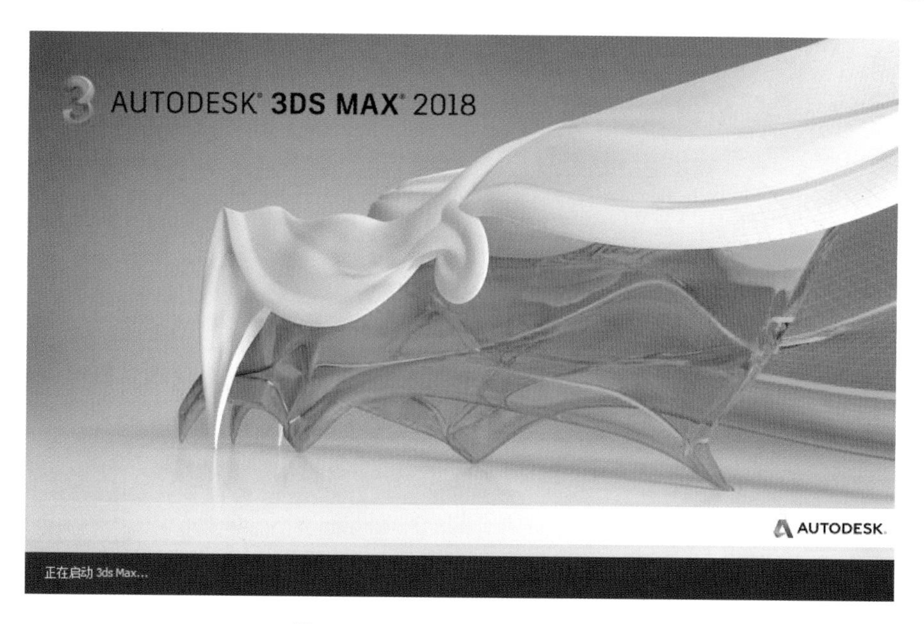

图 1–1　3ds Max 2018 启动画面

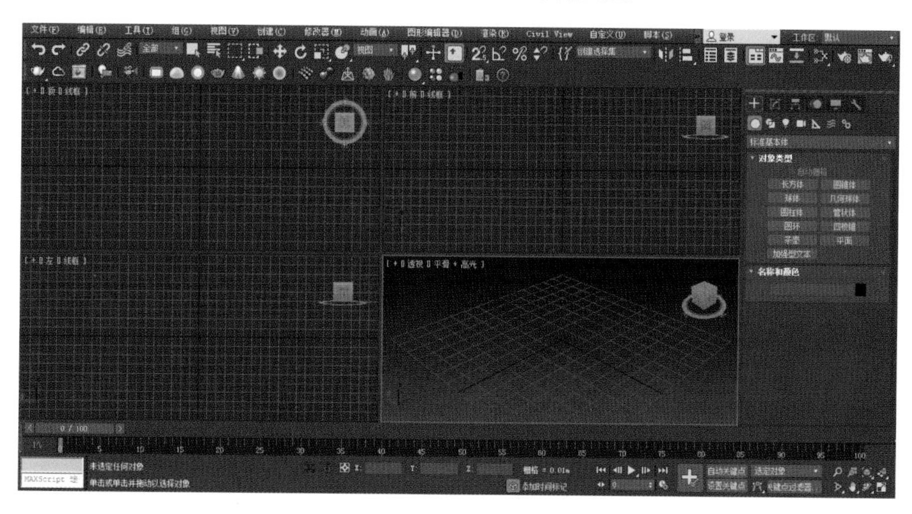

图 1–2　3ds Max 2018 工作界面

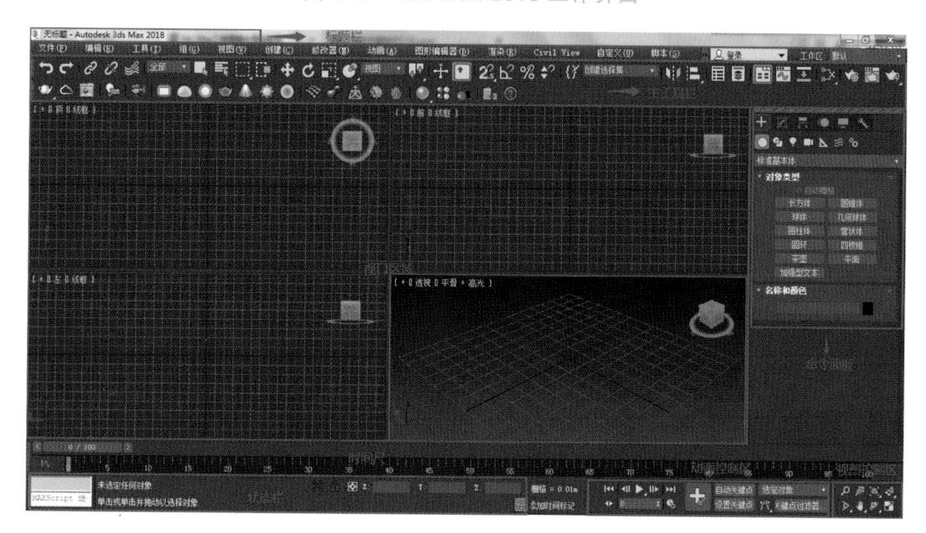

图 1–3　界面组成部分

一、标题栏

标题栏位于界面的最顶部，包含当前编辑的文件名称、软件版本等信息，如图 1–4 所示。

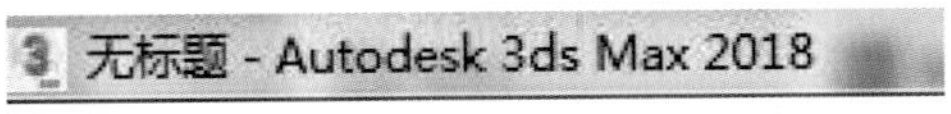

无标题 - Autodesk 3ds Max 2018

图 1–4　标题栏

二、菜单栏

菜单栏位于标题栏的下方，它与 Windows 文件菜单模式及使用方法基本相同。菜单栏涵盖了 3ds Max 大部分使用命令，包含“文件”“编辑”“工具”“组”“视图”“创建”“修改器”“动画”“图形编辑器”“渲染”“Civil View ”“自定义”“脚本”“内容”“帮助”15 个主菜单，如图 1–5 所示。

文件(F)　编辑(E)　工具(T)　组(G)　视图(V)　创建(C)　修改器(M)　动画(A)　图形编辑器(D)　渲染(R)　Civil View　自定义(U)　脚本(S)　内容　帮助(H)

图 1–5　菜单栏

三、主工具栏

3ds Max 具有功能强大的工具栏，主工具栏涵盖了大部分常用命令的快捷按钮，如图 1–6 所示。这些工具的快捷按钮图标大多设计得非常形象，比较容易记忆。部分工具按钮的右下角带有“◢”标记，表示该工具有多重选择，鼠标按住此按钮不放，会展开下拉工具列表。

图 1–6　主工具栏

四、命令面板

命令面板在默认界面上位于屏幕的右侧，对场景对象的操作都可以在命令面板中完成，如图 1–7 所示，它同主工具栏一样，都是 3ds Max 中用户较为频繁访问的核心区域。命令面板由 6 个用户界面面板组成，默认状态下显示“创建”面板，其他面板分别是“修改”面板、“层次”面板、“运动”面板、“显示”面板和“实用程序”面板。

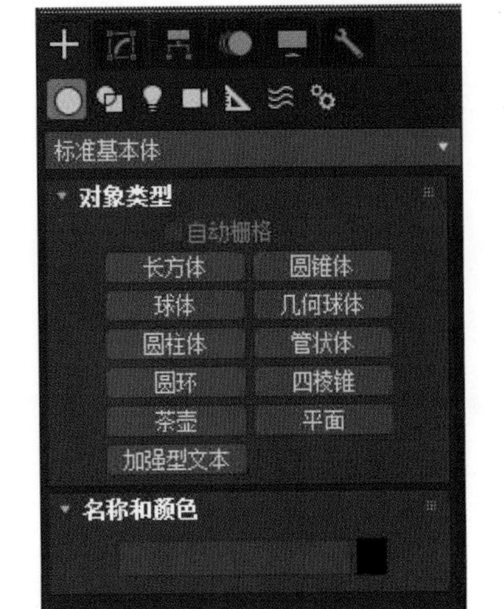

图 1–7　命令面板

五、视口区域和视图控制区

视口区域是操作界面中最大的一个区域，也是 3ds Max 中用于实际操作的区域，见图 1–8，在默认状态下由顶视图（“Top”）、左视图（“Left”）、前视图（“Front”）和透视图（“Perspective”）4 个视图组成，快捷键为对应的首字母。每个视图的左上角都会标注该视图的名称以及模型的显示方式，右上角有一个导航器“ViewCube”（不同视图显示的状态也不同）。单击某个视图，该视图区域的边缘就会变成黄色线框，成为当前激活视图，如图 1–8 所示。视口区域为用户提供观察和编辑场景对象的不同视角，它的大小是可以自由调整的。

默认状态下 3ds Max 的顶、前、左 3 个视图采用“线框”的显示模式，透视图则是“平滑＋高光”的显示模式，单击视图左上角模型的显示方式，可以进行切换。按“F3”键可以在“线框”和“平滑＋高光”之间切换；“平滑＋高光”显示状态下，按“F4”键可在“平滑＋高光”与“平滑＋高光＋边面”之间切换。

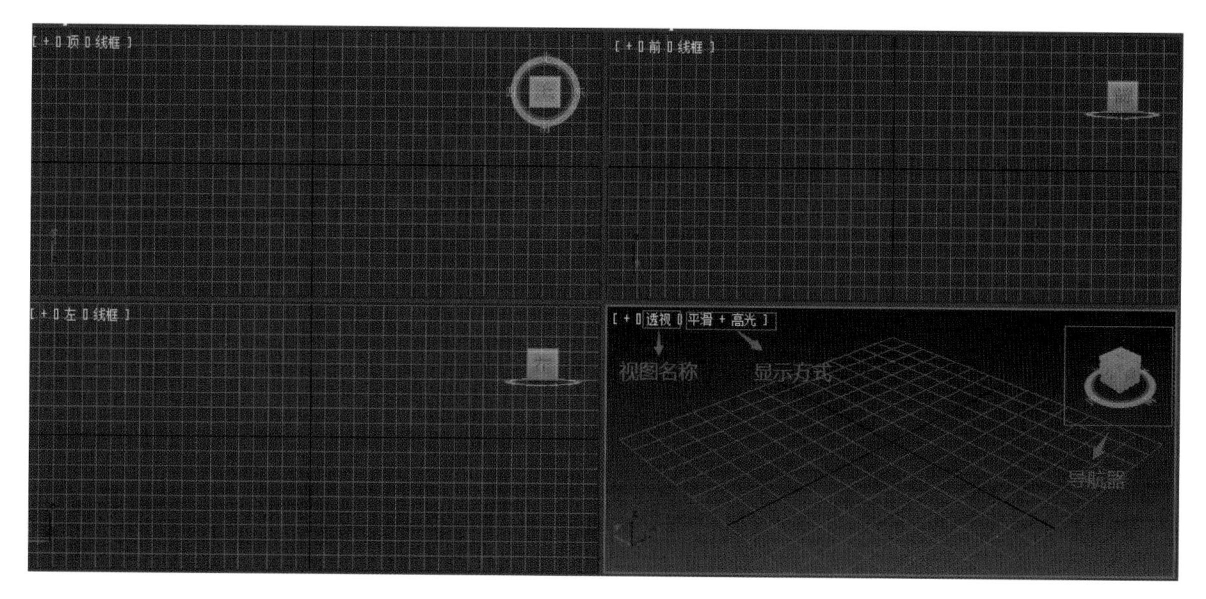

图 1-8 视口区域

视图控制区位于 3ds Max 工作界面的右下方，主要用来控制视图，如进行视图的平移、旋转、缩放、最大化视口切换等，如图 1-9 所示。

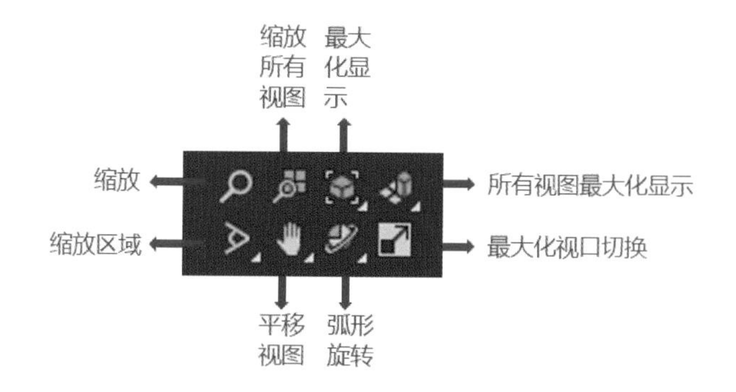

图 1-9 视图控制区

视图的控制操作在工作过程中是会反复进行的，熟记常用的快捷操作将会提高工作效率。

（1）单视图的放大缩小：鼠标中键滚轮。

（2）视图的平移：按住鼠标中键拖动鼠标。

（3）视图的旋转：按住键盘上的“Alt”键同时按住鼠标中键移动鼠标。

（4）最小 / 最大化视口切换：“Alt+W”组合键。

（5）在单视图状态下可以通过“T”“F”“L”“P”快捷键来切换不同的观察角度。

六、状态栏

状态栏位于 3ds Max 工作界面底部左侧，包括状态行和提示行，主要显示当前所选择对象的数目、对象的锁定状态、坐标位置等信息，如图 1-10 所示。状态行可以基于当前光标位置和当前程序活动来提供动态反馈信息；提示行显示了当前使用工具的文字提示。

图 1-10 状态栏

七、时间尺

时间尺包括时间滑块和轨迹栏两大部分，如图 1-11 所示。时间滑块位于场景对象视图的下方，主要用于制定帧，默认的帧数为 100 帧，具体数值可以根据动画长度来进行修改。轨迹栏位于时间滑块的下方，主要用于显示帧数和选定对象的关键点，在这里可以移动、复制、删除关键点以及更改关键点的属性。

图 1-11 时间尺

八、动画控制区

动画控制区位于状态栏的右侧，该区域的按钮主要用于进行动画的相关控制，包括关键点控制和时间控制等，如图 1-12 所示。

图 1-12 动画控制区

1.3 3ds Max 基本操作

在三维设计的过程中，熟练使用一些基本的操作工具可以提高工作效率，提升工作质量，培养良好的软件应用习惯。本节将重点讲解 3ds Max 的基本操作。

一、建模单位的设置

3ds Max 中建模单位设置对于整体的制图过程至关重要，这是在建造任何模型时场景设置中的第一步，忽视此项会直接影响到模型比例，更重要的是对后期渲染会造成极大的阻碍。建模单位的设置方法（见图 1-13）如下：

（1）单击菜单栏中“自定义 > 单位设置”命令，打开“单位设置”对话框。

（2）在“单位设置”对话框中单击“公制”单选按钮，在出现的下拉列表框中选择“毫米”（根据个人习惯与项目要求也可将单位设置为“厘米”“米”）选项，再单击最上方的“系统单位设置”按钮，在其“系统单位比例”选项的下拉列表中选择“毫米”选项，单击“确定”按钮。

（3）返回“单位设置”对话框中，单击“确定”按钮以结束 3ds Max 单位设置。

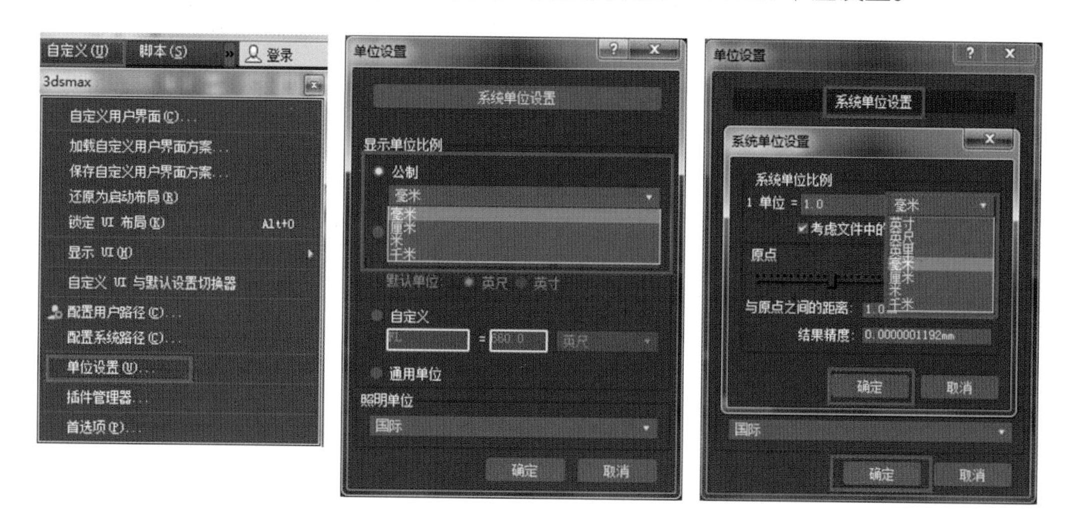

图 1–13　建模单位的设置方法

二、加载背景图像

3ds Max 用户在建模的时候经常会用到贴图文件来辅助操作，加载贴图文件背景图像的操作方法（见图 1–14）如下：

（1）单击菜单栏“视图 > 视口背景 > 配置视口背景”，打开“视口配置 > 背景”对话框。

（2）在“视口配置 > 背景”对话框中选择“使用文件”，然后点击“文件”选择电脑中的图片文件，点击“确定”按钮，被选择的图片将作为视口背景显示。

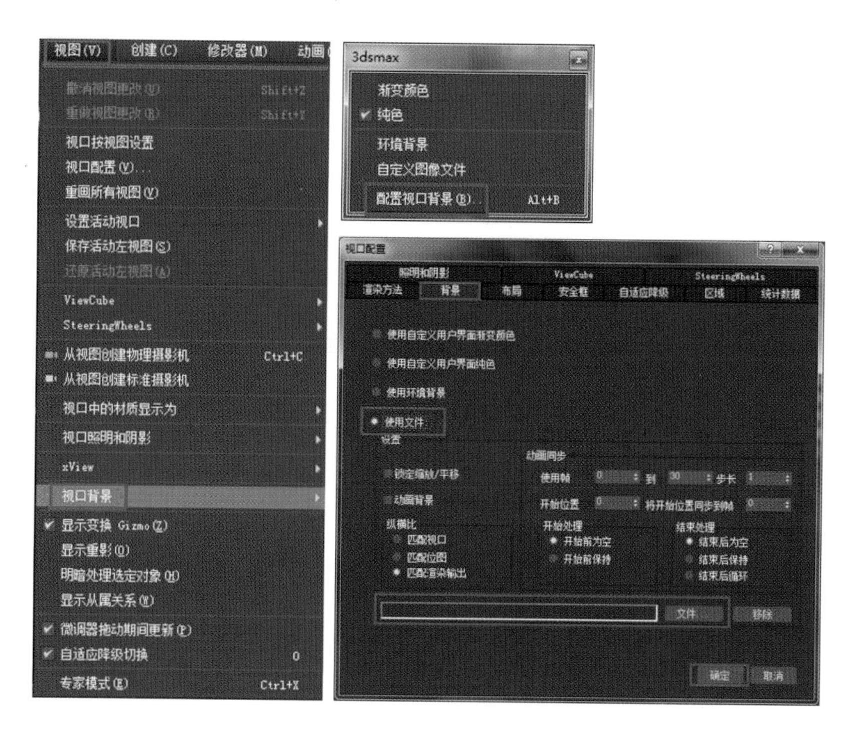

图 1–14　加载背景图像的操作方法

（3）不使用视口背景图像时，可以在视图左上角的“线框”名上单击鼠标右键，然后在弹出的菜单中选择“视口背景 > 纯色”命令即可取消加载背景图像，如图 1–15 所示。

三、设置文件自动备份

3ds Max 在运行过程中对计算机的配置要求较高，占用系统资源也比较大，因此，在运行 3ds Max 时，计算机配置较低、系统性能不稳定和操作不当等原因会导致文件关闭或出现死机现象，使文件受损，丢失所做的各项操作，造成无法弥补的损失。

解决这类问题除了提高计算机硬件的配置外，还可以通过一些良好的操作习惯来增强系统稳定性以避免发生文件受损、操作丢失现象。

（1）养成经常保存（“Ctrl+S”组合键）场景的习惯。

（2）在运行 3ds Max 时，尽量不要或少启动其他程序，确保硬盘留有足够的缓存空间。

（3）设置文件自动备份。如果当前文件发生了不可恢复的错误，可以通过备份文件来打开前面自动保存的场景。

下面介绍设置自动备份文件的方法。

（1）执行菜单栏“自定义 > 首选项”命令，在弹出的“首选项设置”对话框中单击“文件”选项卡；在“自动备份”选项组下勾选“启用”选项。

（2）设置“Autobak 文件数”为 3、“备份间隔（分钟）”为 5.0（如有特殊需要，可以适当加大或降低“Autobak 文件数”和“备份间隔（分钟）”的数值），如图 1-16 所示；单击“确定”按钮。

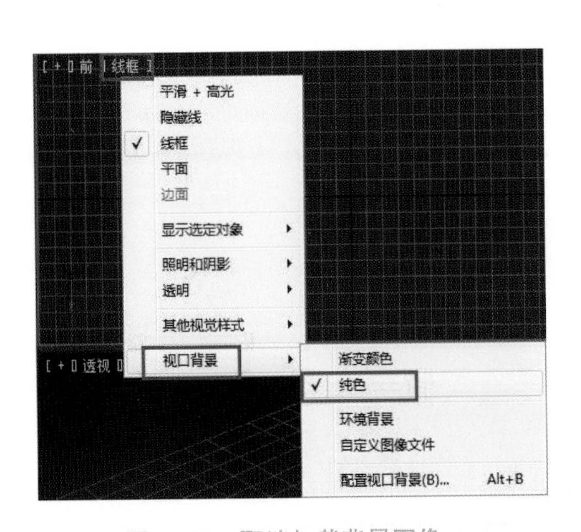

图 1-15　取消加载背景图像

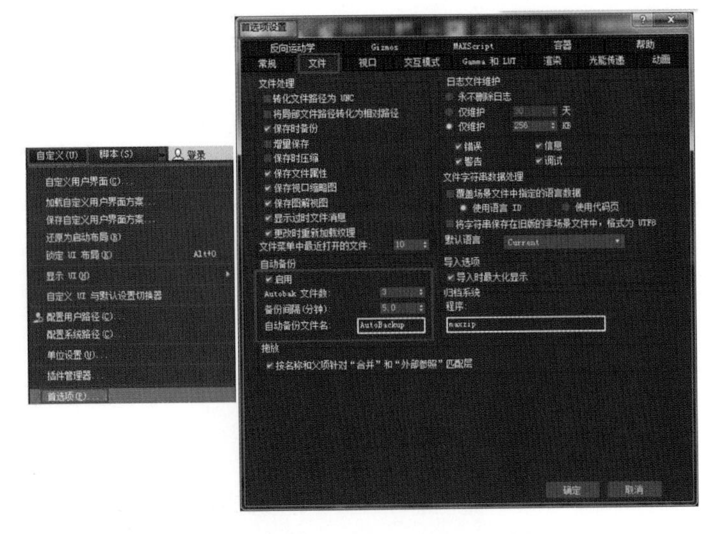

图 1-16　设置文件自动备份

（3）所备份的文件会自动存储于 3ds Max 安装目录下的“autoback”文件夹中，且会以默认的 AutoBackup01.max、AutoBackup02.max、AutoBackup03.max 等命名，修改时间最晚的文件则为最新的备份文件，以方便查找。

四、视口布局设置

视图的划分及显示在 3ds Max 中是可以调整的，在特殊条件下，用户可以根据自身要求将视图设置为其他布局方式，方法如下。

（1）单击菜单栏“视图 > 视口配置”命令；在弹出的“视口配置”对话框中单击“布局”选项卡；在系统预设的多种视图布局方式中，选择一种符合要求的选项；单击所选布局方式的缩略图，在弹出的菜单中进行视图的选择，如图 1-17 所示，最后单击“确定”按钮即可。

（2）将光标移动到视图的边界处，当光标变成双向箭头时，可以左右或上下调整视图的大小；当光标变成十字箭头时，可以在上下左右 4 个方向调整视图的大小。

（3）如果要将视图恢复到原始的布局方式，可以在视图交界处单击鼠标右键，在弹出的菜单中选择“重置布局”命令，如图 1–18 所示。

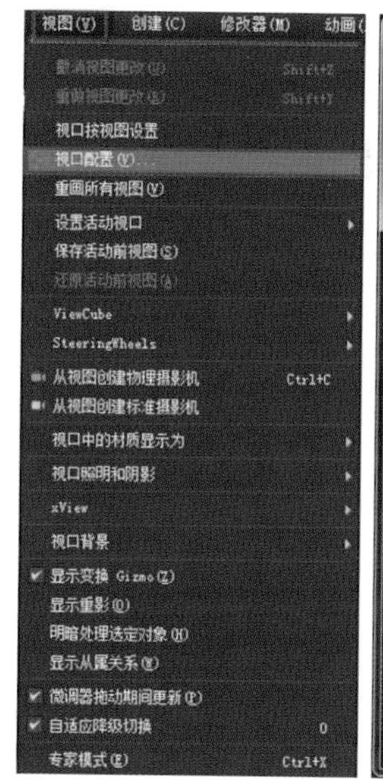

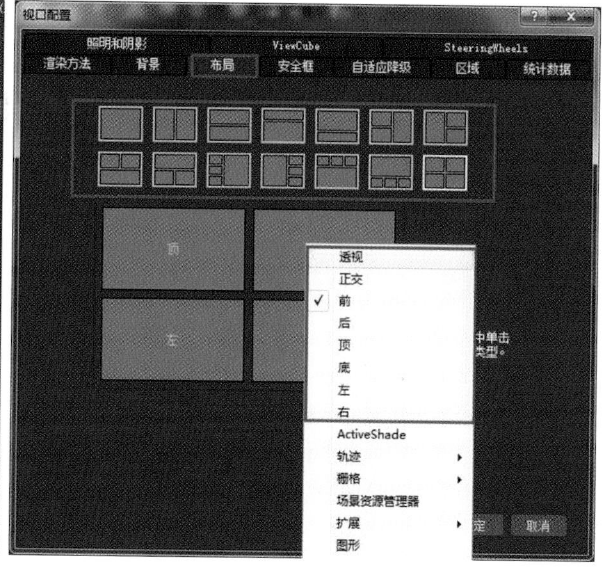

图 1–17　视口布局设置

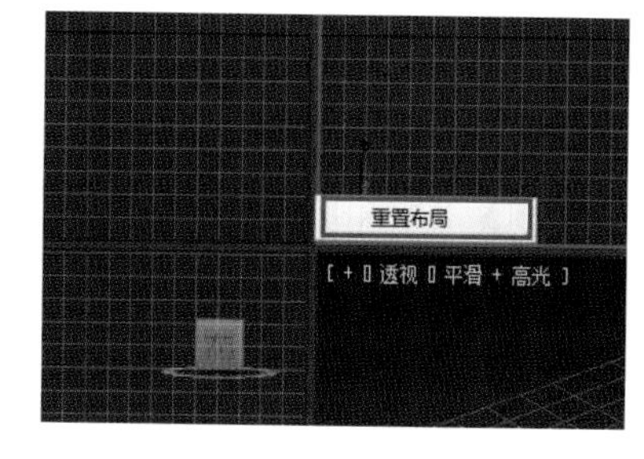

图 1–18　重置布局

五、视图的基本操作

常用的几种视图都有其对应的快捷键，顶视图为“T”，底视图为“B”，左视图为“L”，前视图为“F”，透视图为“P”，摄影机视图为“C”。视图控制区涵盖了几乎所有的视图基本操作，但在实际工作中更多的是使用相应的快捷键来替代单击按钮的操作，以提高工作效率。常用的视图快捷操作如下：

（1）视图焦距推拉：在观察物体的时候需要放大缩小视图来观察物体，按住“Ctrl+Alt+ 鼠标中键”并拖曳鼠标可以操控视图放大、缩小。在实际操作中更为快捷的操作方式是使用鼠标滚轮，滚轮往前滚动为视图推进，滚轮往后滚动为视图拉出。

（2）视图的平移：按住鼠标中键并拖曳鼠标可以进行视图平移操作。

（3）视图的旋转：按住“Alt+ 鼠标中键”并拖曳鼠标可以进行不同方向的旋转操作。

（4）最大化视口切换：选择一个视图，按“Alt+W”组合键可以将当前活动的视图最大化显示，再次按下“Alt+W”键切换回 4 个视图的状态。

（5）最大化显示：按下键盘上的“Z”键，可将当前选中的对象在当前视图窗口中间最大化显示；如果当前视图窗口中没有被选择的物体，则会将整个场景中的所有物体作为整体最大化显示在当前视图窗口的中间位置。

六、对象的选择

对象的选择是 3ds Max 中最为基本的建模辅助命令，我们对场景中的物体无论做何种命令操作，都要先对该物体进行选择，在 3ds Max 提供的众多对象选择方法中，应针对不同的情况选择适当的方法，相关命令操作如图 1–19 所示。

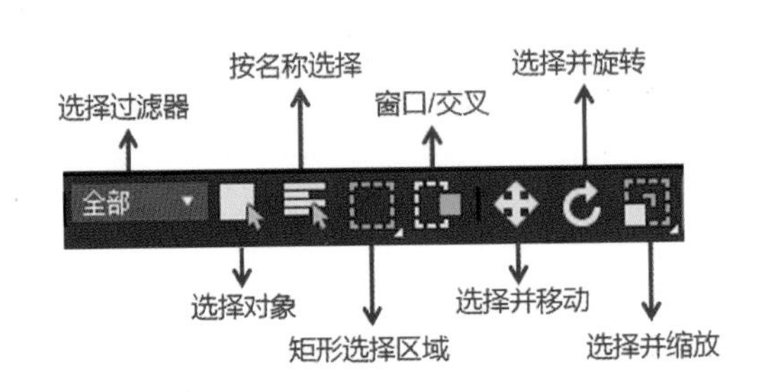

图 1-19　对象的选择的相关命令操作

（1）选择过滤器：主要用来过滤不需要选择的对象类型。

（2）选择对象：左键单击激活该工具，在视图里单击要选择的物体；拖曳鼠标可进行区域选择。按住“Ctrl”键然后单击其他物体可以实现物体的加选；按住“Alt”键可以进行减选。快捷键为“Q”，适用于在简单场景中选择数目较少的对象。

（3）按名称选择：单击该按钮会弹出“从场景选择”对话框，输入所选物体的名字便可立即找到该模型物体，快捷键为“H”。该方式适用于较为复杂的场景，当场景中的对象比较多时，通过对象名称进行选择更为方便。

（4）矩形选择区域：在不同方式下，可以通过鼠标拖曳出不同的框选区域，实现对多个物体的整体选择。单击“矩形选择区域”按钮会出现下拉列表，可以选择不同的区域选择方式，包括矩形选择区域、圆形选择区域、围栏选择区域、套索选择区域和绘制选择区域。

（5）窗口 / 交叉：又称全选 / 半选或包选 / 碰选，默认状态下为半选模式，即与选框接触就可以被选中。单击按钮进入全选模式，在全选模式下物体必须全部纳入选框内才能被选中。

（6）选择并移动：左键单击激活该工具，在视图中左键单击物体，物体上会出现坐标，按住不同的箭头拖动鼠标可以完成物体的移动操作，快捷键为“W”。

（7）选择并旋转：左键单击激活该工具，在视图中左键单击物体，物体上显示出一个选择控制器图标，便可在 x 轴、y 轴、z 轴 3 个轴向上完成物体的旋转操作，快捷键为“E”。

（8）选择并缩放：左键单击激活该工具，在视图中左键单击物体，物体会显示坐标，便可在 x 轴、y 轴、z 轴 3 个轴向上完成物体的缩放操作，快捷键为“R”。选择并缩放工具包含 3 种，分别是“选择并均匀缩放”工具、“选择并非均匀缩放”工具和“选择并挤压”工具。

1.4　基础操作综合实例——记忆中的课室

项目描述

小学、初中的很多课室如图 1-20 所示（桌椅如图 1-21 所示），那里承载了我们有关青春的记忆。本节将通过几何体的创建与编辑，在 3ds Max 中完成“记忆中的课室”场景模型的创建与渲染工作，让大家熟悉软件的基本操作与工作流程。图 1-22 是使用 3ds Max 2018 制作出来的效果。

图 1-20　课室（原型）

图 1-21　课室桌椅

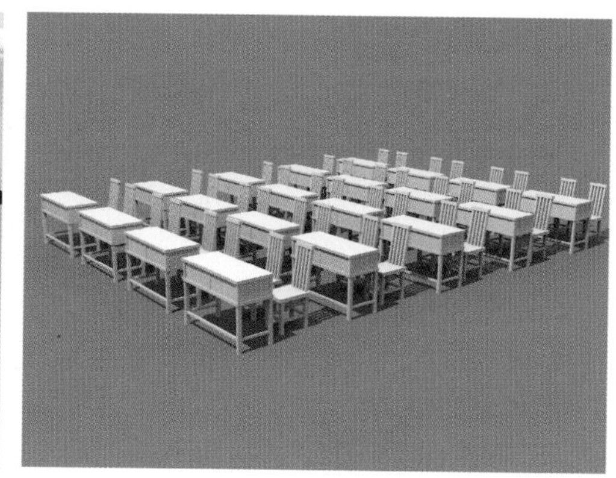
图 1-22　“记忆中的课室”场景模型

制作思路

通过基本几何体的创建及参数调节，配合移动、旋转、复制等常用操作，完成桌椅模型的创建与场景的整体布局；为模型指定材质、添加灯光，最后渲染出图。

学习目的

（1）掌握基本几何体的创建与编辑方法。

（2）掌握 3ds Max 的基本操作。

（3）掌握模型创建、添加灯光、指定材质、渲染输出的工作流程。

一、标准几何体建模

标准几何体是 3ds Max 中最简单、最基本的模型体，它们通常都是一些基本的几何模型，但许多复杂的模型都是基于它们来进行不断修改而完成的。

（1）在命令面板上依次单击“创建 > 几何体 > 长方体”，在顶视图中拖动鼠标建立一个长方体，如图 1-23 所示。

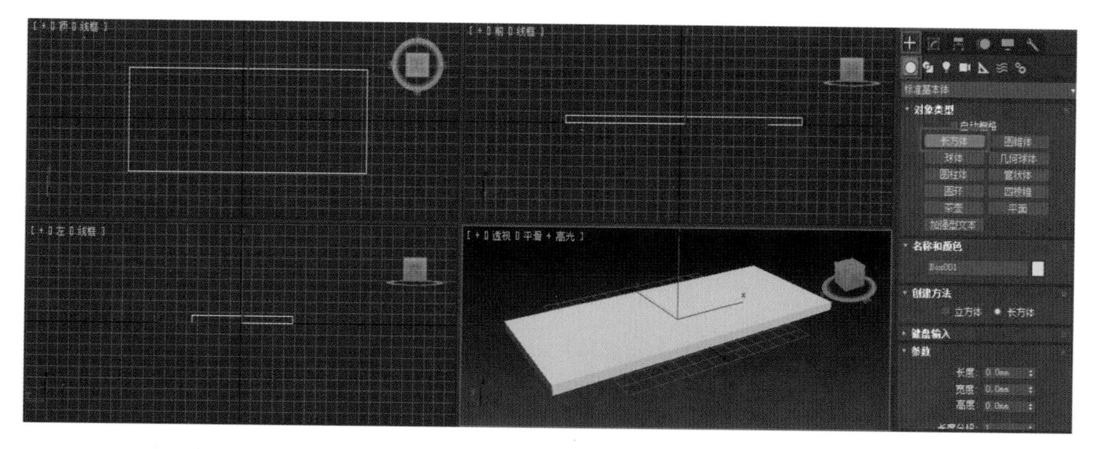
图 1-23　创建长方体

技巧与提示：长方体的颜色是系统随机产生的，可以更换，创建物体时的颜色意义很小，在赋予材质之后，渲染的效果都是由物体指定的材质决定的。

（2）建立模型后，系统自动将模型命名为“Box001”，其为所要建立的桌子模型中的桌面，保持选择状态，进入“修改”命令面板，可以看到其长、宽、高的参数，然后手动输入调节数值，参数如图 1–24 所示。

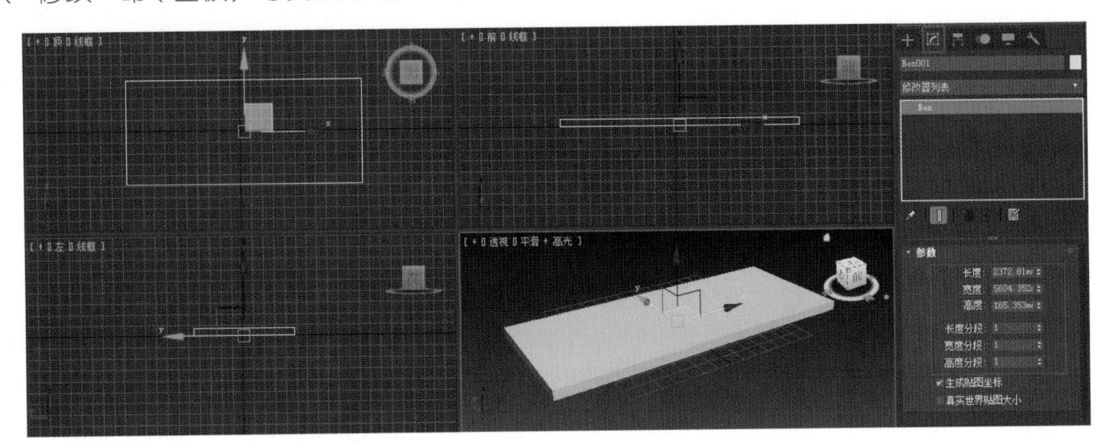

图 1–24 修改参数

（3）状态栏可以显示当前物体处于场景中的位置，将物体的中心对齐场景的原点，也就是将物体放置在场景的中心位置，即令 X、Y、Z 坐标值为零（鼠标右键点击微调器可实现快速归零），如图 1–25 所示。

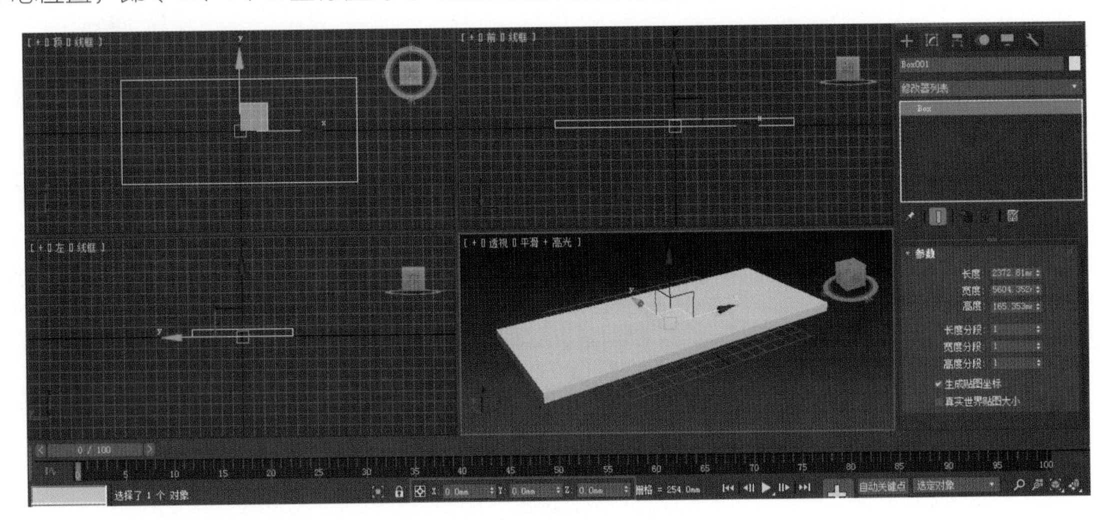

图 1–25 将物体放于场景中心

（4）选择 Box001，按下“W”键激活选择并移动工具，配合键盘上的“Shift”键同时沿着垂直桌面的方向移动物体，实现物体的移动复制，在弹出的“克隆选项”对话框中选择“实例”，如图 1–26 所示，单击“确定”，完成桌子模型中上下两块桌板的创建。复制出的桌板模型名为“Box002”。

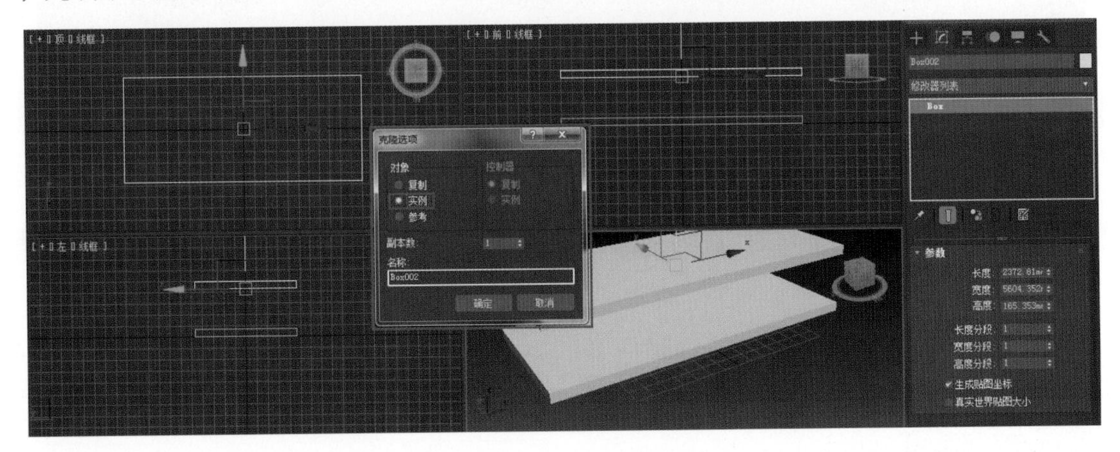

图 1–26 几何体移动复制

技巧与提示：复制的类型有三种，分别是“复制”“实例”“参考”，其不同含义为：①设置对象为“复制”时，复制模型与源物体互不影响，单独对复制后的物体进行调节，其参数变化不会影响到源物体。②设置对象为“实例”时，复制出的模型与源物体相互影响，调整其中一个物体的参数，另外一个也会发生相应的变化。③设置对象为“参考”时，是前两个方式的结合。

（5）在命令面板上依次单击“创建 > 几何体 > 长方体”，在顶视图中拖动鼠标建立一个长方体，名为“Box003”。进入“修改”命令面板，调节其长、宽、高的参数，作为桌子的隔板，并将其放置在场景中心，如图 1–27 所示。

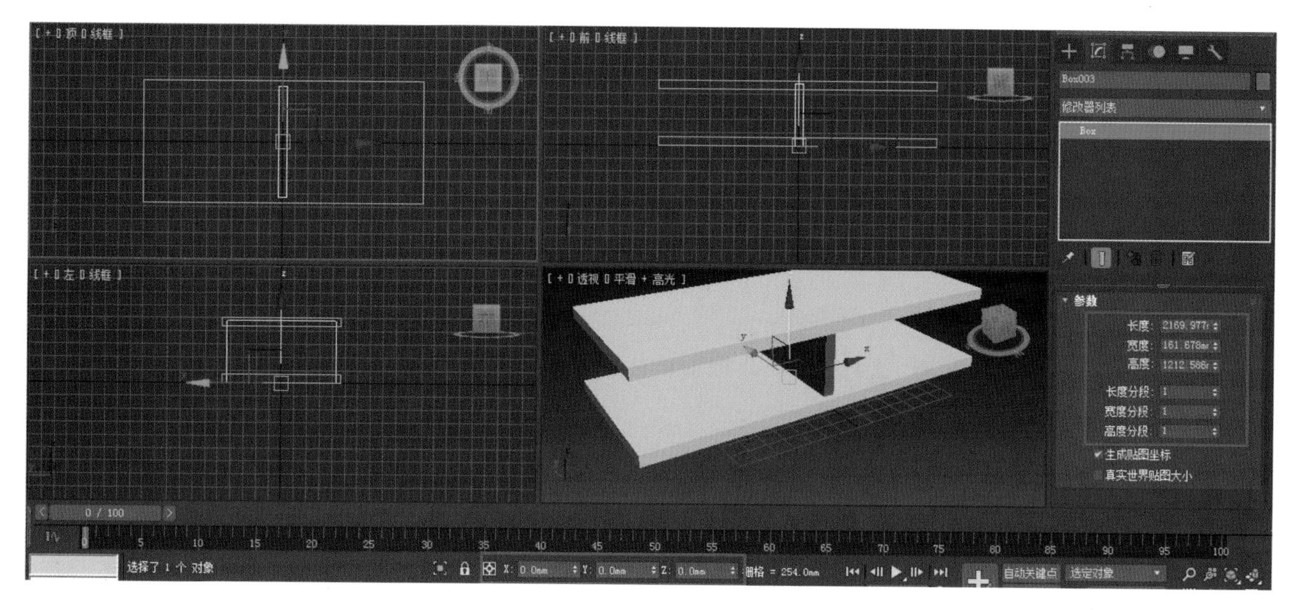

图 1–27　创建隔板

（6）选择 Box003，按“W”键激活选择并移动工具，按下键盘上的“Shift”键左右移动，复制出另外两块隔板。在弹出的“克隆选项”对话框中选择“实例”，如图 1–28 所示，单击“确定”。

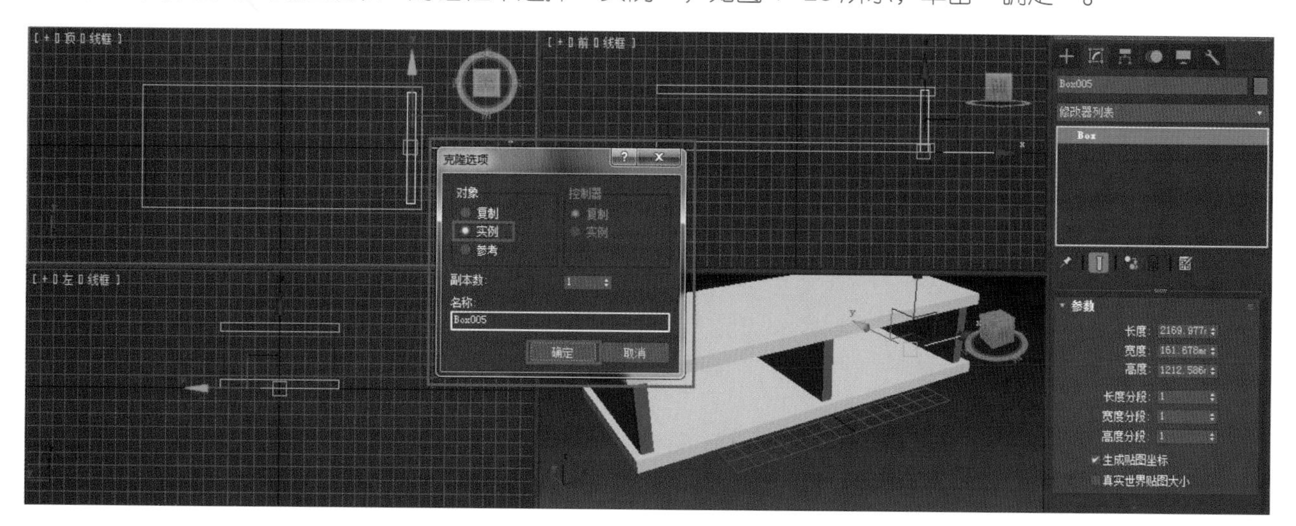

图 1–28　复制隔板

（7）在命令面板上依次单击“创建 > 几何体 > 长方体”，进入“修改”面板调节其长、宽、高参数，用同样的方法依次创建背板、桌脚，灵活运用选择并移动（快捷键“W”）工具，结合视图的平移、旋转与推拉，将桌子模型摆放至合适位置，如图 1–29 所示。

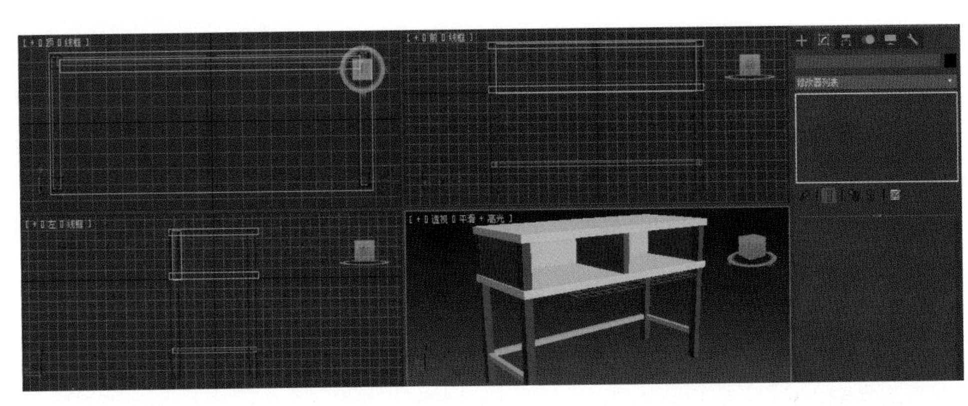

图 1-29　将桌子模型摆放至合适位置

（8）选择桌子模型的所有几何体，执行菜单栏“组 > 组”命令，在弹出的“组”对话框中输入组名“桌子”，如图 1-30 所示，点击“确定”，将桌子模型成组。成组后，单击将会选择“桌子”这个组的整体。

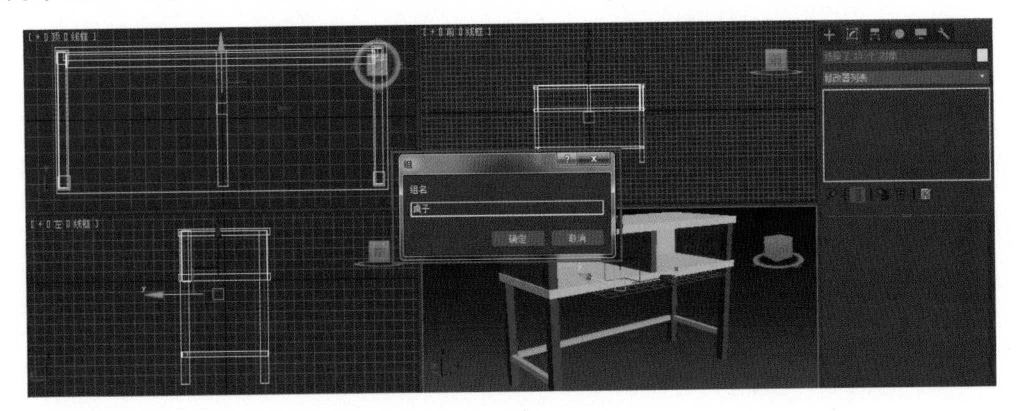

图 1-30　桌子模型成组

技巧与提示：“组”可以将若干个模型集结成一个单位，方便进行整体的选择与调整。成组后，“修改”面板中名称字体加粗显示，这是群组名称和普通名称的显示区别。如果需要解组，执行菜单栏中“组 > 解组”命令即可。“组 > 打开”命令为暂时进入群组内部对模型进行修改，修改完毕后可执行“组 > 关闭”命令返回群组进行整体调整。

（9）在命令面板上依次单击“创建 > 几何体 > 长方体”，在顶视图中拖动鼠标建立一个长方体。进入“修改”面板，调节其长、宽、高的参数，作为椅子的面板。观察视图，将椅子的面板摆放在合适的位置，如图 1-31 所示。

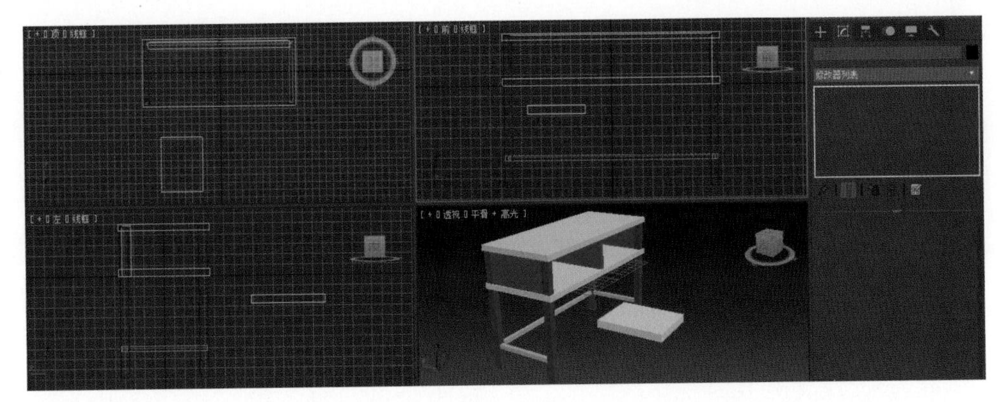

图 1-31　创建椅子的面板并将其摆放在合适位置

（10）利用命令面板创建长方体，并在“修改”面板上调节其长、宽、高的参数，作为椅子的脚。选择椅子的脚，按“W”键激活选择并移动工具，按下键盘上的“Shift”键，移动复制出其余的脚。在弹出的“克隆选项”对话框中选择“实例”，单击“确定”。对按“实例”克隆的对象，调节其中一个的参数，所有对象都会一起改变。用类似方法添加椅子的脚之间的连接横杆。再将椅子的脚的高度调节至与桌脚的高度协调，如图 1–32 所示。

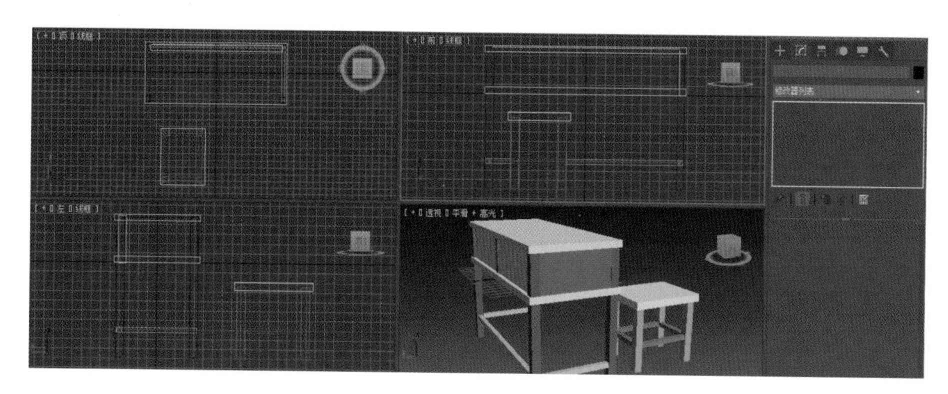

图 1–32　创建椅子的脚、添加连接横杆并调节高度

（11）创建一个长方体，调节其长、宽、高的参数，作为椅子的靠背。按“E”键，让其倾斜一定的角度，按下键盘上的“Shift”键，执行移动复制，在弹出的“克隆选项”对话框中选择“实例”，增加“副本数”，设置为“4”，调整位置组合成靠背，如图 1–33 所示。

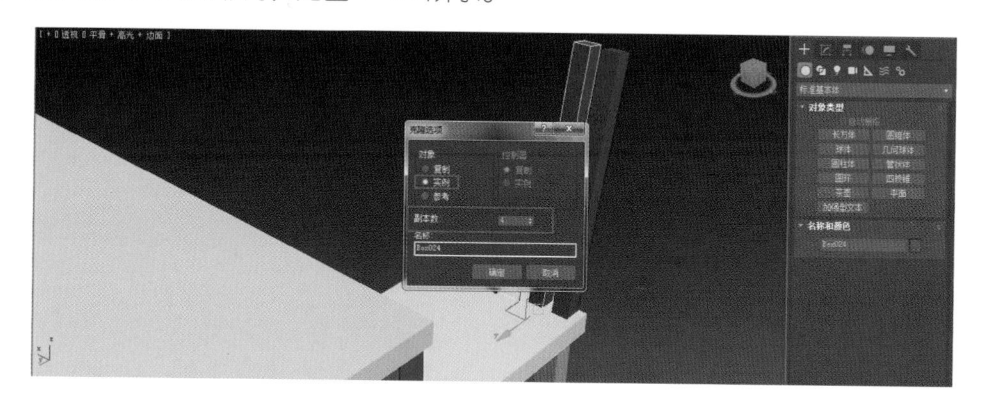

图 1–33　创建靠背

（12）创建一个长方体，调节其长、宽、高的参数。按“W”键，激活选择并移动工具，点击主工具栏“对齐”工具，再点击靠背，在弹出的“对齐当前选择”对话框中选择图 1–34 所示的对齐方式（根据场景轴向灵活调整）。

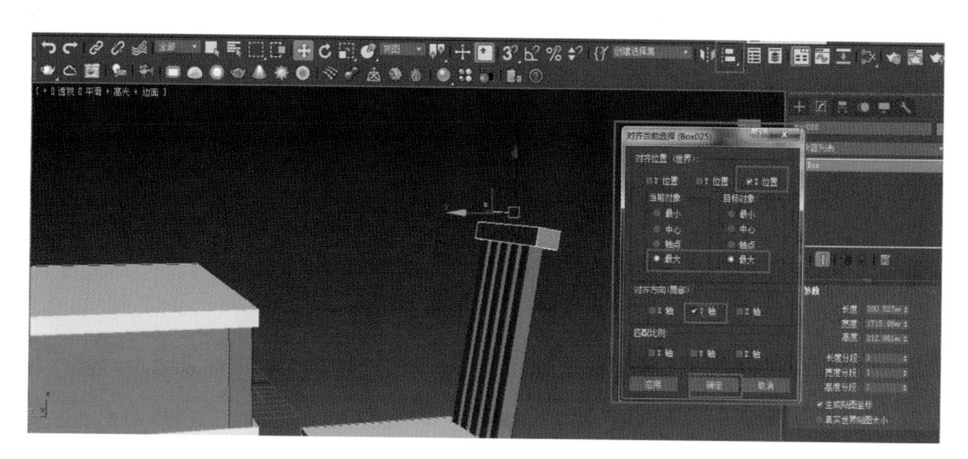

图 1–34　对齐靠背

（13）选择椅子模型的所有几何体，执行菜单栏“组 > 组”命令，在弹出的“组”对话框中输入组名“椅子”，点击“确定”，将椅子成组，并复制出另一椅子模型组，如图 1–35 所示。

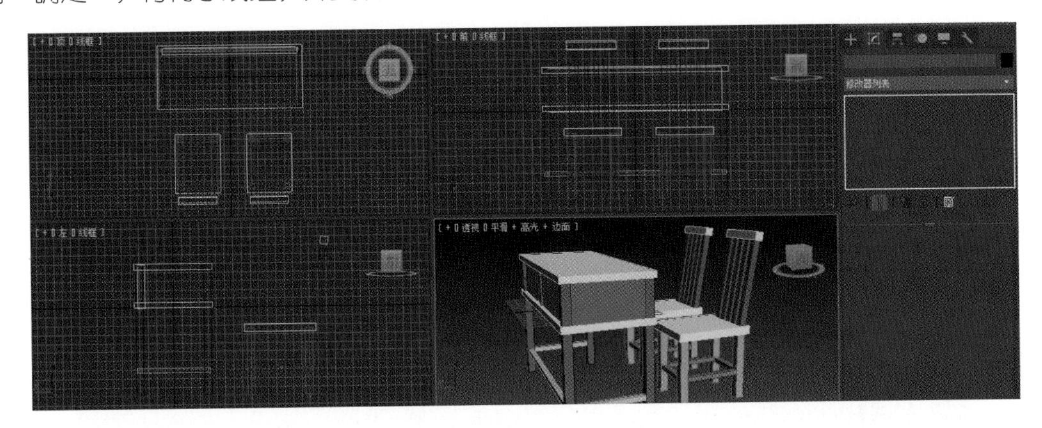

图 1–35　椅子成组并复制

（14）复制桌椅模型，布置场景，如图 1–36 所示。

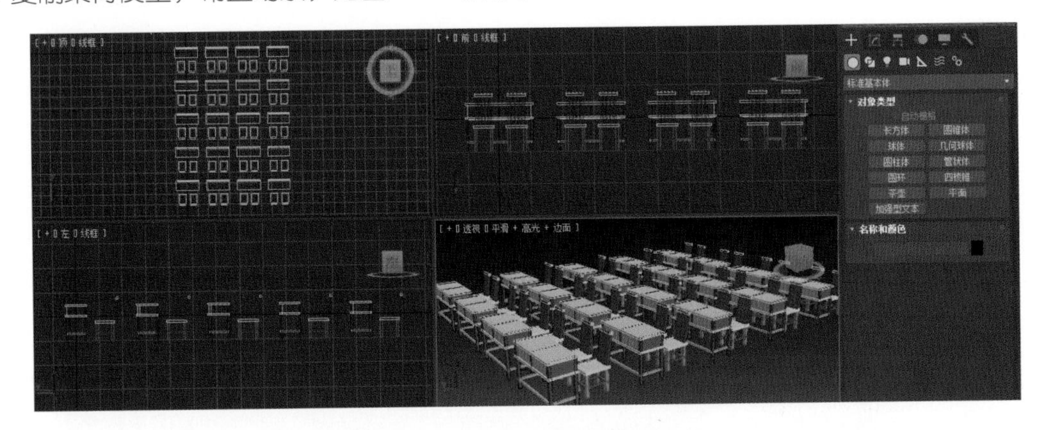

图 1–36　复制桌椅模型并布置场景

（15）执行“创建 > 几何体 > 平面”命令，在顶视图中拖动鼠标建立一个平面。进入“修改”面板，调节其长、宽的参数使其大小合适，修改分段数为 1，并将其对齐至桌椅脚的底端，作为地面，如图 1–37 所示。

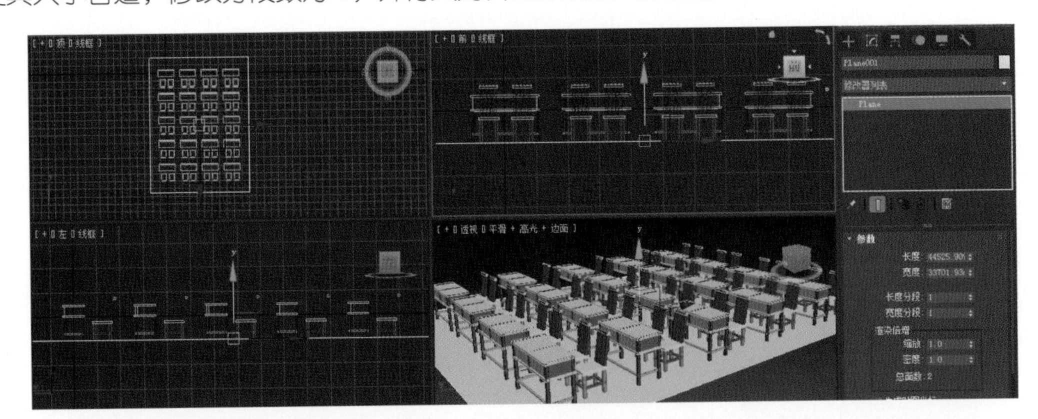

图 1–37　创建地面

二、创建摄影机

摄影机决定了场景的构图角度，因此在建立的时候可以参考一些摄影照片中的构图的方法，目前比较流行的是三角形构图，这种构图整体看起来饱满且稳定。

（1）在命令面板上依次单击“创建 > 摄影机 > 目标”按钮，在前视图中拖动鼠标建立一架目标摄影机，如图 1–38 所示。

（2）使用移动工具调整观察位置以获得合适的构图，如图 1–39 所示。在任意视图按“C”键可以进入摄影机视图。

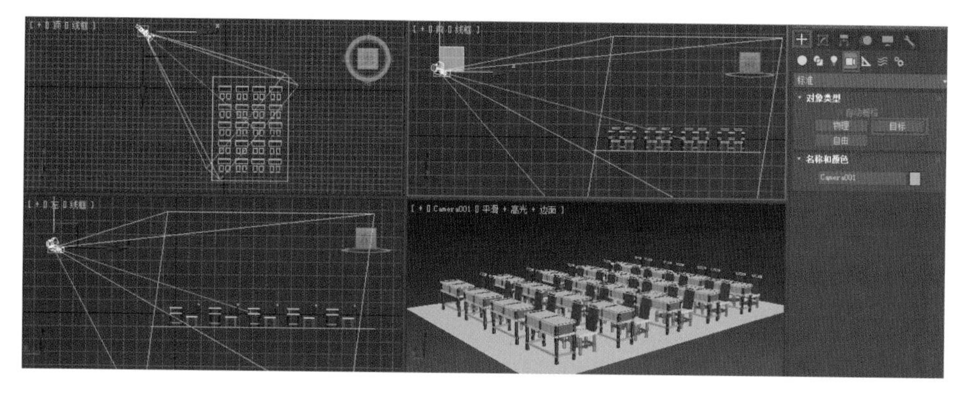

图 1–38　创建摄影机

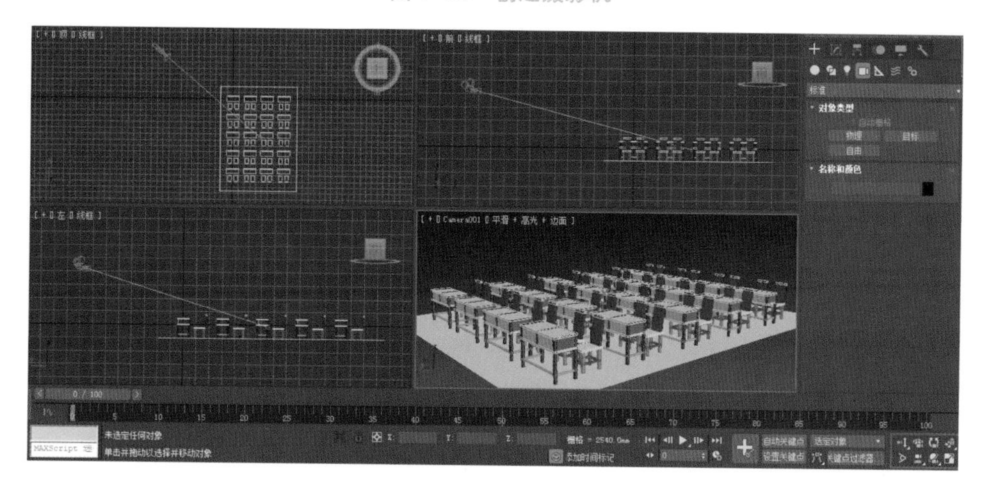

图 1–39　调节摄影机视角

在非摄影机视图中，对摄影机进行移动、旋转等操作可以直接调整摄影机的角度。在摄影机视图被选择的情况下，屏幕右下角的八个按钮则变为可控制摄影机视图的工具，可以对摄影机视图进行平移、旋转调整。

（3）激活摄影机视图，按键盘上的“F9”键进行快速渲染，或点击主工具栏的“渲染产品”按钮，可以看到渲染窗口以及目前的效果，如图 1–40 所示，当前渲染器为默认扫描线渲染器。

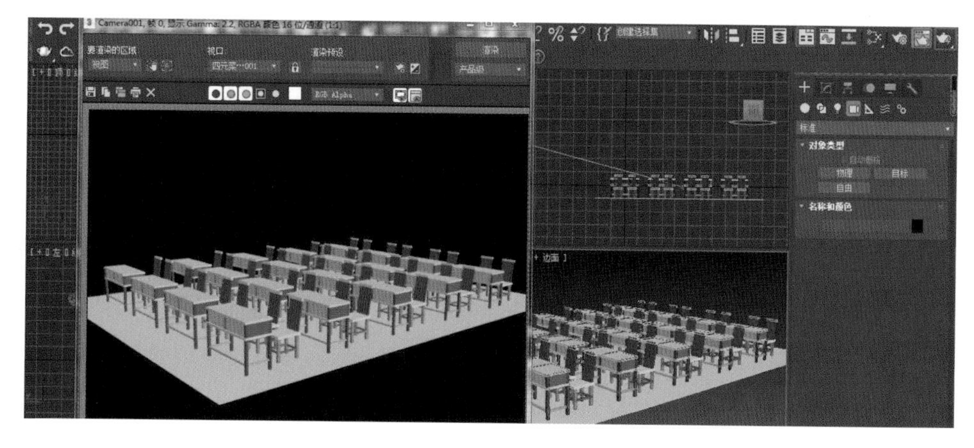

图 1–40　渲染场景及效果

三、创建灯光

场景灯光分为主光源和辅光源，主光源负责产生阴影和决定画面主要的明暗关系，辅光源一般用来模拟反光和边缘光等。

（1）在“创建”面板找到“灯光”按钮，切换灯光类型为“标准”并单击“目标聚光灯”按钮，在视图中拖动鼠标建立一盏目标聚光灯“Spot001”，使用移动工具调整灯光的位置，如图 1–41 所示。

图 1–41　创建灯光并调整位置

技巧与提示：聚光灯是从一个中心朝着一个方向发射光线的灯，可以用来模拟射灯、路灯以及舞台灯的照明效果。聚光灯的照射范围是一个锥形区域，可以是圆锥，也可以设置为方锥。

（2）选择灯光进入“修改”面板，在“常规参数”卷展栏中调节阴影类型为“区域阴影”，“强度 > 颜色 > 衰减”卷展栏中保持默认的“倍增”为 1.0。渲染摄影机视图，光影效果如图 1–42 所示。

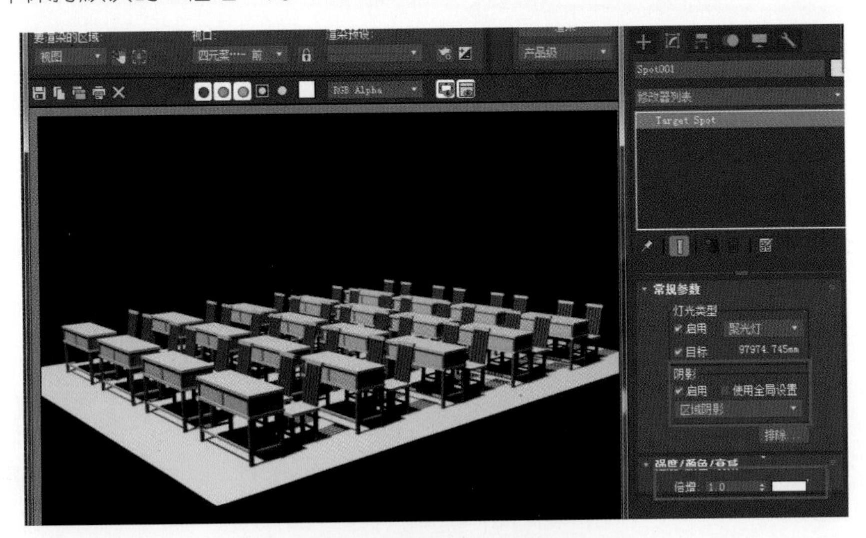

图 1–42　调节灯光参数，渲染摄影机视图

技巧与提示：标准灯光的“倍增”参数用来控制灯光的强度，这个数值越大，灯光会越亮。可以设置为负值，为负值的时候，灯光为吸光灯，常用来表现室外建筑楼板在白天的退晕关系。

（3）在渲染效果中，所有物体的暗部都是一片死黑，没有现实中光线的反射，因此需要建立新的光线来模拟反光和环境光。点击“创建 > 灯光 > 标准 > 天光”，在透视视图中任意位置单击鼠标，建立一个天光光源，如图 1–43 所示。

图 1-43 创建天光

（4）按键盘上的数字键“9”，打开“高级照明”面板，设置“光跟踪器”计算方式为当前活动照明计算方式，如图 1-44 所示。渲染摄影机视图。

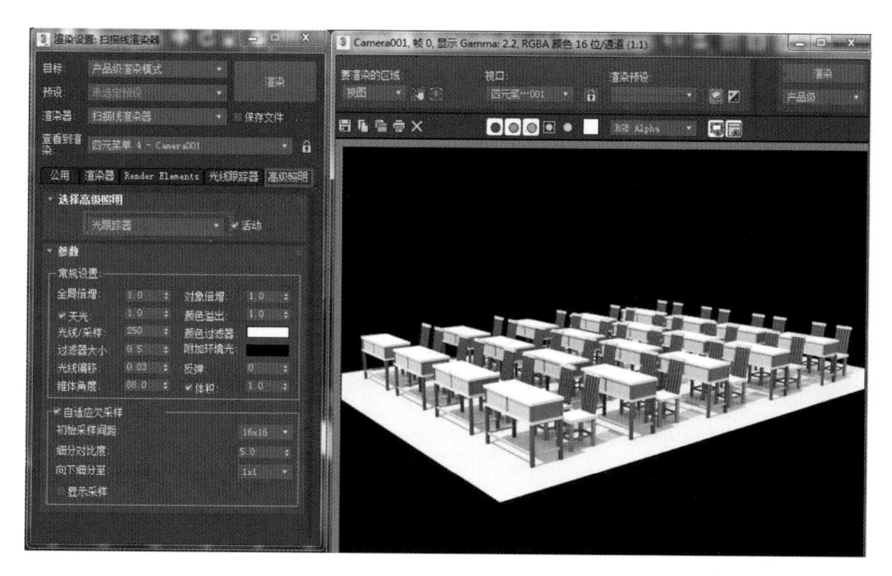

图 1-44 设置“光跟踪器”为当前活动照明计算方式

（5）从当前渲染结果可以看到物体的暗部有自然的反光，只是场景亮度过大。选择目标聚光灯与天光，降低“倍增”强度，再次渲染，达到较为真实的效果，如图 1-45 所示。

图 1-45 调节灯光，再次渲染场景

四、场景材质指定

材质编辑器是 3ds Max 中编辑材质的功能模块，现实中的玻璃、陶瓷、不锈钢、石膏等材质都可以通过它来在模型上体现。本例仅仅使用到了材质编辑器的基本设置，关于复杂材质的调节，后面章节中另有叙述。

（1）按“M”键或点击主工具栏图标打开材质编辑器并切换到“Slate 材质编辑器”对话框，选择“标准”材质，单击并按住鼠标左键拖动材质到“视图 1”，“漫反射”颜色调整为白色，如图 1-46 所示。

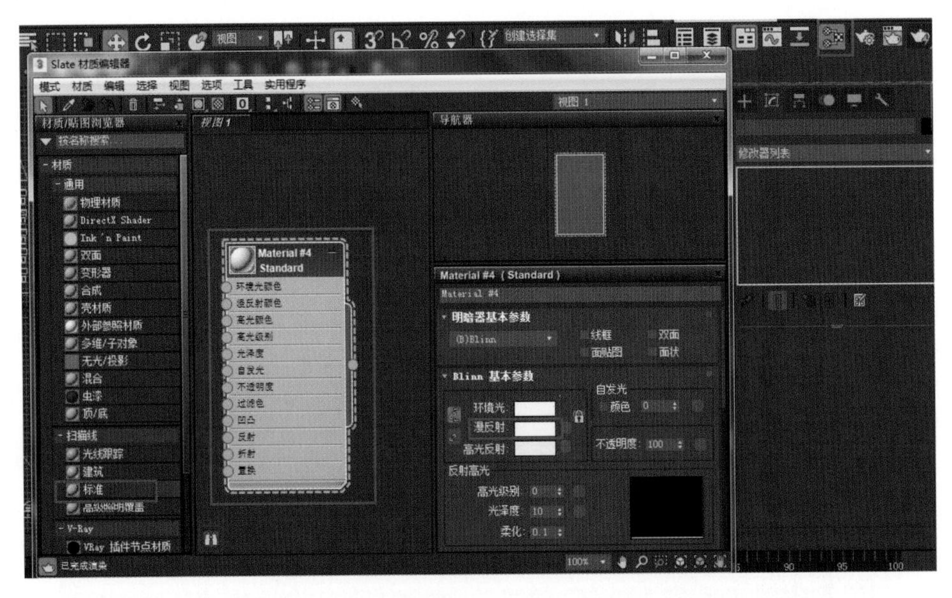

图 1-46 创建标准材质并设置“漫反射”颜色

（2）选择场景中所有的桌椅，在材质球上单击鼠标右键选择“将材质指定给选定对象”，如图 1-47 所示，把材质赋予所有的桌椅。

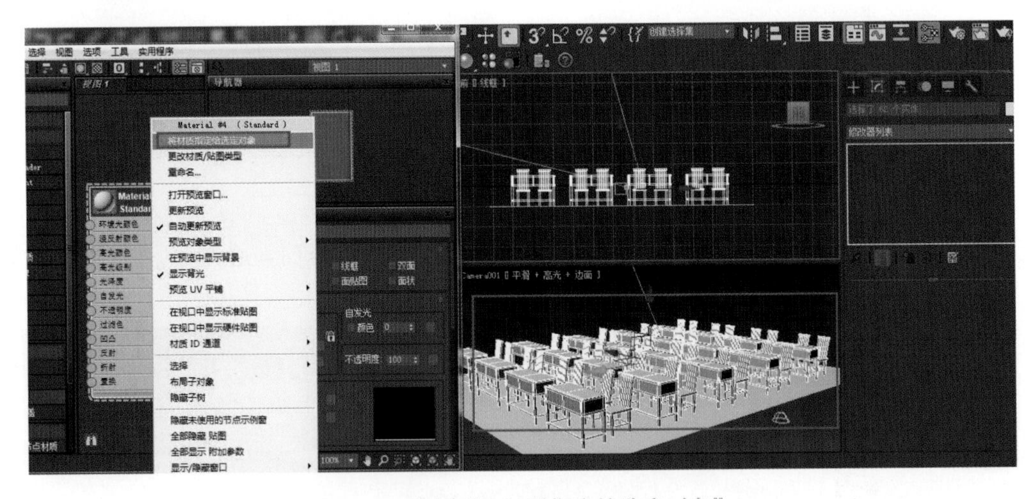

图 1-47 选择“将材质指定给选定对象”

五、场景调整

场景制作的最后需要对一些不满意的细节进行修补，也需要对整体的效果进行宏观调控，这需要操作者有一定的软件操作技术和良好的审美能力。

（1）更改背景颜色。点击菜单栏“渲染 > 环境”，在弹出的“环境和效果”面板的“环境”选项卡中更改背景颜色，使之与场景模型搭配，如图 1-48 所示。

图 1–48　更改背景颜色

（2）按“M”键或点击主工具栏图标打开材质编辑器并切换到“Slate 材质编辑器”对话框，选择“无光 / 投影”材质，选择场景中的地面，在材质球上单击鼠标右键选择“将材质指定给选定对象”，效果如图 1–49 所示。

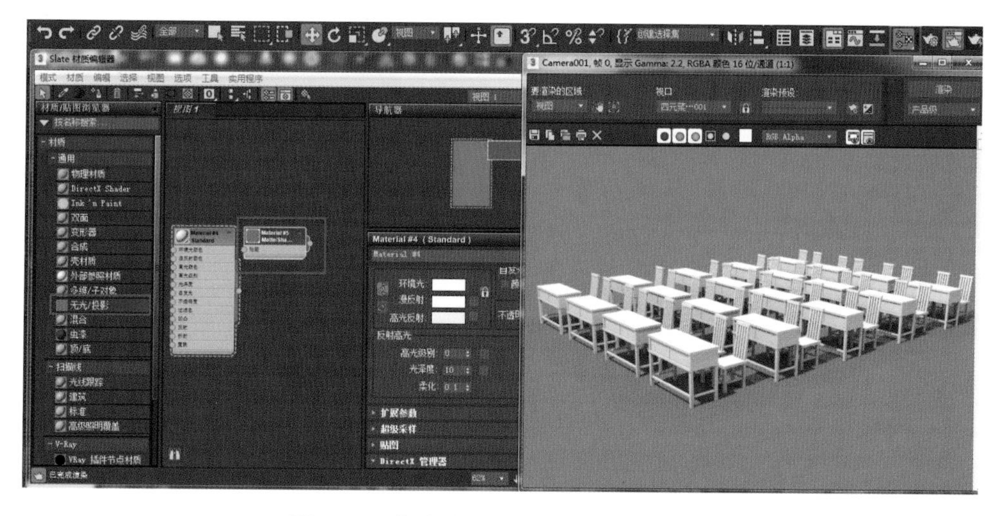

图 1–49　指定地面为“无光 / 投影”材质

（3）选择地面，进入“修改”面板，调节“渲染倍增”参数，如图 1–50 所示。调节“渲染倍增”参数可以控制渲染时平面的大小。

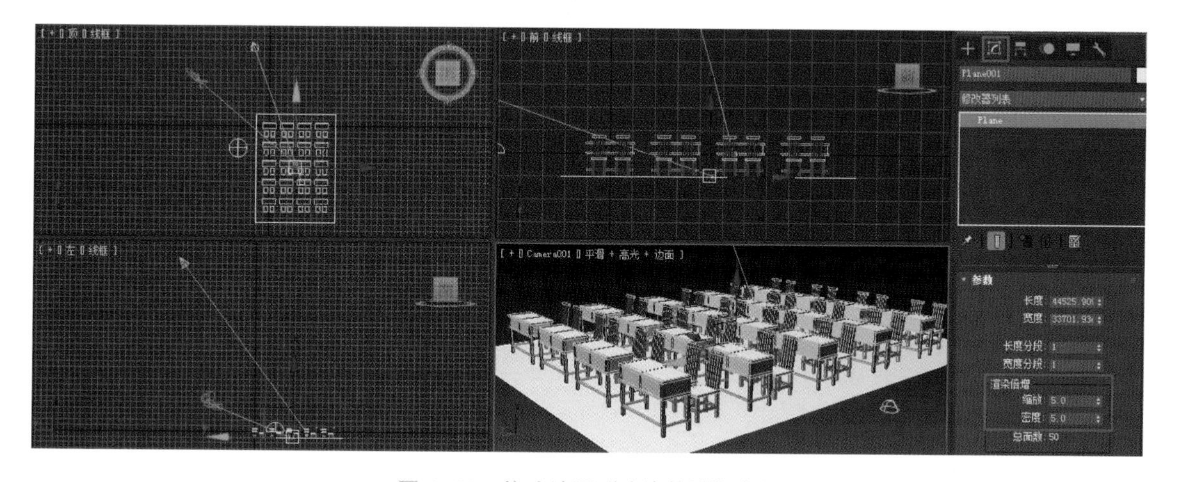

图 1–50　修改地面“渲染倍增”参数

六、场景渲染

渲染是通过渲染器将三维场景变成二维图像的过程，本例使用 3ds Max 2018 的默认扫描线渲染器来进行创作。

（1）按键盘上的“F10”键打开“渲染设置”窗口，设置图像大小，“宽度”为“2000”，高度为“1500”，勾选抗锯齿过滤器，如图 1–51、图 1–52 所示。

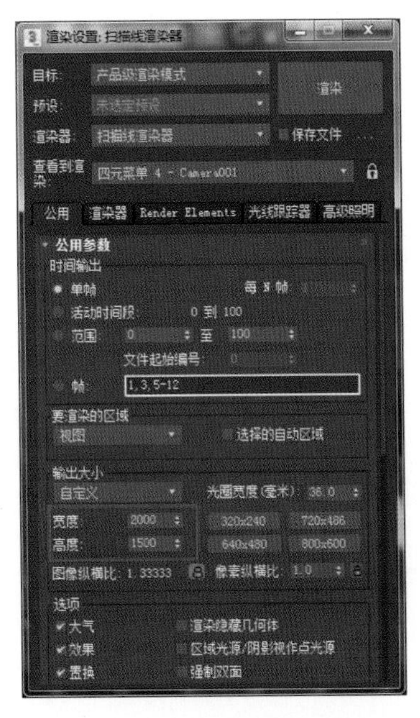

图 1–51　设置图像大小

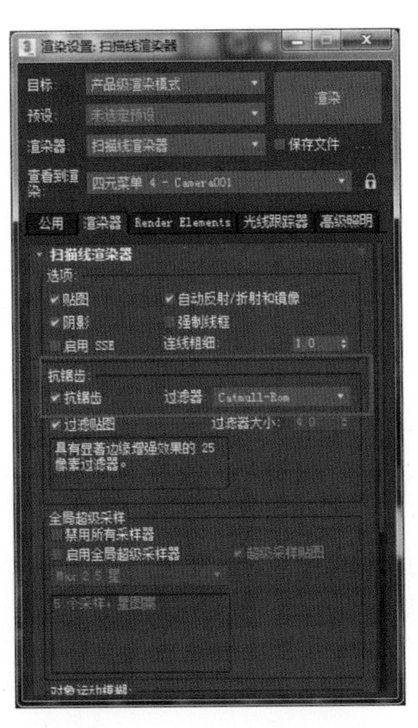

图 1–52　设置抗锯齿过滤器

（2）选择摄影机视图进行渲染，可以看到最后大图的效果，如图 1–53 所示。

图 1–53　渲染摄影机视图

（3）在渲染窗口上单击“保存图像”按钮，对渲染好的大图进行保存，设置图像格式为 JPEG、名称为“记忆中的课室”，单击“保存”按钮，在弹出的“JPEG 图像控制”对话框中设置质量为“最佳”，然后单击“确定”按钮保存图像，如图 1–54 所示。这样，这个场景的制作就完成了。

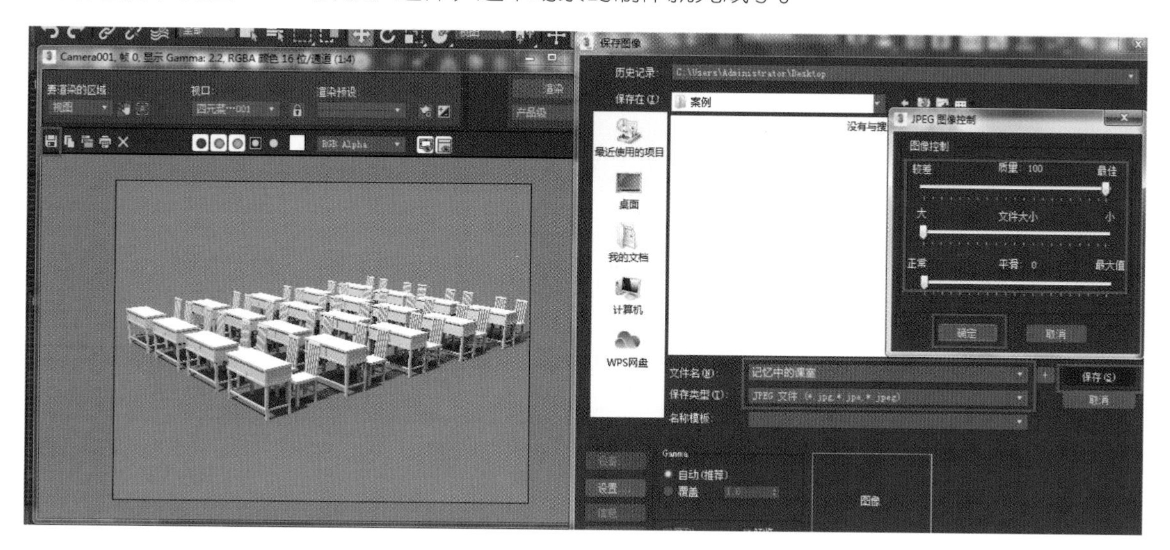

图 1–54 保存渲染图像

【本章小结】

本章系统讲述了 3ds Max 2018 的整体功能分类，通过一个简单的案例完成了建模、摄影机创建、灯光创建、材质指定、场景渲染的整体流程，可以为接下来各章节学习做铺垫。

【课题训练】

你记忆中的课室有什么？有没有黑板、课本、书包柜？请综合利用本章所学的知识来完成自己“记忆中的课室”场景模型的制作练习。

3ds Max SANWEI JIANMO YU XUANRAN JIAOCHENG

第二章

基础建模技术

本章知识点

几何体建模、二维图形建模、修改器建模与复合对象建模的方法。

学习目标

重点培养建模技术的灵活应用能力，掌握各种基础建模创建与编辑的方法。

素养目标

提高综合分析对象的能力、空间思维能力与实践能力。

2.1 建模技术概述

使用 3ds Max 制作作品时，一般都遵循建模→材质→灯光→渲染这个流程。建模是 3ds Max 的基础和核心功能，三维制作的各项工作流程都是在所创建的模型的基础上完成的。无论是建筑设计还是游戏制作领域，首先需要解决的问题就是建模。建模的方法有很多种，常用的有内置几何体建模、复合对象建模、二维图形建模、多边形建模等。完成一个对象模型的创建，可以配合使用各种建模方式。

开始建模之前需要理顺建模的思路。在 3ds Max 中，建模的过程就是一个不断细化雕琢的过程。多数模型的创建是以一个简单的对象作为基础，然后经过转换来进一步调整的。

2.2 几何体建模

一、标准基本体

3ds Max 右侧的命令面板中，“创建”面板下的第一项“几何体”主要用于创建几何体模型，其下拉菜单中的“标准基本体”选项，可以用来创建标准几何体模型，例如长方体、圆锥体、球体、几何球体、圆柱体、管状体、圆环、四棱锥、茶壶、平面、加强型文本等。常见的标准基本体模型如图 2-1 所示。

二、扩展基本体

扩展基本体是基于标准基本体的一种扩展物体。“扩展基本体”选项可用于创建扩展几何体模型，共有13种，分别是异面体、环形结、切角长方体、切角圆柱体、油罐、胶囊、纺锤、L-Ext、球棱柱、C-Ext、环形波、软管和棱柱，如图 2-2 所示。扩展几何体模型的结构相对复杂，可调参数也更多，但是使用的机会比较少，大多数情况下我们通过对标准几何体进行多边形编辑可以实现同样的效果。

图 2-1　标准基本体模型

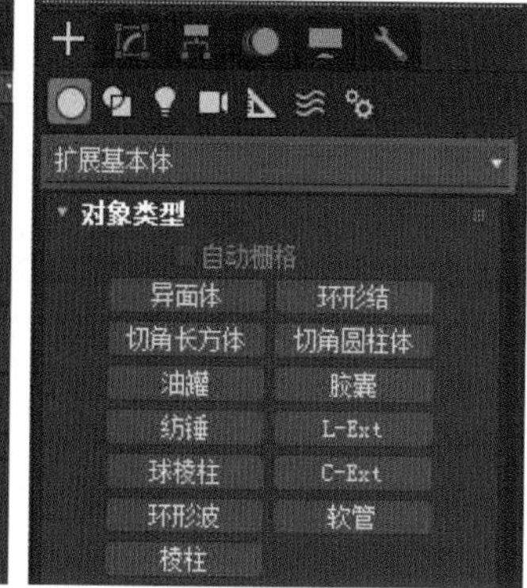

图 2-2　扩展基本体

三、其他

“几何体”面板下拉菜单中还有一些内置模型，例如 3 种门模型（见图 2-3）、6 种窗模型（见图 2-4）、提供“植物”“栏杆”“墙”3 种类型的 AEC 扩展对象（见图 2-5）和 4 种楼梯模型（见图 2-6）等。用户可以直接调用这些模型，比如想创建一个台阶，可以使用下拉菜单中的“楼梯”选项来创建，然后进入“修改”面板，对其进行参数调节，或将其转换为“可编辑对象”，再对其进一步编辑。

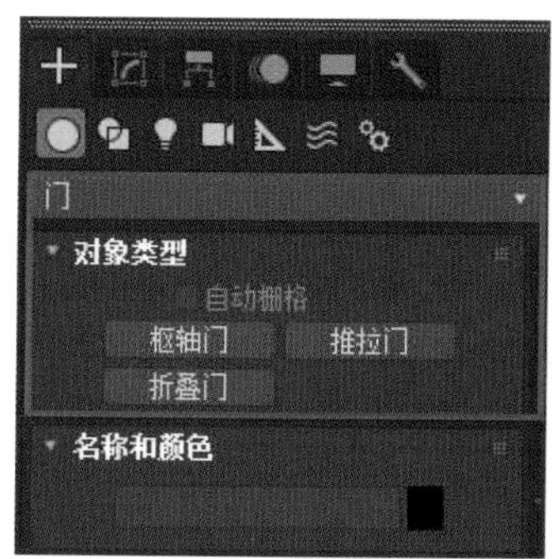

图 2-3　门模型类别

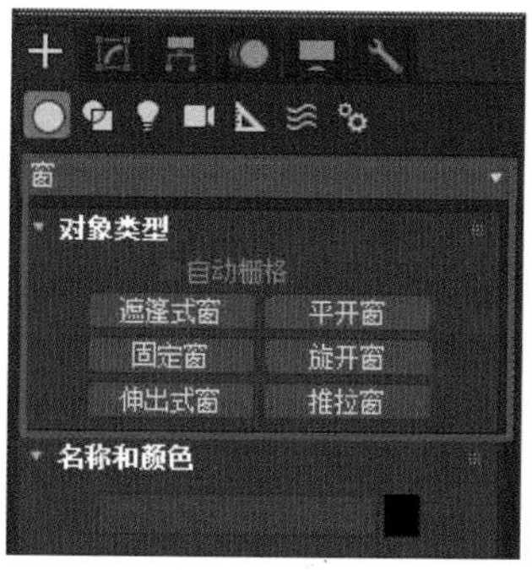

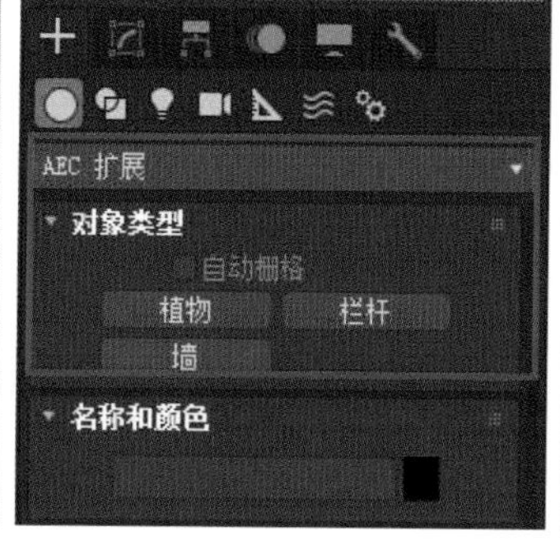

图 2-4　窗模型类别

AEC 扩展对象类型

图 2-5　AEC 扩展对象类型

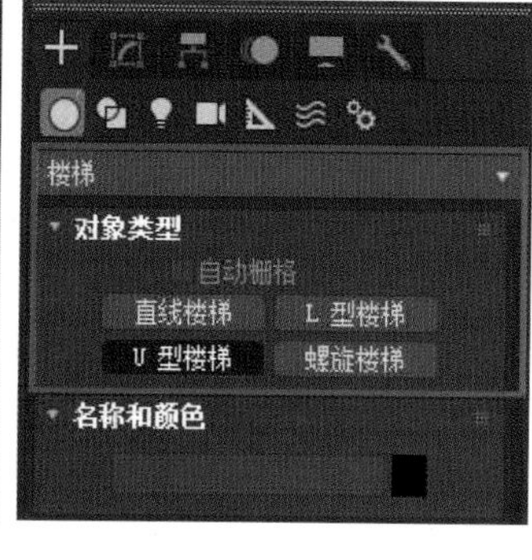

图 2-6　楼梯模型类别

四、几何体的创建与调整

用鼠标单击选择想要创建的几何体类型的按钮，拖曳鼠标即可完成模型的创建，在拖曳过程中单击鼠标右键可以随时取消创建。完成创建后，切换到“修改”面板可以对物体的参数进行调整，包括长、宽、高、半径以及分段数等。在“创建”面板和“修改”面板中都能对几何体模型的名称进行修改，名称后面的色块可以用来设置几何体模型的边框颜色，如图 2-7、图 2-8 所示。

技巧：“长度”“宽度”“高度”3 个参数直接影响到长方体的形状和大小。修改“长度分段”“宽度分段”“高度分段”的数值可以改变长方体本身的长、宽、高分段数，也就是边的数量。对于模型来说，分段数越少，渲染速度越快，但是，对一些复杂的形状，过少的分段数会造成模型精度不够、不平滑的现象出现。

使用内置几何体模型并对其进行参数修改可以制作出富有创意的对象模型，其优点在于快捷简单，只需要调节参数和摆放位置就可以完成模型的创建，但是用这种建模方法只适合制作一些精度较低、比较规则和简单的物体。

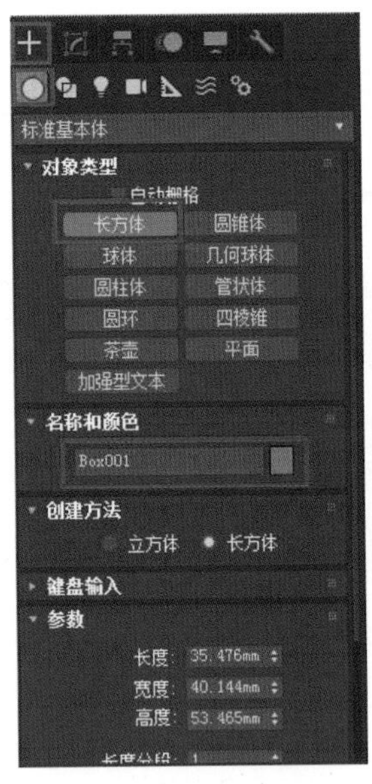

图 2-7 几何体的“创建”面板

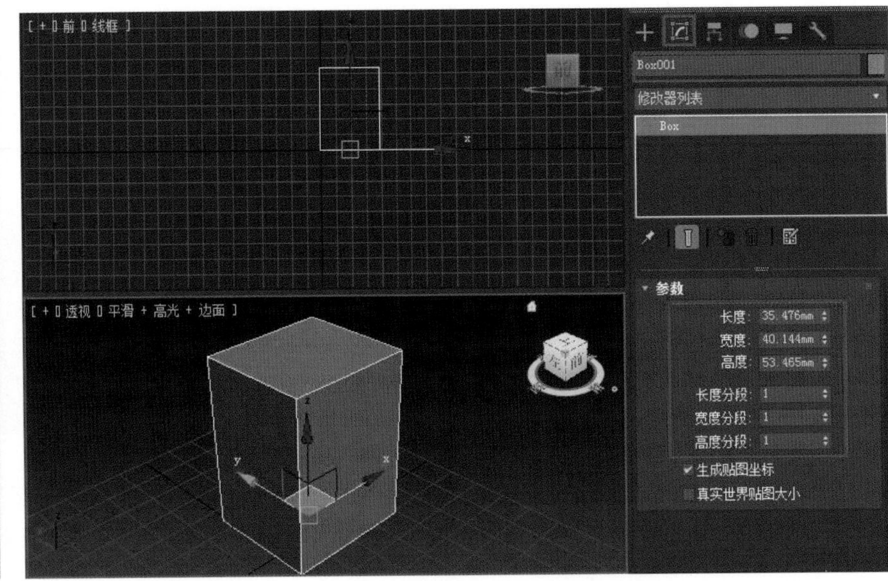

图 2-8 几何体的“修改”面板

2.3 二维图形建模

二维图形由一条或多条样条线组成，而样条线又由顶点和线段组成。二维图形建模指的是通过调整顶点的参数及样条线的参数绘制二维图形，再对二维图形加载修改器将其转换为三维模型的过程。

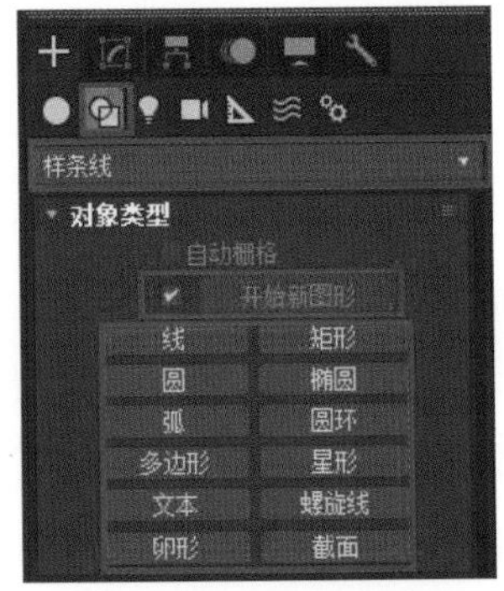

图 2-9 样条线类型

一、创建二维图形

在 3ds Max 中使用二维图形创建模型，首先需要使用“样条线”面板中的部分命令。在“创建”面板中选择“图形 > 样条线”，下方的“对象类型”卷展栏中便会列出 12 种样条线，分别是线、矩形、圆、椭圆、弧、圆环、多边形、星形、文本、螺旋线、卵形和截面，如图 2-9 所示。默认情况下“开始新图形”复选框是被勾选的，绘制出的每个图形都是独立的对象；将其取消勾选，则创建的所有图形会自动成为一个整体。

二、编辑二维图形

3ds Max 提供了很多种二维图形，但是单纯通过“创建”面板所生成的样条线类型不能满足复杂模型的造型需求，需要对样条线进行编辑。通过“样条线”命令面板所创建的图形都可以转换为可编辑样条线，方法有两种。

（1）选择二维图形，单击鼠标右键，在弹出的菜单中选择“转换为 > 转换为可编辑样条线”命令。将二维图形转换为可编辑样条线后，在“修改”面板的修改器堆栈中就只剩下“可编辑样条线”选项，包含“渲染”“插值”“选择”“软选择”“几何体”卷展栏，如图 2-10 所示。

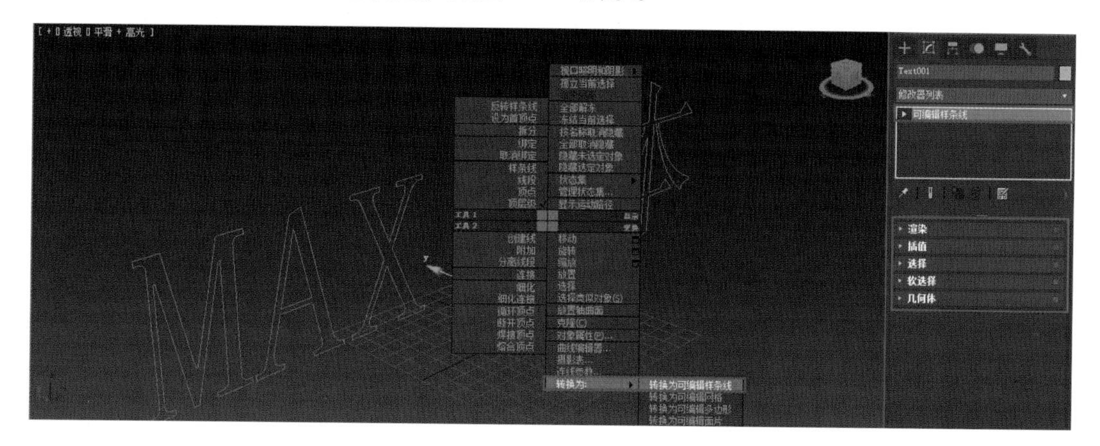

图 2-10　单击鼠标右键将对象转换为可编辑样条线

（2）选择二维图形，在“修改”命令面板中为其加载“编辑样条线”修改器，如图 2-11 所示。此方法的修改器堆栈中不只包含“编辑样条线”选项，同时还保留了原始的二维图形参数。当选择“编辑样条线”时，其卷展栏包含“选择”“软选择”“几何体”；当选择二维图形选项时，其卷展栏包括“渲染”“插值”“参数”。

图 2-11　加载“编辑样条线”修改器

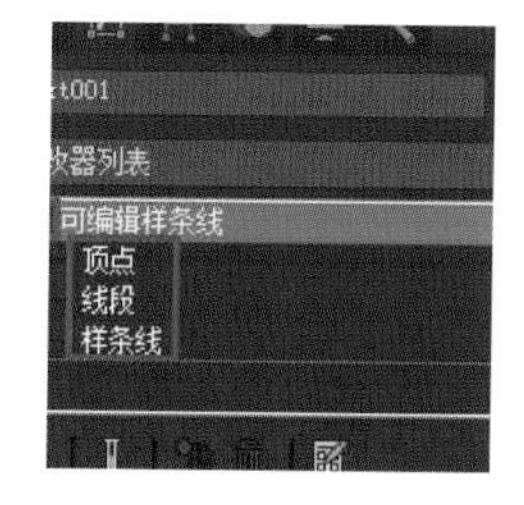

图 2-12　样条线的子层级

将二维图形转换为可编辑样条线后，在修改器堆栈中可以展开样条线的“顶点”“线段”“样条线”3 个子层级，如图 2-12 所示。通过不同的子层级可以分别对顶点、线段和样条线进行编辑。

下面以“顶点”子层级为例来讲解可编辑样条线的调节方法。选择“顶点”子层级后，在视图中会显示图形的可控制点，通过“选择并移动”按钮对点进行移动；单击鼠标右键，在弹出的菜单中对选择顶点的类型进行切换。顶点的类型有 4 种，分别是 Bezier 角点、Bezier、角点和平滑，如图 2-13 所示。

Bezier 角点：带有两个不连续的控制柄，通过两个控制柄可以调节转角处的角度。

Bezier：带有两个连续的控制柄，用于创建平滑的曲线，顶点处的曲率由控制柄的方向和量级确定。

角点：创建尖锐的转角，角度的大小不可以调节。

平滑：创建平滑的圆角，圆角的大小不可以调节。

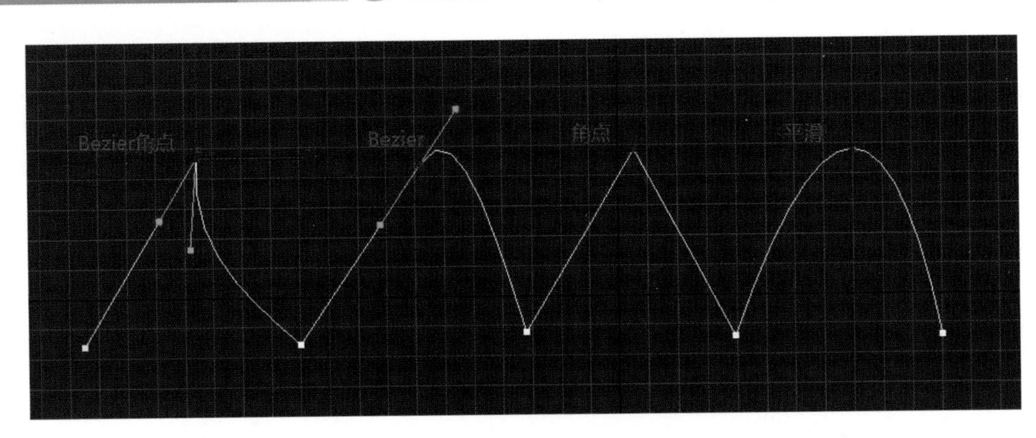

图 2-13 顶点的类型

2.4 修改器建模

通过上几节的学习，我们了解到简易的造型可以通过巧妙运用 3ds Max 的基本体组建完成，对于一些复杂的对象模型，可以通过在基本体的基础上加载适当的修改器来实现。所谓修改器，就是对模型进行编辑、改变其几何形状及属性的命令，使用修改器也是一种提高建模工作效率的方法。

一、修改器建模基础操作

“修改”面板是 3ds Max 很重要的一个组成部分，修改器堆栈则是“修改”面板的灵魂。下面来了解一下修改器建模的基础操作。

（1）为对象加载修改器。选择对象，进入“修改”面板，在“修改器列表”中选择相应的修改器。

（2）修改器的删除。单击选中堆栈中的某个修改器，点击“从堆栈中移除修改器”按钮，删除当前选择的修改器，并清除由该修改器产生的所有更改。

（3）修改器的排序。先加载的修改器位于修改器堆栈的下方，后加载的修改器则在修改器堆栈的顶部，修改器的顺序不同，对同一对象起到的效果是不一样的。单击鼠标左键选择其中一个修改器不放，将其拖曳到需要放置的位置再松开鼠标左键，可调节修改器的顺序。

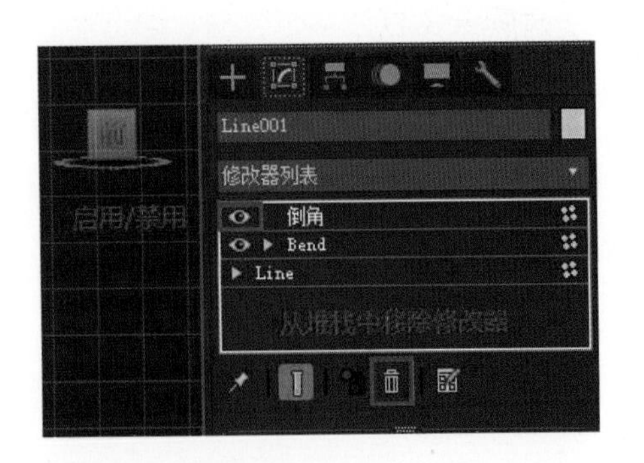

图 2-14 修改器启用 / 禁用与移除相关按钮

（4）启用与禁用修改器。修改器堆栈中每个修改器前面都有一个眼睛的图标，单击该图标即可切换启用和禁用状态。眼睛为亮状态，代表该修改器启用；眼睛为暗状态，代表该修改器被禁用。

修改器启用 / 禁用与移除相关按钮如图 2-14 所示。

（5）修改器的复制。修改器复制的方法有两种：①在修改器上单击鼠标右键，在弹出的菜单中选择“复制”命令，接着选中需要该修改器的对象，在其修改器堆栈中单击鼠标右键，在弹出的菜单中选择“粘贴”命令即可；②直接将修改器拖曳到场景中某一物体上。

（6）塌陷修改器堆栈。塌陷修改器堆栈可以在保留模型最高层级修改效果的同时删除修改器，以达到简化对象、节约内存的目的。塌陷后无法再对修改器的参数进行调整，需要谨慎执行。塌陷修改器堆栈有“塌陷到”和“塌陷全部”两种形式。选择“塌陷到”命令可以删除当前列表中选定修改器下面的所有修改器，对其上面的修改器进行保留；选择“塌陷全部”命令，则删除所有修改器，并将对象转换为可编辑网格。

二、常用修改器

修改器有很多种，按照类型的不同可将其分为“选择修改器”“世界空间修改器”“对象空间修改器”3个修改器集合。下面对常用的修改器进行讲解。

（1）挤出修改器：可以将深度添加到二维图形中，并且将对象转换成一个参数化对象。

（2）倒角修改器：可以将图形挤出为 3D 对象，并在边缘应用平滑的倒角效果。

（3）车削修改器：可以通过围绕坐标轴旋转一个图形来生成 3D 对象。

（4）弯曲修改器：可以使物体在任意 3 个轴上控制弯曲的角度和方向，也可以对几何体的一段限制弯曲效果。

（5）FFD 修改器：即自由变形修改器。这种修改器是使用晶格框包围住选中的几何体，然后通过调整晶格的控制点来改变几何体的形状，主要包括“FFD 2x2x2”“FFD 3x3x3”“FFD 4x4x4”“FFD（长方体）”“FFD（圆柱体）”修改器，用户可以根据模型的外形来灵活选择使用。

（6）平滑 / 网格平滑 / 涡轮平滑修改器：可以用来平滑几何体，但是在效果和可调性上有所差别。对于相同的物体，平滑修改器的参数最为简单，但是平滑强度不大；网格平滑修改器与涡轮平滑修改器的使用方法相似，二者中的后者能够更快并更有效率地利用内存。

2.5 复合对象建模

复合对象建模是一种特殊的建模方法，它可以将两种或两种以上的模型对象合并成为一个对象，并且可以将合并的过程记录成动画。使用复合对象建模可以大大节省建模时间，使用的工具包括变形、散布、一致、连接、水滴网格、图形合并、布尔、地形、放样、网格化、ProBoolean 和 ProCutter，如图 2-15 所示。下面对常用的复合对象建模方法进行介绍。

一、图形合并

使用“图形合并”工具可以将一个或多个图形嵌入其他对象的网格或从网格中移除。

二、布尔

“布尔”工具是对两个以上的物体进行运算，从而得到新的物体形态。系统提供了 5 种“布尔”运算方式，分别是并集、交集、差集 A–B、差集 B–A 和切割。

三、ProBoolean

与“布尔”工具很接近，“ProBoolean”复合对象建模工具更具优势，它运算后生成的三角面较少，网格布线更均匀，生成的顶点和面也相对较少，并且操作更容易、更快捷。下面将通过制作一个骰子（样式参考图 2–16）的案例来讲解 ProBoolean 工具的使用方法。

图 2–15　复合对象建模工具

图 2–16　骰子样式

（1）在命令面板中选择“创建 > 几何体 > 扩展基本体 > 切角长方体”，设置“创建方法”为“立方体”（即正方体），在视图中创建一个切角正方体，如图 2–17 所示。

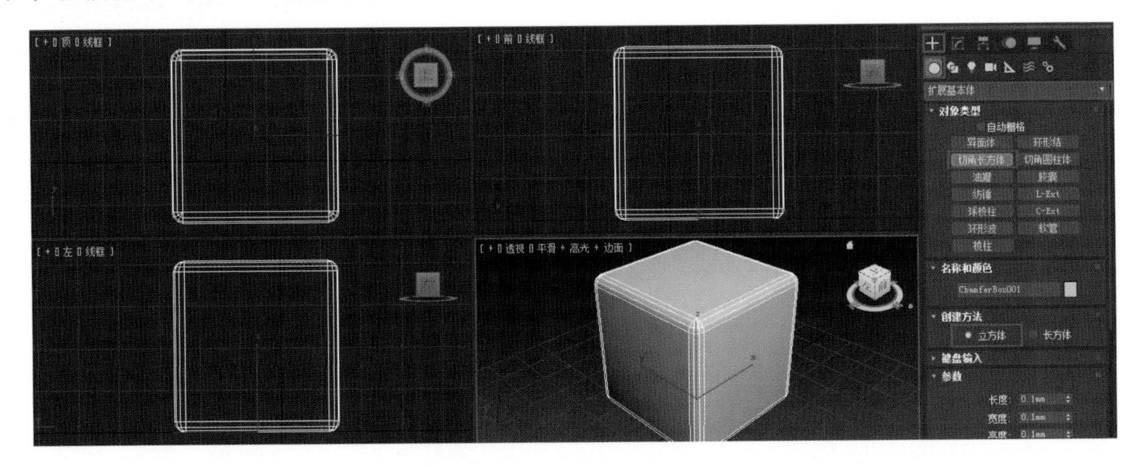

图 2–17　创建切角正方体

（2）选择“标准基本体 > 球体”，在场景中创建一个球体。按照每个面的点数多少对球体进行复制，并将其分别摆放在切角正方体的 6 个面上，如图 2–18 所示。

（3）按“Ctrl”键选中所有的球体，在命令面板中点击“工具 > 塌陷”命令，在“塌陷”卷展栏下单击“塌陷选定对象”按钮，将所有球体塌陷为一个整体，如图 2–19 所示。

（4）选择切角正方体，在“创建”面板中点击“几何体 > 复合对象 > ProBoolean”，在“参数”卷展栏下设置“运算”为“差集”，在“拾取布尔对象”卷展栏下单击“开始拾取”按钮，接着拾取场景中的球体，如图 2-20 所示。

完成效果如图 2-21 所示。

图 2-18　复制球体并分别放在切角正方体的 6 个面上

图 2-19　将所有球体塌陷为一个整体

图 2-20　运用 ProBoolean 工具

图 2-21　完成效果

四、放样

“放样”建模是 3ds Max 中一种功能强大的建模方法，它将一个二维图形作为剖面沿某个路径移动，从而形成复杂的三维对象，能快速地创建出多种模型。在“放样”建模中，可以对放样对象进行变形操作，包括“缩放”“扭曲”“倾斜”“倒角”“拟合”5 种变形。

2.6　基础建模综合实例——静物写生

项目描述

在美术学习阶段，我们会绘制很多静物写生作品，如图 2-22、图 2-23 所示。本案例通过运用样条曲线编辑、基本几何体建模、修改器建模等技术，在 3ds Max 中创建生活中简单又熟悉的静物写生场景，最终效果如图 2-24 所示。

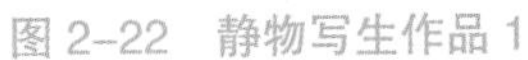
图 2-22 静物写生作品 1

图 2-23 静物写生作品 2

图 2-24 案例效果图

制作思路

先绘制二维曲线，利用车削修改器生成三维模型，然后使用 FFD、弯曲、锥化等修改器对模型进行优化与调整，配合复制与群组功能整理场景布局，最后添加灯光、渲染出图。

学习目的

（1）掌握样条线的编辑方法。

（2）掌握 FFD、弯曲、锥化、挤出等常用修改器的编辑方法。

（3）掌握学习群组、复制等基础建模技术。

（4）掌握场景布局、灯光创建与渲染设置的方法。

一、苹果的制作

（1）创建苹果的剖面轮廓。打开主工具栏“捕捉”开关，在命令面板中选择“创建 > 图形 > 样条线 > 线”，在前视图中绘制苹果剖面轮廓直线，如图 2-25 所示。绘制时，将起点与终点利用捕捉工具对齐到一条栅格线上，以确保苹果可由轮廓线沿着一条直线旋转成形。单击鼠标右键结束创建，同时关闭“捕捉”开关。

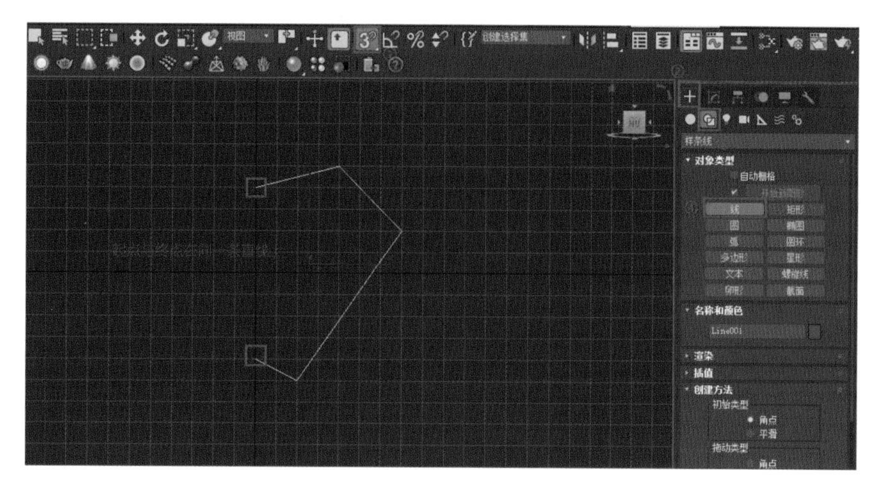

图 2-25　绘制苹果剖面轮廓直线

技巧与提示：要绘制比较圆滑的样条线，可以先不管样条线的弧度，用“角点”命令将大的转折关系创建出来，创建完毕后再对角点进行调节。

（2）修改剖面轮廓。选择创建的直线，进入“修改”面板，选择“顶点”子层级，选择需要转化为曲线的点，单击鼠标右键将其转换为“Bezier”类型，如图 2-26 所示。激活选择并移动工具，在前视图调整曲线外形，注意调节范围控制在 x、y 轴向。

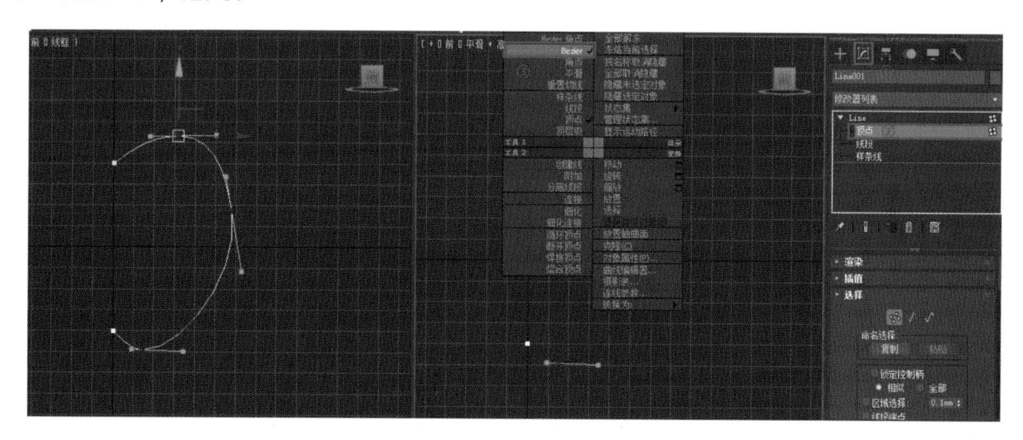

图 2-26　修改剖面轮廓

技巧与提示：选择“角点”类型可使节点两端的线段呈现任一角度，无调节手柄；为“Bezier 角点”类型时两条手柄不连续，可单独拖动一个手柄改变线段方向和曲率；为“Bezier”类型时，两个手柄连续成一条直线并与节点相切，移动一个手柄会影响两个手柄，可改变线段方向和曲率，按“Shift”键移动手柄，只影响选取的手柄端的线段。

（3）优化曲线。展开“插值”卷展栏，勾选“自适应”平滑选项，如图 2-27 所示。

技巧与提示：“插值”卷展栏中，“步数”数值可以用来控制曲线的精度，数值越大，曲线精度越高、越平滑。勾选“自适应”复选框，系统将会根据曲率自动计算优化，在曲线弯曲程度大的地方插补更多的点，在比较直的地方插补少一些的点，达到既满足精度要求又优化系统资源的目的。

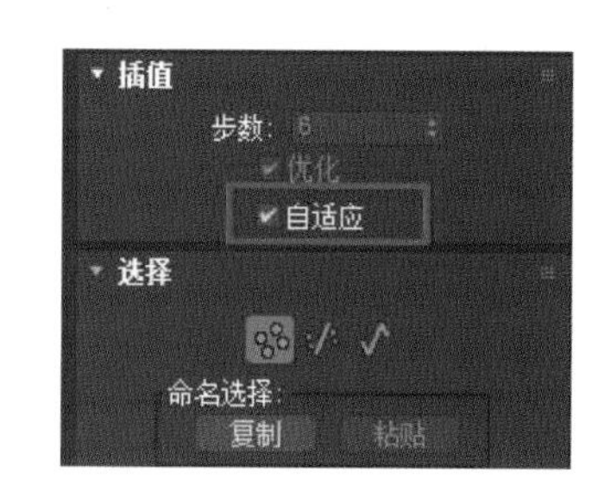

图 2-27　优化曲线

（4）为剖面添加车削修改器。选择曲线的顶层级，在修改器列表中选择“车削”，如图 2–28 所示。

技巧与提示：车削修改器是将二维样条线转化为三维模型的常用修改器，通常用来制作对称的模型，例如瓶子、罐子等。

在车削修改器的“参数”卷展栏中选择“Y”轴方向“最小”对齐方式，勾选“焊接内核”，提高“分段”数至模型呈现光滑表面，如图 2–29 所示。

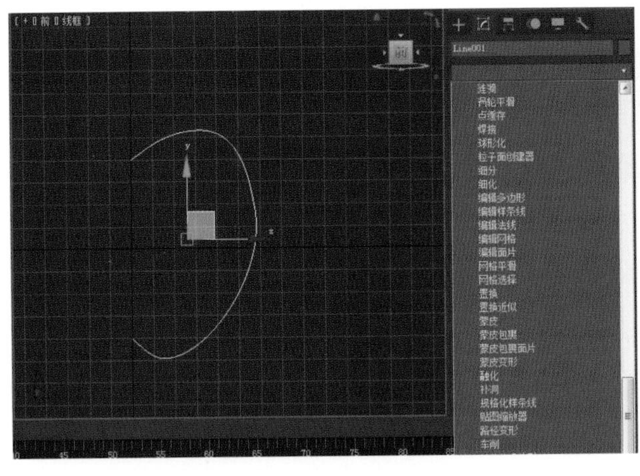

图 2–28　添加车削修改器

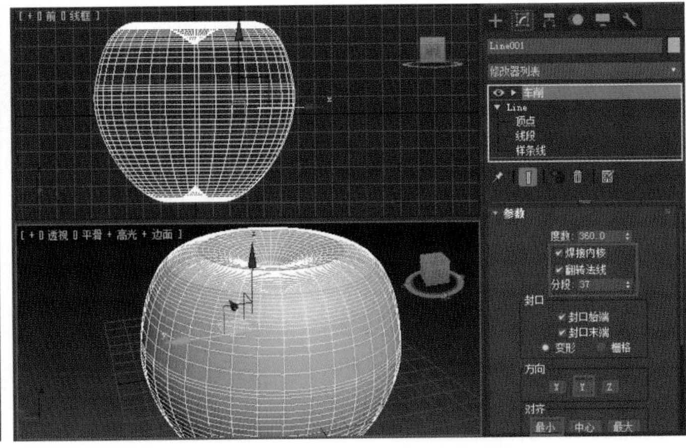

图 2–29　修改“车削”参数

技巧与提示：“分段”数越高，模型越平滑，占用系统资源也越多，此处将数值调整至模型表面光滑即可。车削后模型如果需显示为黑色，可勾选“翻转法线”。

（5）调整苹果形状。现实中没有完全对称的苹果，为了使苹果模型更加自然，选择苹果模型，为其添加“FFD 4x4x4”修改器，在“修改”面板上进入“控制点”层级，使用选择并移动工具调整控制点的位置，修改至一个满意的苹果形状，如图 2–30 所示。

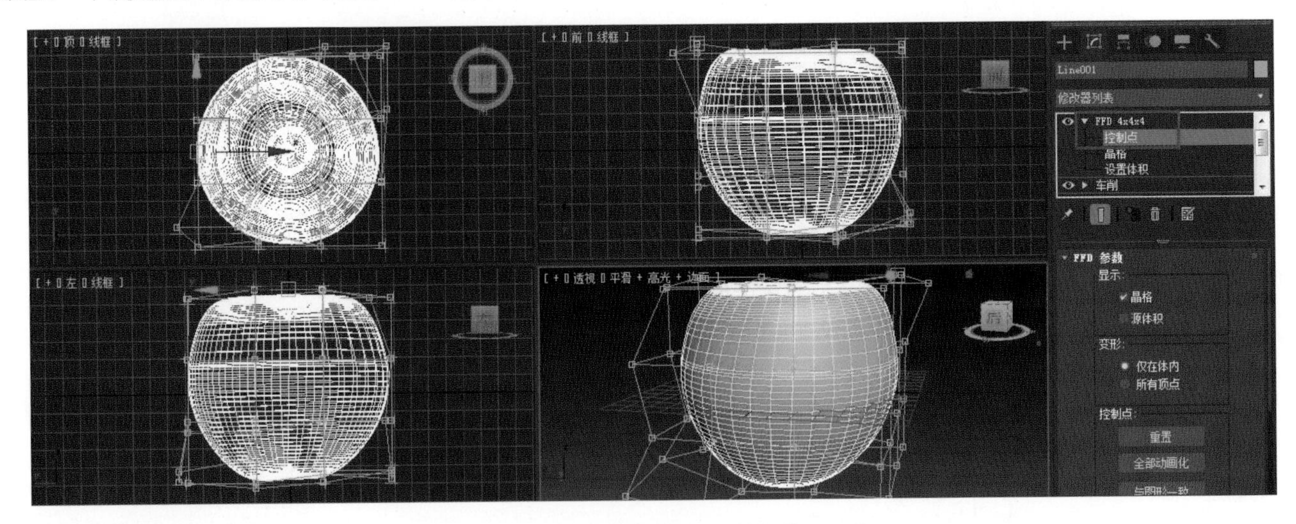

图 2–30　添加 FFD 修改器，调整苹果形状

技巧与提示：车削后如果对苹果的整体轮廓不满意，可以在修改器堆栈中点击样条线继续修改。修改器列表中的 FFD 修改器的使用方法类同，晶格数量与包裹形式各有差异。

（6）模型的塌陷。选择苹果模型，单击鼠标右键，选择“转换为 > 转换为可编辑多边形”命令，如图 2–31 所示，将模型转换为多边形物体，再执行“塌陷”命令。将其更名为“苹果”。

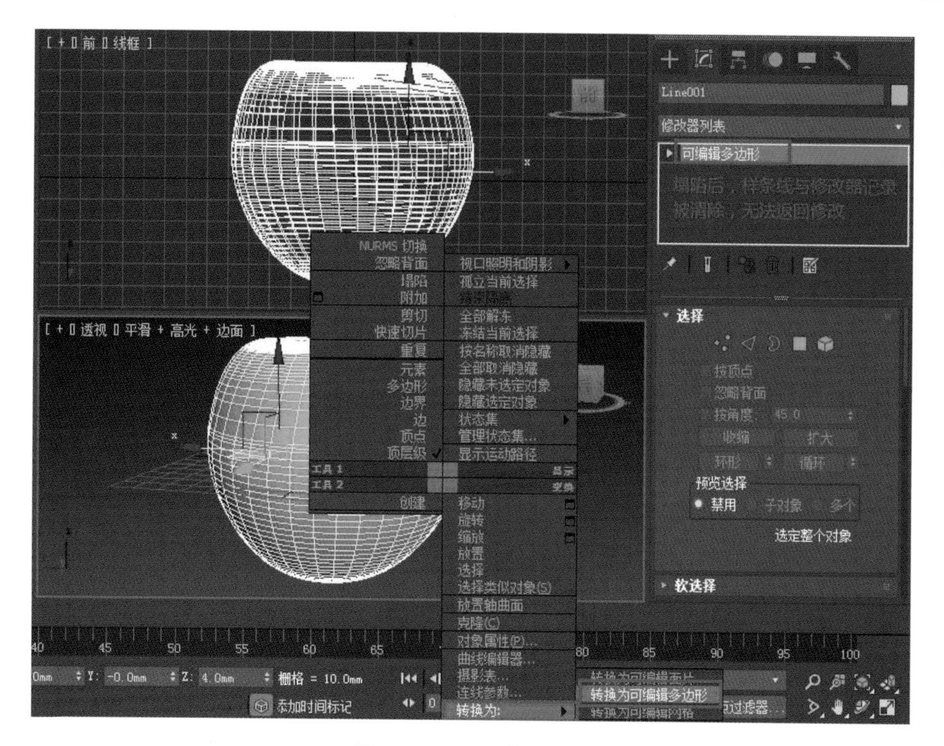

图 2-31　塌陷苹果模型

技巧与提示：模型上添加的修改命令越多，占用系统资源越大。利用“塌陷”命令可以保持模型最高层级的修改效果，同时将修改堆栈中的记录清除掉。塌陷后的模型占用较少的系统资源，但不能再修改二维图形和三维几何体的原始参数，因此执行需谨慎。

（7）苹果蒂的制作。创建圆柱体，进入“修改”面板调整半径、高度和高度分段，将其放置在苹果中心靠上位置，如图 2-32 所示。

选择圆柱体，单击鼠标右键，选择“转换为 > 转换为可编辑多边形”命令，将模型转换为多边形物体。保持模型的选择状态，添加锥化修改器，通过调节“数量”“曲线”参数使苹果蒂的形状更自然，有粗细变化，如图 2-33 所示。

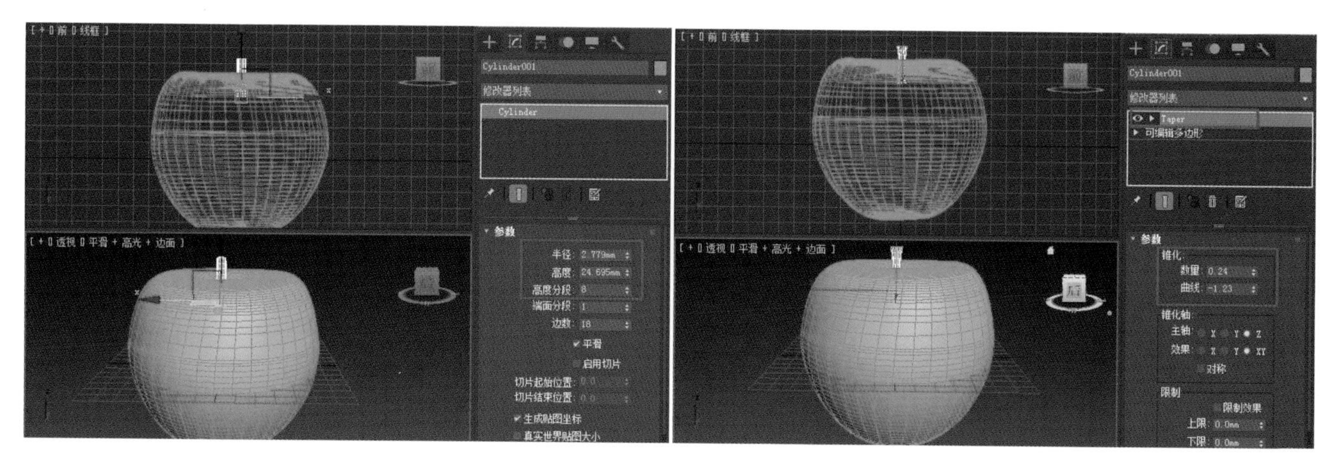

图 2-32　创建圆柱体制作苹果蒂　　　图 2-33　添加锥化修改器

添加弯曲修改器，调节“角度”参数，完成后将模型转换为可编辑多边形，并命名为“苹果蒂”，如图 2-34 所示。

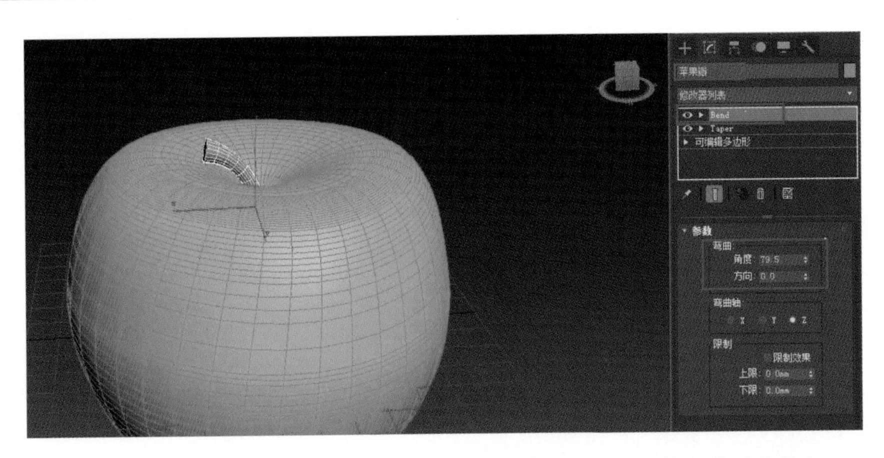

图 2-34　添加弯曲修改器调节角度后将苹果蒂转换为可编辑多边形并命名

技巧与提示：使用锥化和弯曲修改器时模型在高度上有一定的分段才能得到平滑的效果。

（8）苹果的群组和复制。选择“苹果”与“苹果蒂”，在菜单栏中点击“组 > 组”命令，在弹出的“组”对话框中，将组命名为“苹果”，如图 2-35 所示。

选择“苹果”组，按住“Shift”键进行移动复制，在弹出的“克隆选项”对话框中选择“复制”，如图 2-36 所示。

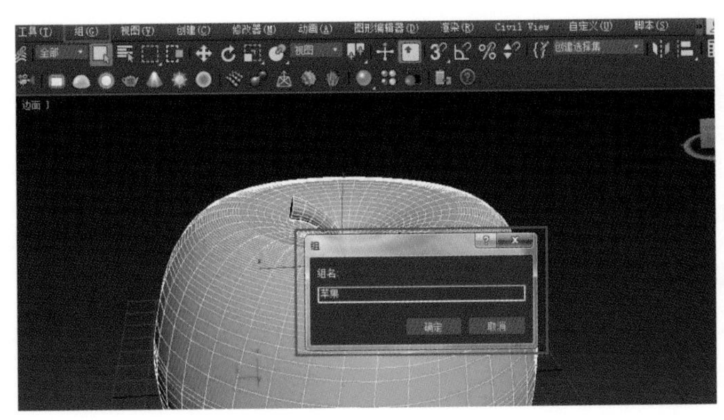

图 2-35　苹果的群组

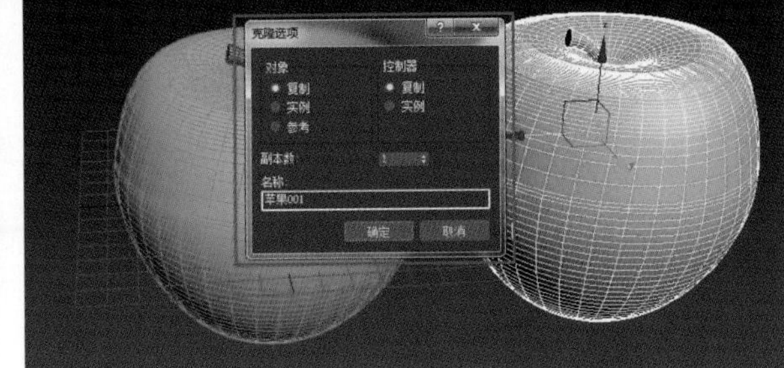

图 2-36　复制苹果

选择新复制出的苹果，点击菜单栏“组 > 打开”命令，为苹果果肉部分添加“FFD 4x4x4”修改器进行调整，体现每个苹果之间外观的差异，调整完成后点击菜单栏“组 > 关闭”，关闭当前群组，如图 2-37 所示。使用相同的方法，制作其他苹果模型。

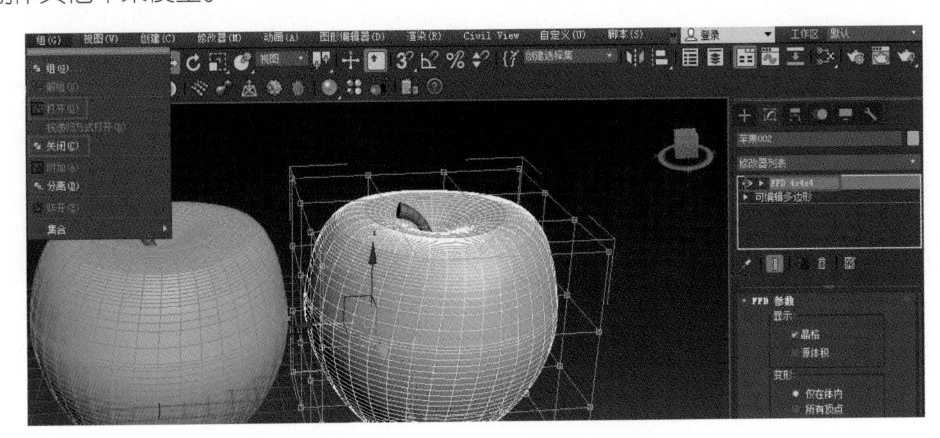

图 2-37　添加 FFD 修改器调节苹果外形

二、果盘的制作

（1）绘制果盘剖面部分轮廓直线。在前视图绘制轮廓直线时，按住“Shift”键可以启动“正交”模式，绘制出水平和垂直的样条线，如图 2-38 所示。

（2）修改果盘剖面轮廓直线。进入“修改”面板，点击“样条线”子层级，单击“轮廓”按钮，在视图中拖动鼠标，将单线调整为轮廓线框，如图 2-39 所示。

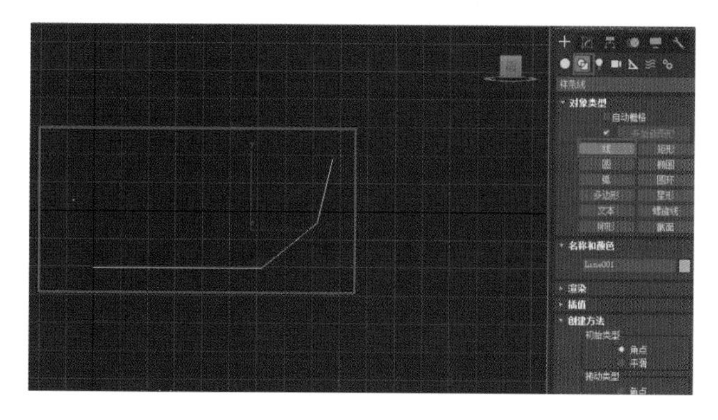

图 2-38　创建果盘剖面部分轮廓直线

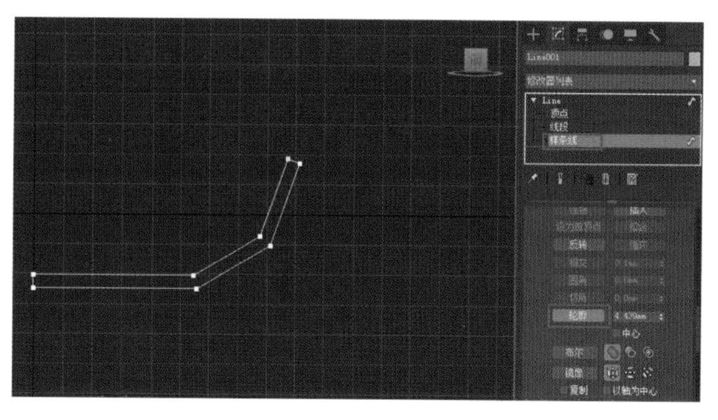

图 2-39　将单线调整为轮廓线框

在“修改”面板中选择“顶点”层级，选择图 2-40 中所示的点，进行“圆角”操作，将直线变成平滑的弧线。

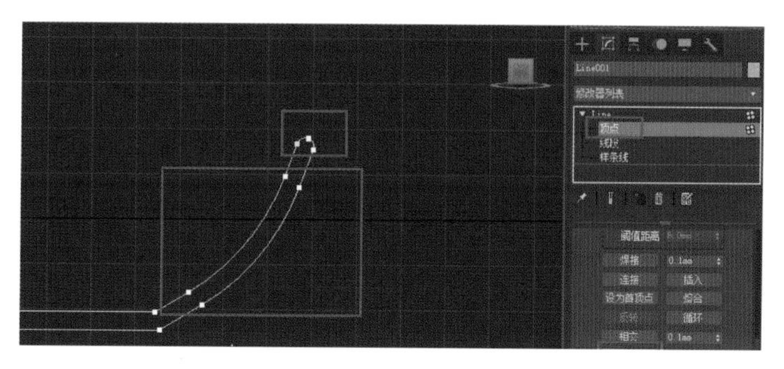

图 2-40　“圆角”操作

拖动检查，果盘盘口轮廓线上实际有两个重合的顶点，框选重合的这两个点，进行“焊接”操作，将其合并为一点，如图 2-41 所示。

（3）优化曲线。展开“插值”卷展栏，勾选“自适应”平滑选项。

（4）选择曲线的顶层级，在修改器列表中选择“车削”修改器，调整合适的方向与对齐方式，勾选“焊接内核”，设置合适的“分段”数，如图 2-42 所示。将其命名为“果盘”，完成果盘的创建。

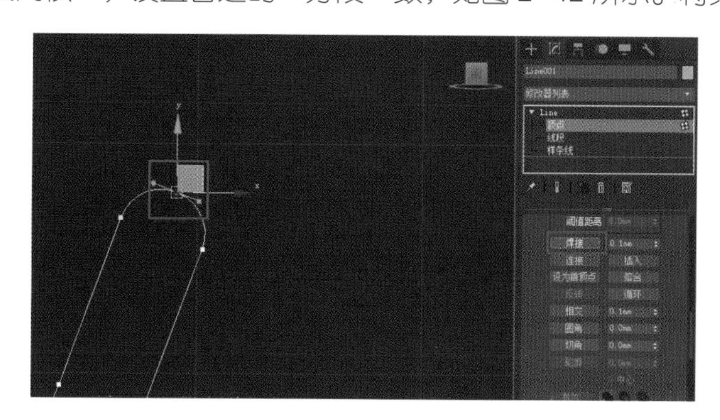

图 2-41　合并顶点

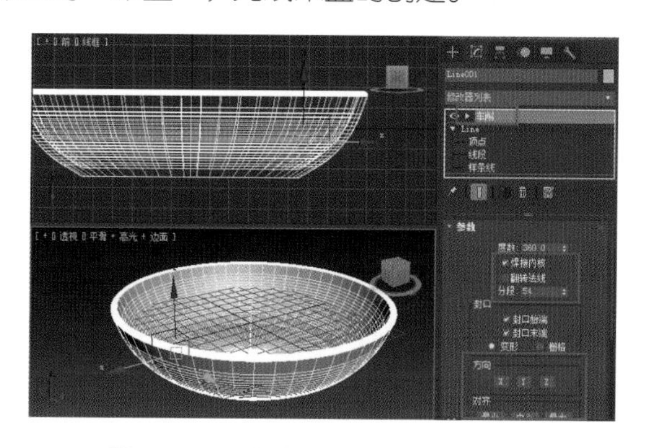

图 2-42　添加车削修改器并设置参数

三、杂志的制作

（1）创建页面样条线。在“创建”面板中使用“线”工具在前视图中创建一条样条线，进入“修改”面板，在“插值”卷展栏中勾选“自适应”，如图 2-43 所示。

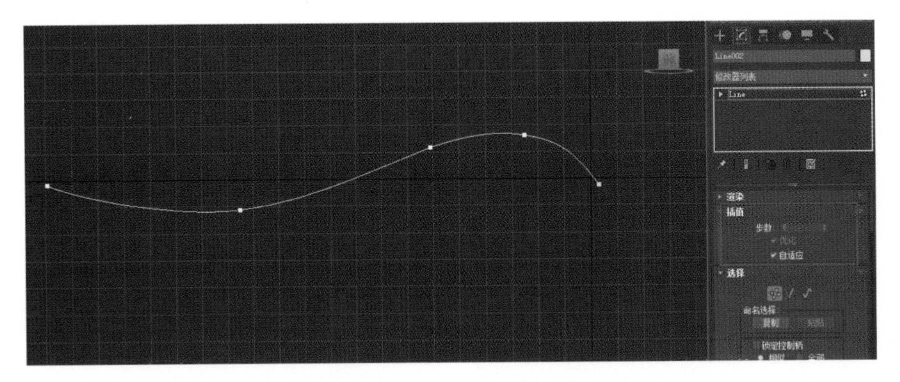

图 2-43　创建杂志页面样条线

（2）调整页面厚度。选择“样条线”子层级，在“几何体”卷展栏下单击“轮廓”按钮，在视图中拖动鼠标，将单线调整为轮廓线框，如图 2-44 所示。

（3）调整页面宽度。选择样条线顶层级，在修改器列表中选择“挤出”修改器，进入“参数”卷展栏，调节“数量”，为页面设置挤出效果，如图 2-45 所示。

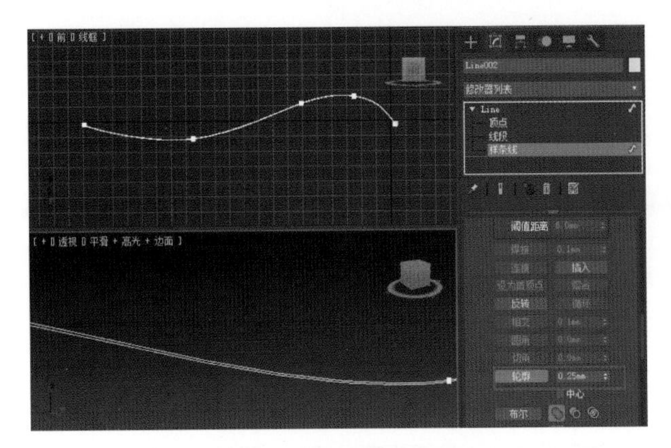

图 2-44　用样条线绘制轮廓

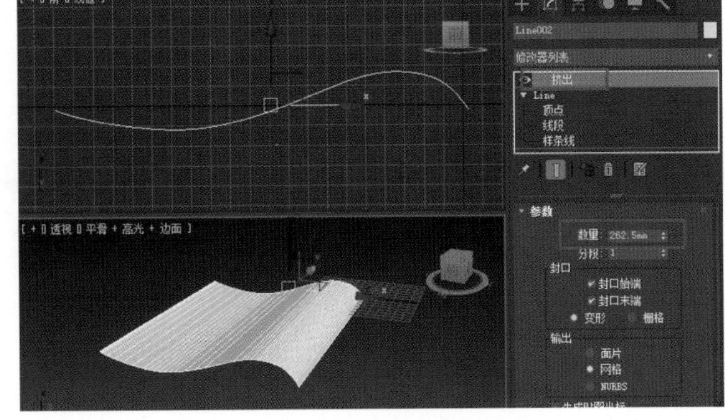

图 2-45　挤出页面

（4）采用同样的方法制作出另外一侧的页面，最终效果如图 2-46 所示。

图 2-46　杂志完成效果

四、完善场景模型

（1）采用同样的方法完成瓶子、罐子、酒杯的制作，并为场景创建平面，修改平面的分段参数，将物体放置在平面上，如图 2-47 所示。

（2）使用选择并移动、选择并旋转、选择并均匀缩放和复制等工具对场景进行布局和优化。调整好场景最佳观察角度，按“Ctrl+C”组合键建立摄影机，如图 2-48 所示。

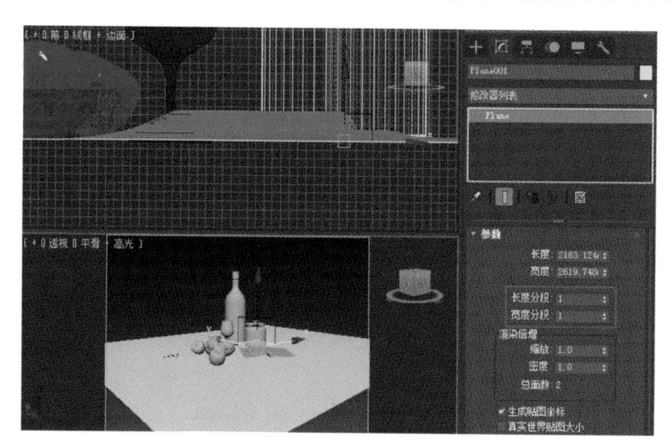

图 2-47 创建平面并调整

图 2-48 创建摄影机

技巧与提示：透视视图调整好角度后，按“Ctrl+C”组合键，将以当前视角创建摄影机，并进入摄影机视图。

五、为场景添加材质灯光

（1）按“M”键打开材质编辑器并切换到 Slate 材质编辑器，选择“标准”材质，调整“漫反射”颜色为灰度（R220， G220 ，B220），将其赋予场景所有的模型，如图 2-49 所示。

图 2-49 指定标准材质及漫反射颜色

（2）在摄影机视图中按“Shift+F”组合键，显示安全框，可以观察到实际渲染长宽比，按“F9”键可以渲染摄影机视图，如图 2-50 所示。

（3）在场景中添加目标聚光灯，调整灯光的位置。进入“修改”面板勾选“启用”阴影，设置聚光灯的投影为“区域阴影”，如图 2-51 所示。

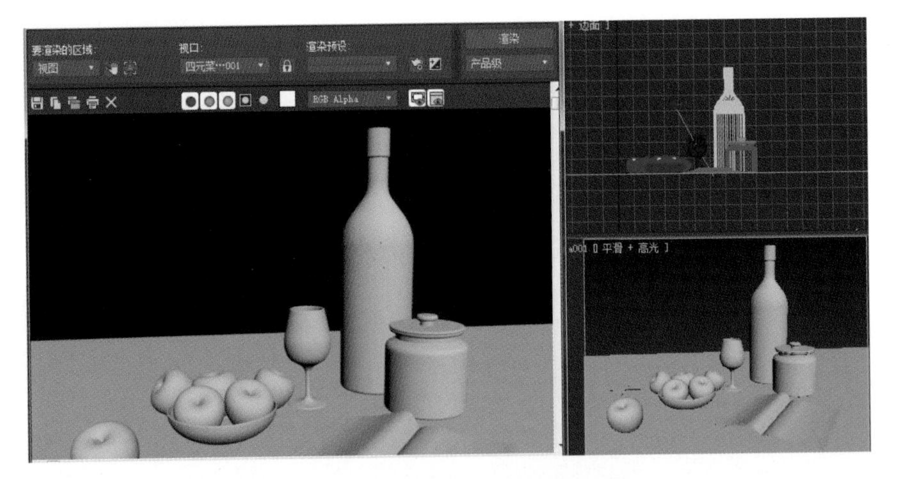

图 2-50　显示安全框并渲染摄影机视图

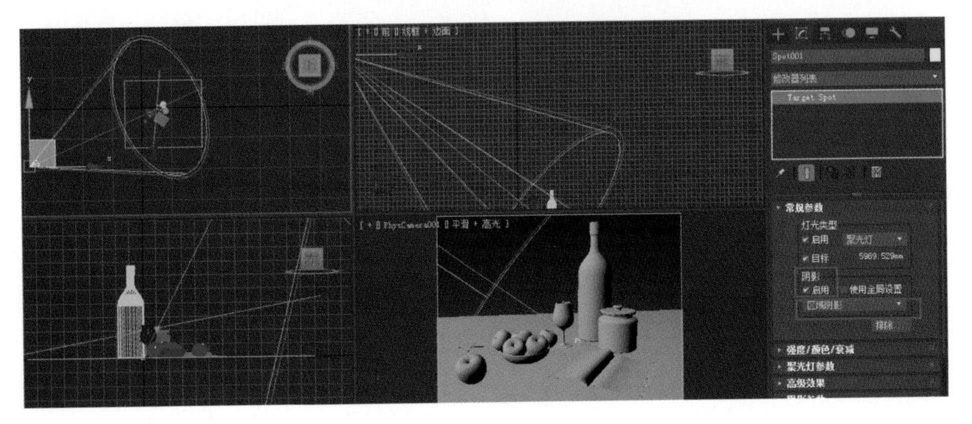

图 2-51　添加目标聚光灯

技巧与提示：渲染图中，如果能看到“平面”物体边界，可进入“修改”面板，将其“渲染倍增”设置为“5”。平面如有明显的圆形照明边缘，可进入聚光灯“修改”面板“聚光灯参数”卷展栏，调整灯光的“聚光区/光束”和“衰减区/区域”，加大两者的距离。

（4）“创建”面板中选择“天光”，在透视视图中任意位置单击鼠标，建立一个天光光源，如图 2-52 所示。按键盘上的数字键“9”，打开“高级照明”面板，设置“光跟踪器”计算方式为当前活动计算方式，如图 2-53 所示。

图 2-52　创建天光

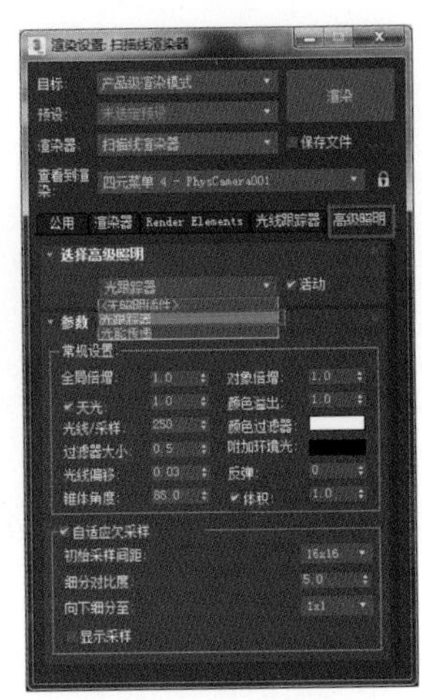

图 2-53　设置“光跟踪器”计算方式

（5）单击菜单栏“渲染 > 环境”，在弹出的“环境和效果”对话框中点击“环境贴图”对应的设置按钮，添加“渐变”贴图，如图 2-54 所示。

图 2-54　为环境添加“渐变”贴图

按“M”键打开材质编辑器，将“环境和效果”及“渐变”贴图拖动至材质编辑窗口，在弹出的“实例（副本）贴图”对话框中选择“实例”方式，如图 2-55 所示，这样可以对贴图进行调整，改变渐变颜色（见图 2-56）。

图 2-55　材质编辑器中的操作

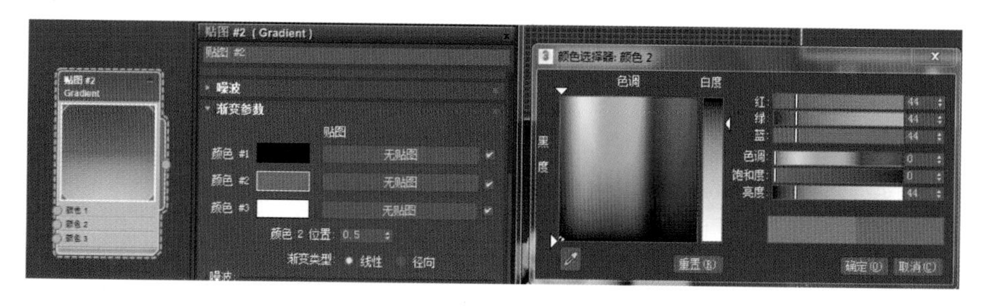

图 2-56　调整渐变颜色

（6）测试渲染，如图 2-57 所示。从渲染测试中发现场景灯光偏亮，平面和背景没有融合在一起。在制作效果图的过程中，就是要这样不断从渲染中发现问题并解决问题，直至达到一个满意的效果。

图 2-57 测试渲染

（7）按“M”键打开材质编辑器，选择“无光/投影”材质（见图 2-58），将其赋予“平面”模型。选择场景中的目标聚光灯与“天光”，降低“倍增”值，减弱灯光强度，如图 2-59 和图 2-60 所示。

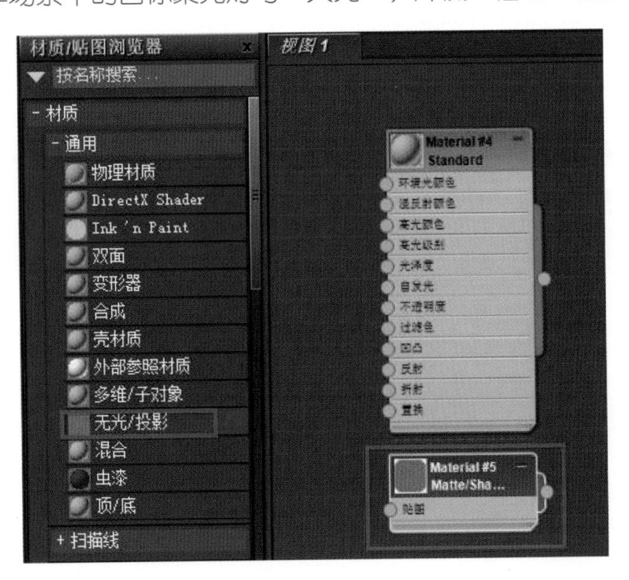

图 2-58 添加“无光/投影”材质

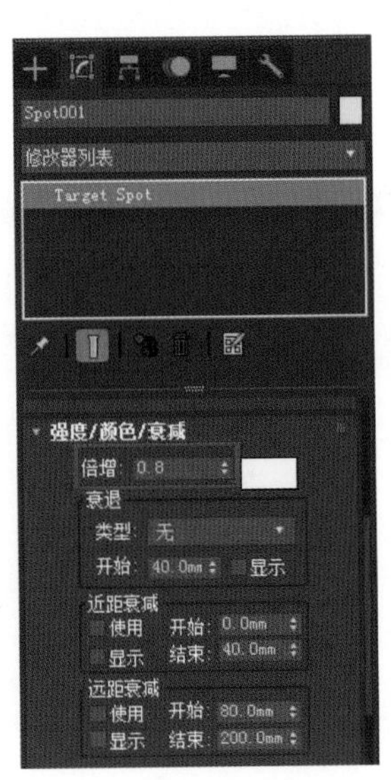

图 2-59 调节目光聚光灯“倍增”值

图 2-60 调节“天光”的“倍增”值

技巧与提示：标准灯光的强度是由“倍增”决定的，该参数值越大灯光越亮；该参数值也可以是负数，负数表示是吸光灯。

（8）测试渲染，场景整体布局理想，光影得当，即可渲染最终场景。

六、渲染最终场景

（1）按键盘上的“F10”键打开“渲染设置”面板，设置图像尺寸（宽度为“1500”，高度为“1125”），设置图像抗锯齿过滤器为“Mitchell–Netravali”方式，开启全局光线抗锯齿器，参数保持默认，如图 2–61 至图 2–63 所示。

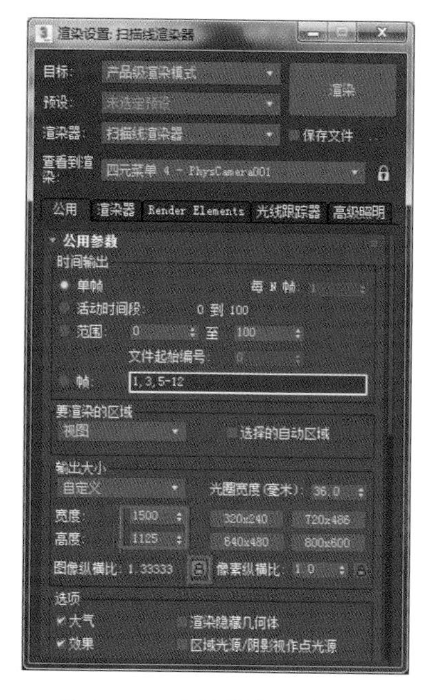

图 2–61　渲染图像尺寸设置

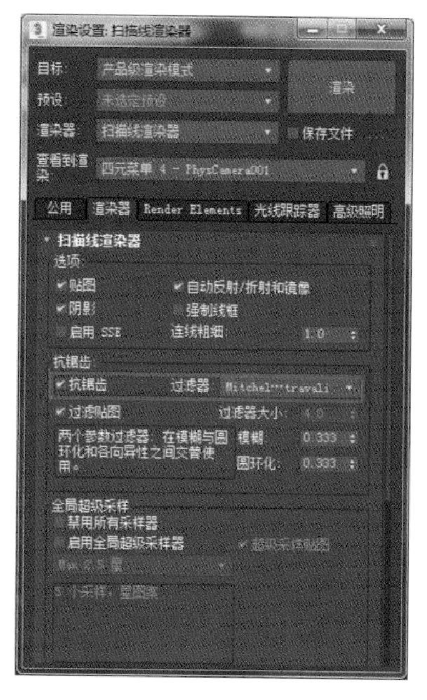

图 2–62　设置抗锯齿过滤器

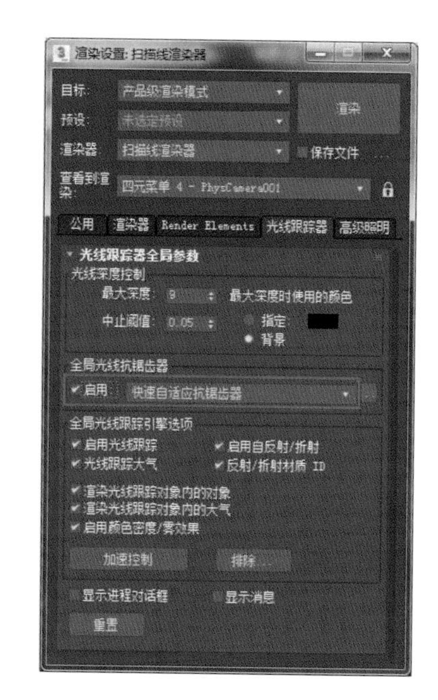

图 2–63　开启“全局光线抗锯齿器”

（2）渲染最终的场景，最终效果如图 2–64 所示。

图 2–64　最终渲染效果

【本章小结】

本章系统讲述了几何体建模、二维图形建模、修改器建模、复合对象建模等3ds Max 2018的基础建模技术，再在一个静物建模的案例中介绍了样条线创建、编辑，车削、锥化、弯曲、FFD、挤出等修改器的使用，以及材质、灯光、渲染的设置。案例的难度不大，但其中涉及的很多命令是在相关设计工作中经常使用到的，值得初学者反复练习。

【课题训练】

请综合利用本章所学的知识来完成自己设计的静物组合场景模型的制作练习。

3ds Max SANWEI JIANMO YU XUANRAN JIAOCHENG

第三章 多边形建模

拓展资源

本章知识点

转换为可编辑多边形的要点，多边形对象的子层级与多边形建模的常用工具用法。

学习目标

理解多边形建模的原则，熟练使用多边形建模方法，完成对象的编辑与创建。

素养目标

培养综合运用已有知识、信息、技能和方法展开对象分析的能力、独立思考的能力和解决问题的能力。

3.1 多边形建模概述

在 3ds Max 中创建标准几何体模型后，可以在“修改”面板中对物体进行简单的修改，这对于真正的模型制作来说仅仅是第一步。不同形态的标准几何体模型为模型制作提供了一个良好的基础，但是想要将物体改变成复杂形状必须通过对模型的编辑才能完成。在3ds Max 6.0以前的版本中，几何体模型的编辑主要是靠“编辑网格”命令来完成的；在 3ds Max 6.0 版本之后，Autodesk 公司研发出了更加强大的“编辑多边形”命令，并在之后的软件版本中不断强化和完善该命令。

多边形建模是三维软件中最常用的建模方法，也是当前最流行的建模方法，被广泛应用到影视、游戏角色、工业造型、室内外空间表现等模型制作中。多边形建模方法在编辑上非常灵活，对硬件的要求也较低，通过利用可编辑的多边形对象的“顶点”“边”“边界”“多边形”“元素”5 个子层级下实用、方便的修改工具，为创建复杂模型提供了很大的发挥空间。图 3-1 和图 3-2 所示的是一些比较优秀的多边形建模作品。

图 3-1 《孤岛危机》

图 3–2 《Amanda》

3.2 转换为可编辑多边形

将物体模型转换为可编辑多边形，可以通过以下 3 种方法。

（1）选择物体模型（以茶壶模型为例），单击鼠标右键，在弹出的菜单中选择“转换为 > 转换为可编辑多边形”命令，如图 3–3 所示，即可将物体模型转换为可编辑多边形。

图 3–3 转换为可编辑多边形

（2）在“修改”面板的堆栈窗口中选择物体对象名，单击鼠标右键，在弹出的菜单中选择“可编辑多边形”命令，如图 3–4 所示。

（3）选择物体模型，在堆栈窗口为其加载“编辑多边形”修改器，如图 3–5 所示。添加“编辑多边形”修改器后的模型物体还可以返回上一级的模型参数设置界面（上述两种方法则不可以），相对来说灵活性更强。

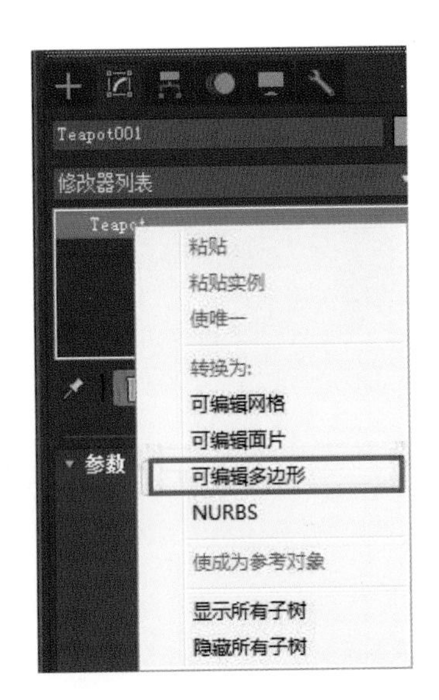

图 3–4　在堆栈窗口转换为可编辑多边形

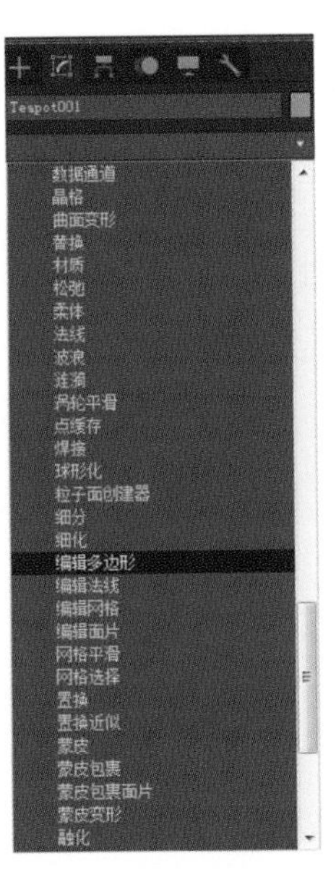

图 3–5　加载“编辑多边形”修改器

将模型转换为可编辑多边形后，后面的模型编辑方法就是多边形建模了。

3.3　编辑多边形对象

当物体模型变成可编辑多边形对象后，可以观察到可编辑多边形对象有“顶点”“边”“边界”“多边形”“元素”5 个子层级，如图 3–6 所示。用户可以分别在这 5 个子层级下对多边形对象进行编辑，每个子层级互相配合，通过不同的操作共同完成模型的搭建和制作。

在进入每个子层级后，相应层级的图标变成蓝色状态，代表当前显示的是对应层级的专属面板。同时，所有子层级还共享统一的多边形参数设置面板，包括以下 6 个卷展栏，即“选择”“软选择”“编辑几何体”“细分曲面”“细分置换”“绘制变形”，如图 3–7 所示。

一、选择

“选择”卷展栏展开后的界面如图 3–8 所示。

（1）忽略背面：启用该选项后，只能选中法线指向当前视图的子对象，忽略所有当前视图背面的对象。

（2）收缩 / 扩大：单击按钮可以在当前选择范围中向内减少 / 向外增加一圈对象。

（3）环形：该命令只能在“边”和“边界”子层级中使用。在选中一部分子对象后单击该按钮可以自动选择平行于当前对象的其他对象。

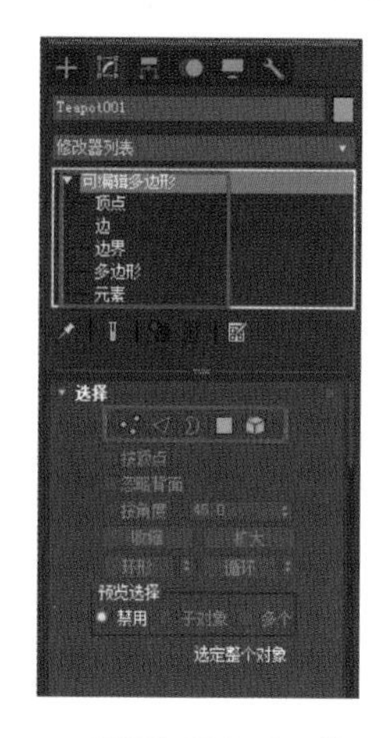

图 3–6 “可编辑多边形”子层级

图 3–7 多边形参数设置面板

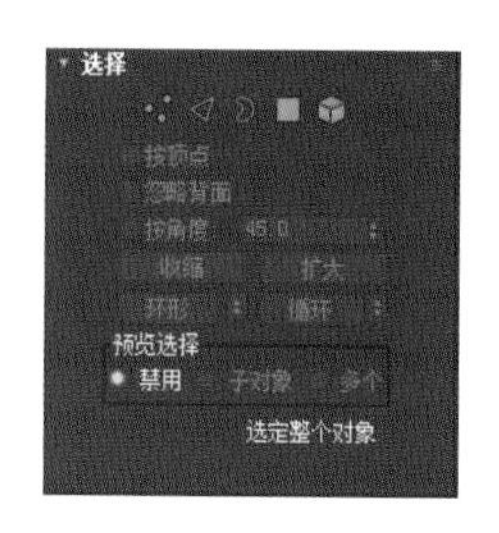

图 3–8 “选择”卷展栏

（4）循环：该命令只能在“边”和“边界”子层级中使用。在选中一部分子对象后单击该按钮可以自动选择与当前对象在同一曲线上的其他对象。

二、软选择

在“软选择”卷展栏中可以选中的子对象为中心向四周扩散，可以通过控制“衰减”“收缩”“膨胀”的数值来控制所选子对象区域的大小及对子对象控制力的强弱，并且“软选择”卷展栏还包括了“绘制软选择”工具，如图 3–9 所示。

三、编辑几何体

“编辑几何体”卷展栏中提供了多种用于编辑多边形的工具，如图 3–10 所示，这些工具在所有次物体级别下都可用。

（1）重复上一个：单击该按钮可以重复使用上一次使用的命令。

（2）约束：使用现有的几何体来约束子对象的变换效果，共有“无”“边”“面”“法线”4 种方式可供选择。

（3）塌陷：执行该命令，可以将选中的点 / 线 / 面居中合并成一个点。

（4）附加：使用该工具可以将场景中的其他对象附加到选定的可编辑多边形中。

（5）分离：与“附加”命令相反，将选定的子对象作为单独的对象或元素分离出来。

（6）切片平面：将对象沿某一平面分开。

（7）切割：在多边形上绘制新的边，是多边形模型物体加点添线的重要手段。

（8）隐藏选定对象：隐藏所选定的子对象。

（9）全部取消隐藏：将所有的隐藏对象还原为可见对象。

（10）隐藏未选定对象：隐藏未选定的任何子对象。

四、细分曲面

利用“细分曲面”卷展栏中的参数（见图 3–11）可以将细分效果应用于多边形对象，以便对分辨率较低的对象进行操作，同时还可以查看更为平滑的细分结果。

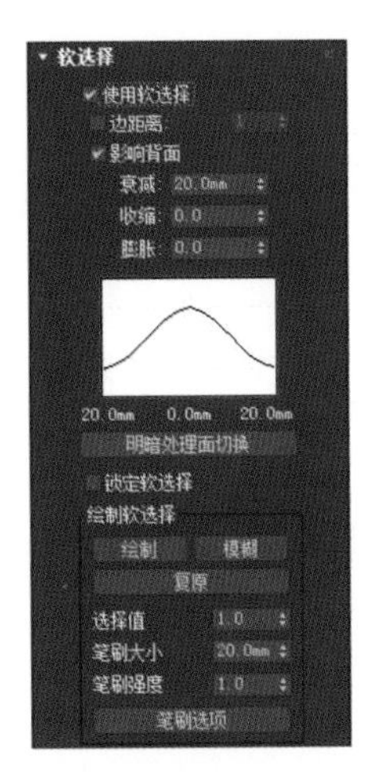

图 3-9 “软选择”卷展栏

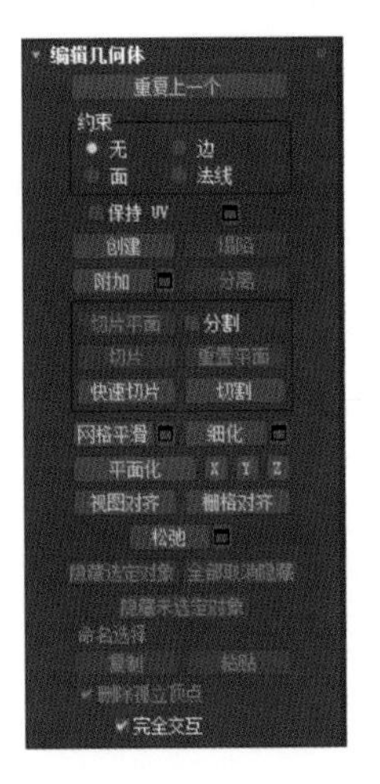

图 3-10 “编辑几何体”卷展栏

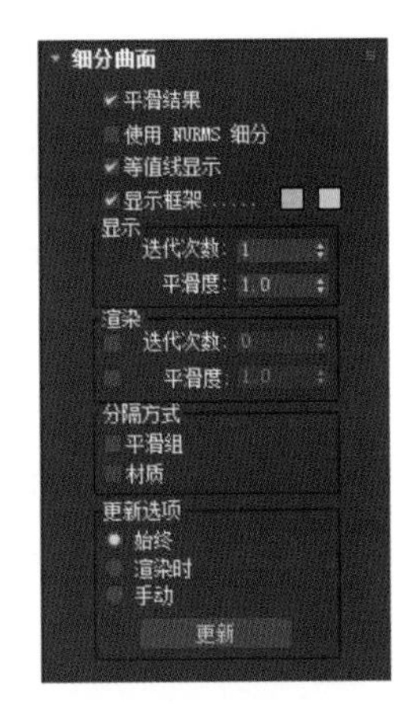

图 3-11 “细分曲面”卷展栏

五、细分置换

“细分置换”卷展栏中的参数主要用于细分可编辑的多边形，其中包括“细分预设”和“细分方法”等，如图 3-12 所示。

六、绘制变形

利用“绘制变形”卷展栏（见图 3-13）可以对物体上的子对象进行推、拉操作，或者在对象曲面上拖曳光标来影响顶点。在对象层级中，利用“绘制变形”卷展栏可以影响选定对象的所有顶点；在子对象层级中，仅影响所选定的点。

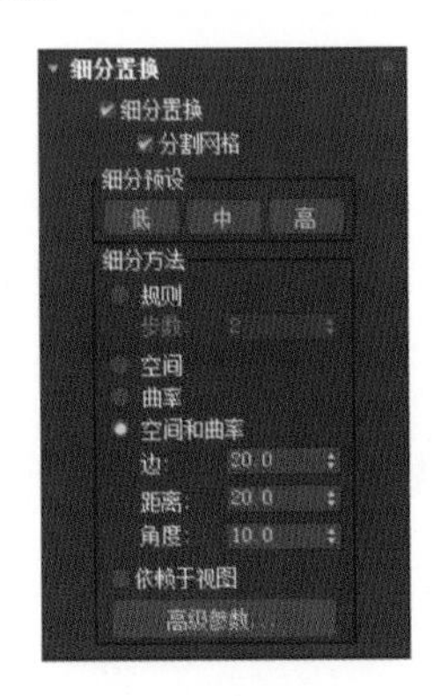

图 3-12 “细分置换”卷展栏

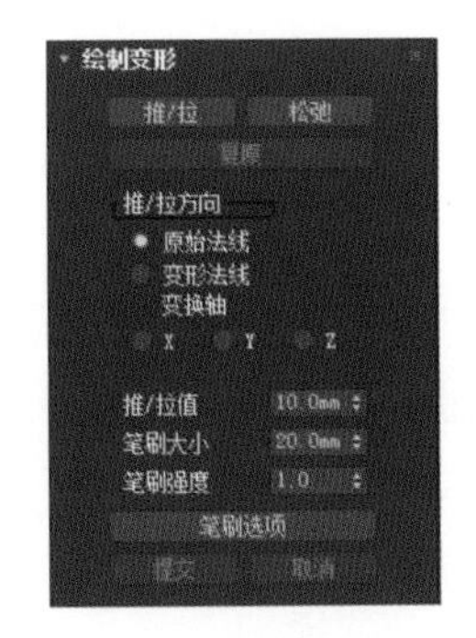

图 3-13 “绘制变形”卷展栏

3.4 多边形建模的常用工具

下面将对一些常用命令及其基本的操作方法进行讲解。

一、顶点层级

（1）移除：选中模型上多余的顶点，点击该命令即可移除选中的顶点。用该命令移除顶点后周围的面还存在；而按“Delete”键删除顶点则是将选中的顶点连同周围的面一起删除。

（2）断开：将选中的顶点断开为多个顶点，断开后的顶点个数与该顶点连接的边数有关。

（3）焊接：与“打散”命令相反，“焊接”命令可以将两个或两个以上的顶点在一定的范围内进行焊接。

（4）目标焊接：点击该命令，选择一个顶点后拖动鼠标到另一个顶点上，完成由一点到另一点的焊接操作。要注意的是，焊接的顶点之间必须有边相连接，如四边形对角线上的顶点是无法直接焊接到一起的。

（5）连接：在选择的两个没有边连接的顶点之间形成新的实线边。

二、边层级

（1）移除：该命令用于将被选中的边从模型物体上移除。注意，边移除后相关的点仍然存在，如图 3–14 所示。移除边的同时按下“Ctrl”键，可以将边与点一并移除。

图 3–14　边的移除

（2）切角：将选中的边沿相应的面扩散为多条平行边。通过边的切角可以让模型物体面与面之间形成圆滑的转折关系，如图 3–15 所示。

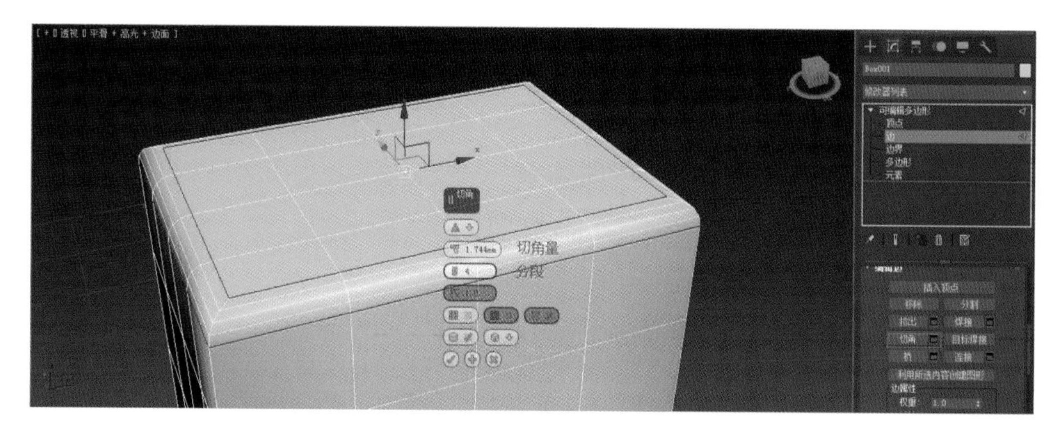

图 3–15　边的切角

（3）连接：默认状态下是将被选择的边的中点连接起来，形成一条新的边，也可以通过设置，添加多条平行边，如图 3–16 所示。

三、边界层级

封口：该命令主要用于给模型中的边界封闭加面，在执行该命令后通常还要对新加的面进行重新布线和编辑。

四、多边形层级

（1）挤出：将选择的面沿一定方向挤出。单击“挤出”右侧的方块按钮，在弹出的菜单中可以设定挤压的方向，如图 3–17 所示：①“组”：整体挤出。②“局部法线”：沿自身法线方向整体挤出。③“按多边形”：按照不同的多边形面分别挤出。

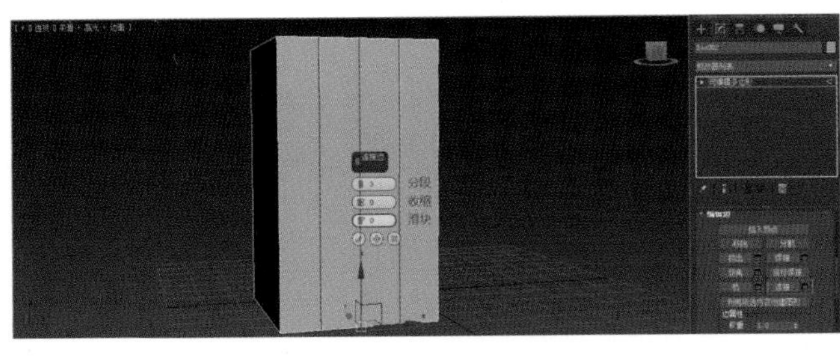

图 3–16　边的连接

图 3–17　多边形的挤出

（2）轮廓：使选中的多边形面沿着它所在的平面扩展或收缩。

（3）倒角：可以使多边形面挤出并且形成缩放操作，单击右侧的方块按钮可以设置挤压的方向和缩放操作的参数。

（4）插入：使选中的多边形面沿所在平面向内收缩产生一个新的多边形面。

（5）翻转：使选中的多边形面进行翻转法线的操作。在 3ds Max 中，法线是指物体在视图窗口中可见性的方向指示。物体法线朝向我们代表该物体在视图中可见，相反则不可见，如图 3–18 所示。

图 3–18　法线朝向与可见性

（6）设置 ID：用于设置当前选择的多边形面的材质序号，通过选择材质序号来选择该材质序号所对应的多边形面。

五、统计场景模型面数

场景模型面数决定了 3ds Max 文件的大小，也直接影响计算机运算速度。在有限的资源条件下，合理统筹分配、在充分满足物体造型结构的基础上尽量精简优化场景模型的面数对于整体文件的制作至关重要。在制作的过程中，统计场景模型面数的方法主要有以下几种。

（1）多边形计数器。点击命令面板“实用程序 > 更多 > 多边形计数器”，在弹出的“多边形计数”对话框中，“选定对象”显示当前所选择的多边形面数，“所有对象”显示场景文件中所有模型的多边形面数，下面的“三角形数”和“多边形数”单选按钮用于切换显示多边形的三角形面数和四边形面数，如图 3–19 所示。

（2）实时监控视口统计。在当前激活的视图中按下数字“7”键，对场景中模型的点、线、面进行实时监控视口统计，是一种快速且直观的统计方法，如图 3–20 所示。但这种即时统计方法非常占用硬件资源，所以通常不建议使该工具在视图中一直处于开启状态。

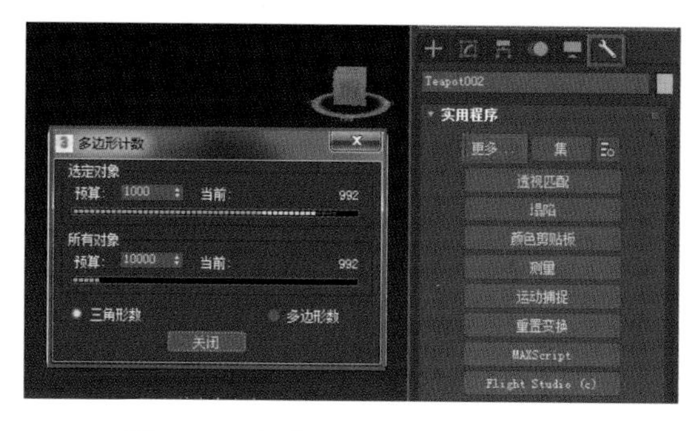

图 3-19　用多边形计数器统计面数

图 3-20　实时监控视口统计面数

（3）摘要信息观察。单击菜单栏“文件 > 摘要信息”命令，在弹出的“摘要信息”对话框中即可查看当前场景的相关信息，如图 3-21 所示。

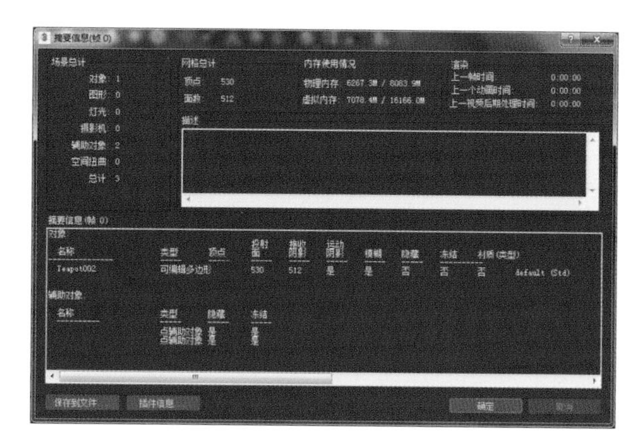

图 3-21　摘要信息观察统计面数

3.5　多边形建模综合实例——闹钟

项目描述

本案例运用多边形建模方法，配合样条线与复合对象建模，使用了很多常用的建模工具，最后效果如图3-22所示。

制作思路

创建基本几何体，转换为可编辑多边形，利用多边形建模工具对其进行调整与编辑，最终完成模型效果。

学习目的

（1）理解物体表面分段数的概念。

（2）掌握“可编辑多边形”建模方法。

（3）掌握复制、捕捉、对齐等常用工具的使用方法。

（4）复习“可编辑样条曲线”建模方法。

图 3-22　闹钟白模效果图

一、闹钟壳体的制作

（1）单击“创建 > 几何体 > 标准基本体 > 圆柱体”，调整“边数”为“16”、“高度分段”为“1”，开启角度捕捉工具，将其旋转 90°，并将状态栏坐标归零，物体放置在世界坐标中心，如图 3-23 所示。

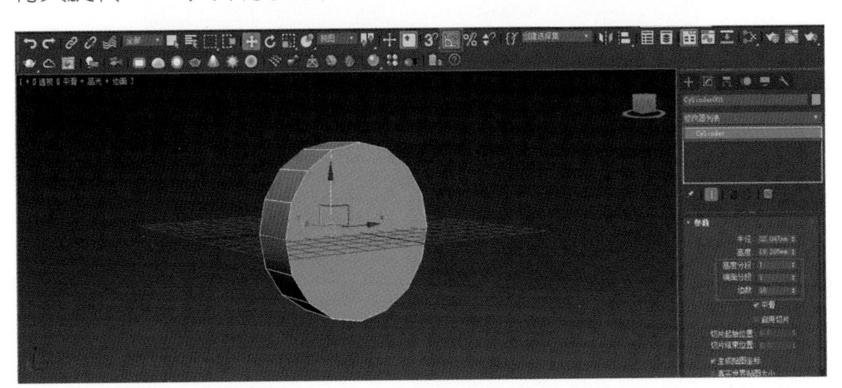

图 3-23　创建圆柱体

（2）单击鼠标右键，将对象转换为可编辑多边形，如图 3-24 所示。

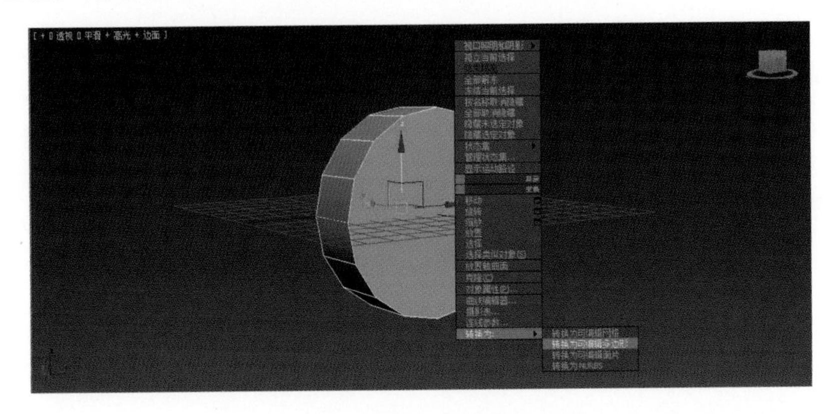

图 3-24　转换为可编辑多边形

（3）点击“多边形”子层级，选择正面，执行“编辑多边形”卷展栏中的“插入”命令，插入一个稍小的面，如图 3–25 所示。

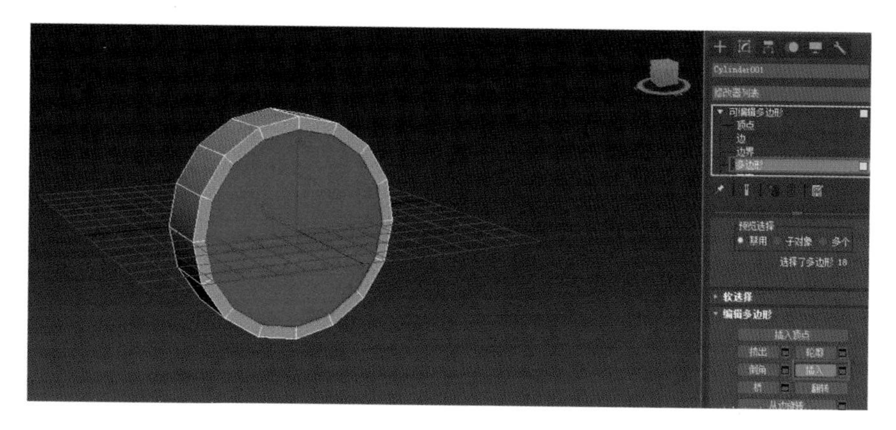

图 3–25 插入稍小的面

（4）点击“挤出”按钮，向内挤出一定厚度，如图 3–26 所示。

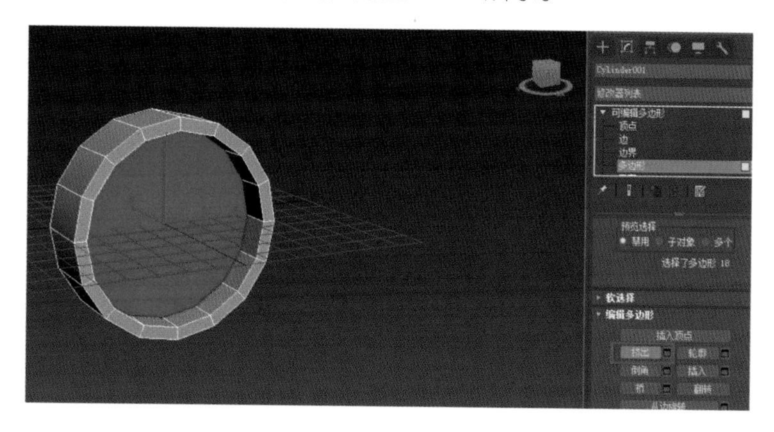

图 3–26 挤出一定厚度

二、响铃的制作

（1）创建圆柱体，保持默认参数，将其转换为可编辑多边形。选择“多边形”子层级，删除圆柱体底面，如图 3–27 所示。

图 3–27 创建圆柱体并删除底面

（2）切换至“边”子层级，选择圆柱体任意一条侧边，按住“Shift”键点击相邻的侧边，选择一圈循环边，如图 3–28 所示。

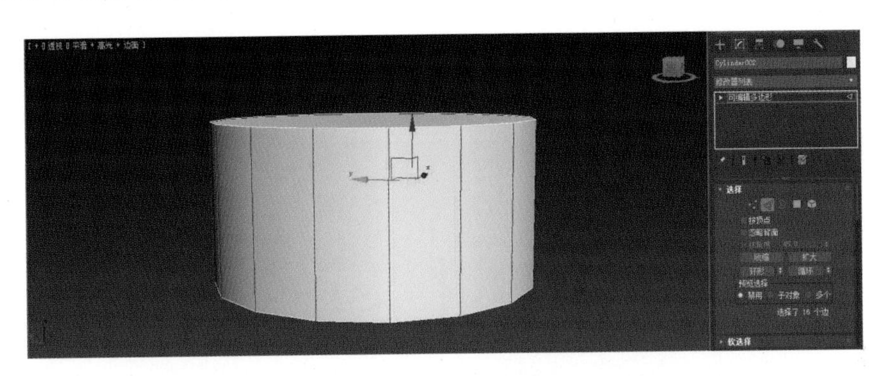

图 3-28　选择循环边

（3）选择“编辑边”卷展栏中的“连接”命令，添加一条中线，如图 3-29 所示。

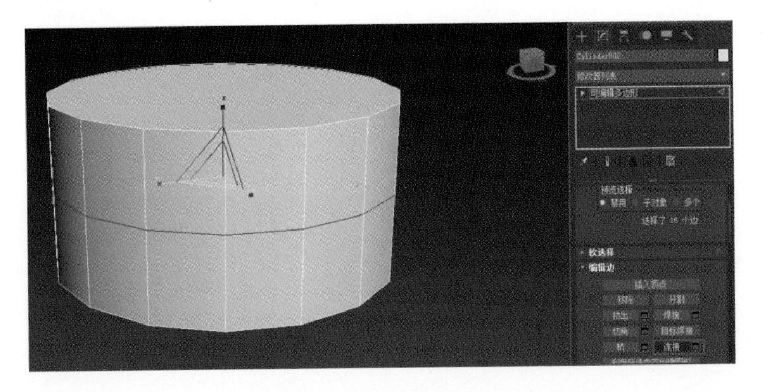

图 3-29　添加中线

（4）选择顶面，执行“倒角”命令，如图 3-30 所示。

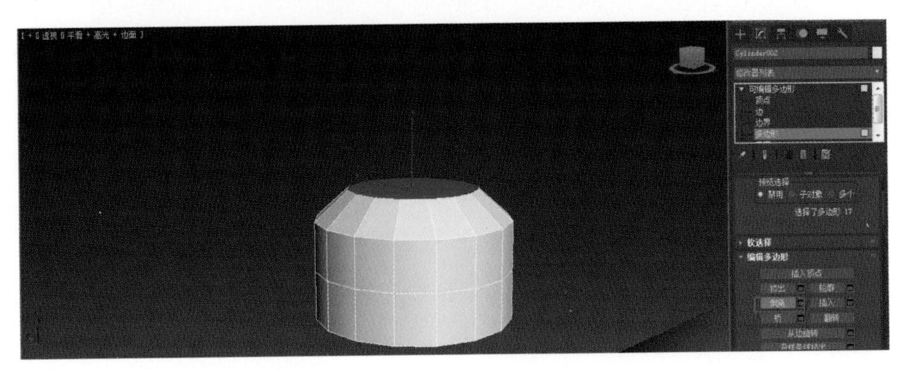

图 3-30　倒角

（5）再一次执行“倒角”命令，选择最后的顶面单击鼠标右键，在弹出的菜单中选择“塌陷”，将其塌陷为一个点，如图 3-31 所示。

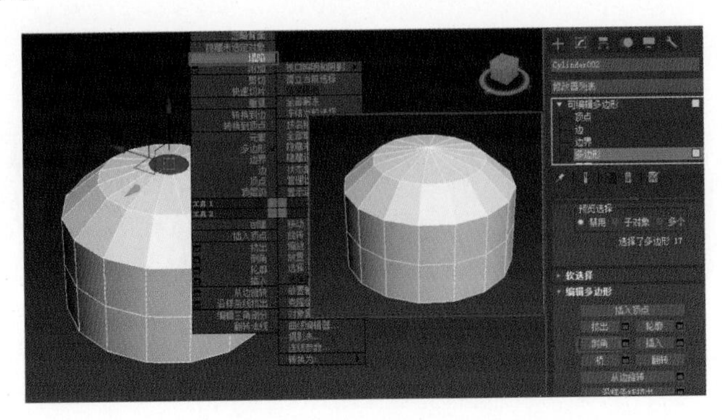

图 3-31　塌陷顶面

（6）灵活使用选择并移动、选择并均匀缩放工具，通过调节边或顶点让形体如图 3-32 所示。

技巧与提示：选择一条边再双击可以选中循环边。缩放时切记要整体均匀缩放。

（7）选择顶层级，在修改器列表中添加“壳”修改器，调整“内部量”为模型添加厚度，如图 3-33 所示。

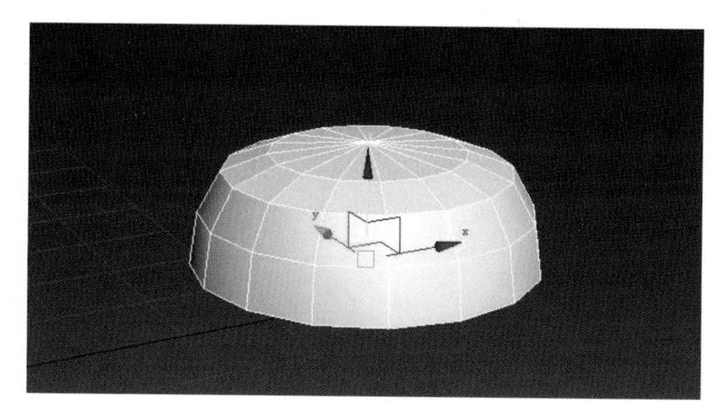

图 3-32 调节外形

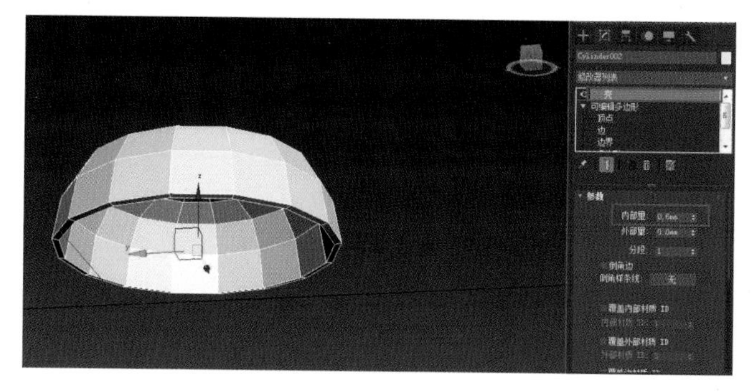

图 3-33 添加“壳”修改器并调整“内部量”

（8）新建一个圆柱体，修改“高度分段”为“1”，并将其转换为可编辑多边形，激活主工具栏“对齐”工具，再选择 Cylinder002，将其对齐到 Cylinder002 中心，如图 3-34 所示。

（9）删除 Cylinder003 底面，选择 Cylinder003 顶面，使用“编辑多边形”卷展栏下的“倒角”“塌陷”命令，效果如图 3-35 所示。

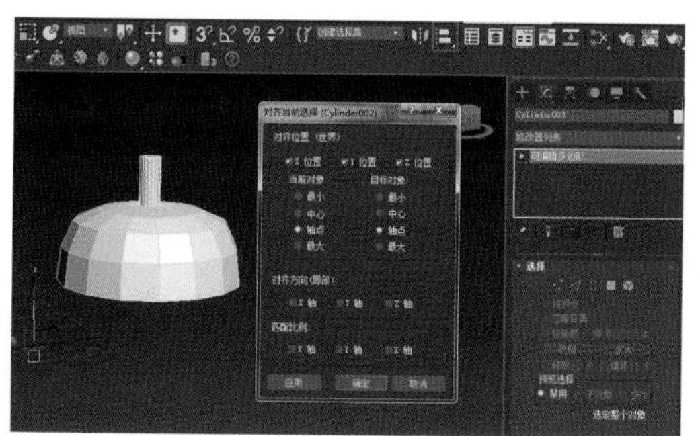

图 3-34 创建圆柱体并对齐到 Cylinder002 中心

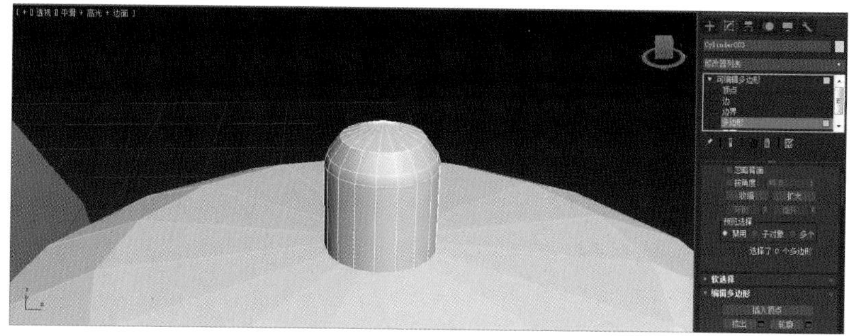

图 3-35 倒角与塌陷对象

（10）选择 Cylinder003，按下“Ctrl”键加选 Cylinder002，点击菜单栏“组 > 组”，将两个物体打成组 001。

技巧与提示：打成群组是令若干个模型组成一个集体，模型相互之间没有真正的合并关系。

（11）选择组 001，按下“Shift”键同时移动，在弹出的“克隆选项”对话框中，选择“实例”，如图 3-36 所示。

（12）将响铃放置在闹钟壳体合适位置，如图 3-37 所示。

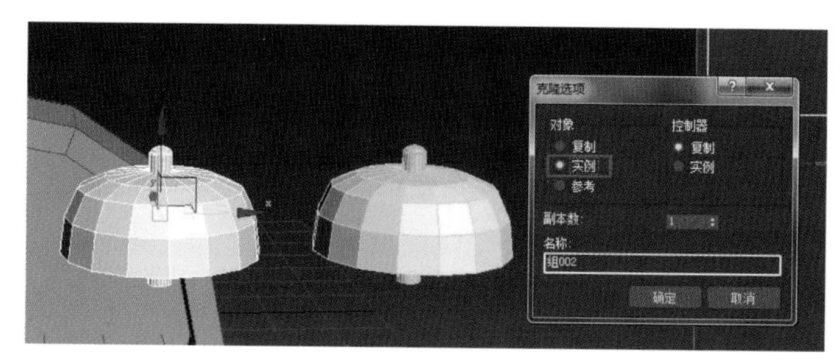

图 3-36 按实例复制对象

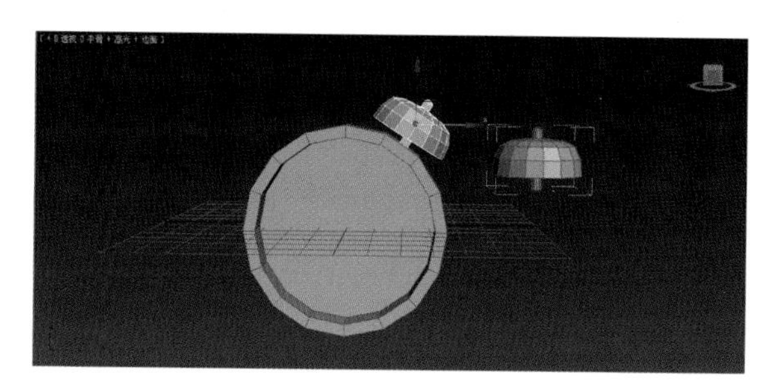

图 3-37 调整响铃位置

（13）按“F”键，切换到前视图，激活主工具栏捕捉开关，点击命令面板“层次 > 轴 > 仅影响轴”，用选择并移动工具将物体的轴调整至世界坐标中心，如图 3–38 所示。调整完成后取消“仅影响轴”与捕捉开关功能。

（14）选择组 002，点击主工具栏“镜像”按钮，在弹出的“镜像：屏幕 坐标”对话框中选择镜像轴“X”“实例”，单击“确定”按钮，复制出另外一侧响铃模型，如图 3–39 所示。

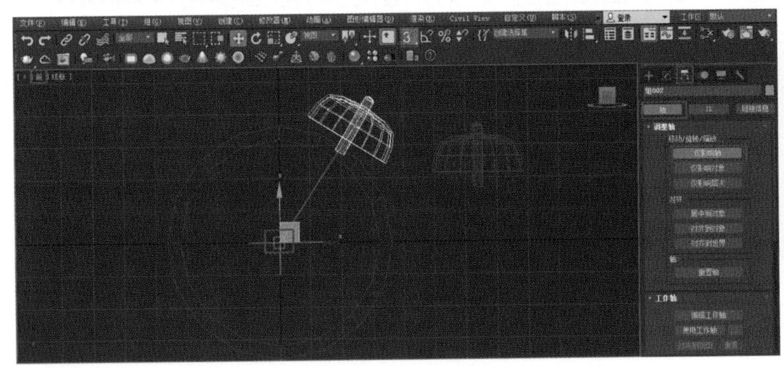

图 3–38　调整对象轴

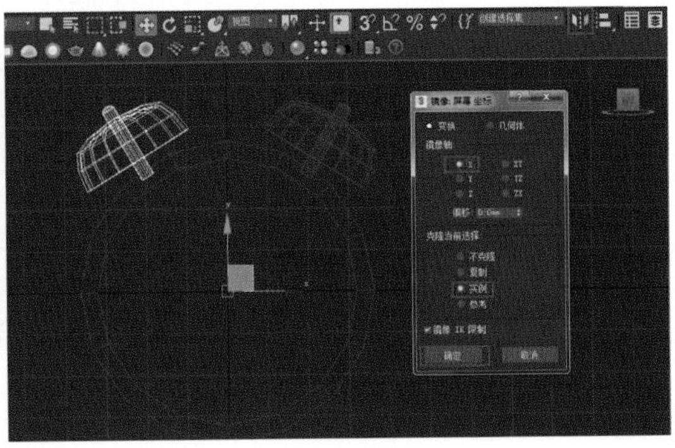

图 3–39　镜像复制响铃模型

三、拉环的制作

（1）按“F”键，切换到前视图，选择“创建 > 图形 > 线”，创建样条线，如图 3–40 所示。

（2）选择 Line001，进入“修改”面板上的“顶点”子层级，选择需要与其他点形成弧线的点，点击“几何体”卷展栏下“圆角”命令，将样条线的弧度处理好，如图 3–41 所示。

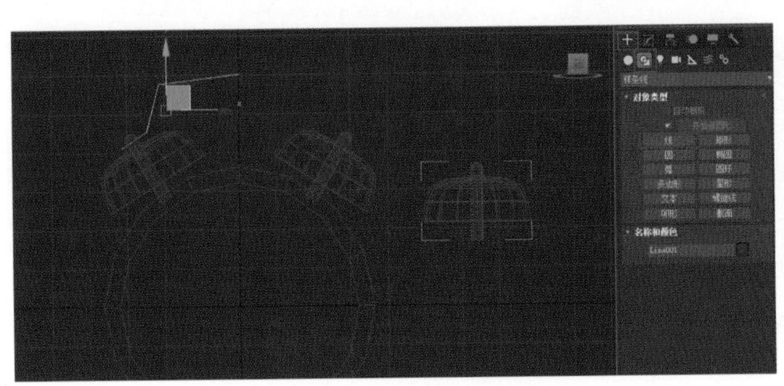

图 3–40　创建样条线

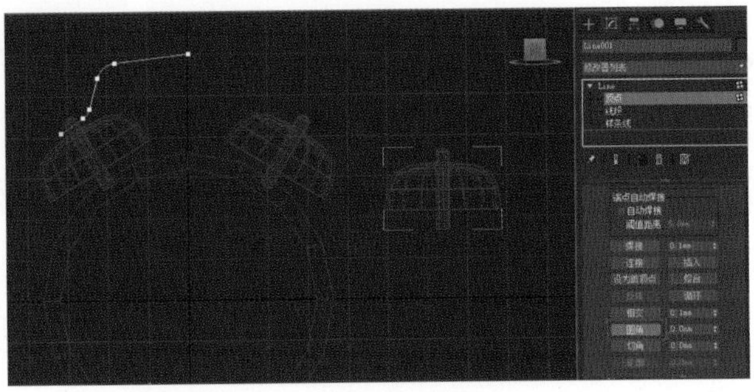

图 3–41　调整样条线弧度

（3）选择 Line001 顶层级，调整其轴至世界坐标中心，并镜像复制出另一侧，如图 3–42、图 3–43 所示。

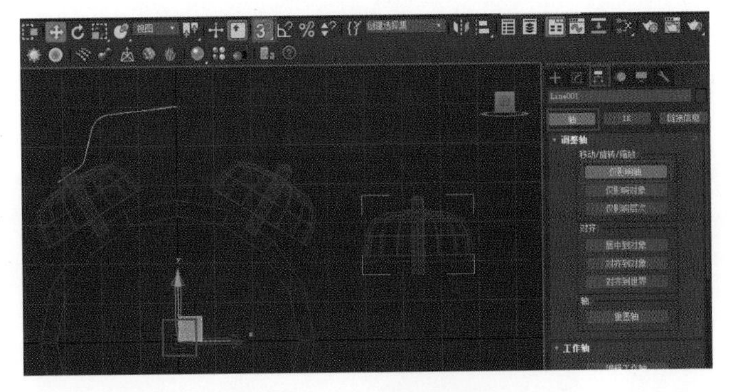

图 3–42　调整轴的位置

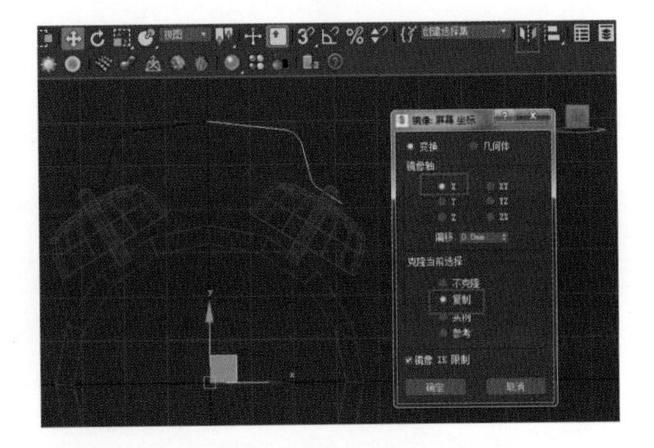

图 3–43　镜像复制拉环样条线

技巧与提示：镜像复制时选择“复制”方式；选择“实例”将无法执行“附加”操作。

（4）选择 Line001，单击鼠标右键，在弹出的菜单中选择“附加”，再点击 Line002，将两条线附加为一个整体，如图 3-44 所示。

（5）进入“修改”面板“顶点”子层级，选择顶端中间的两个点，利用“熔合”“焊接”命令，将其合并为一个点，如图 3-45 所示。

图 3-44　将两条样条线附加成一个整体

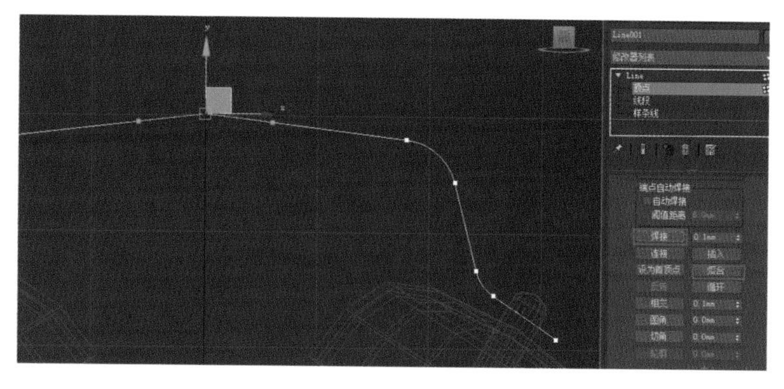

图 3-45　焊接点

（6）选择顶端的点，点击“几何体”卷展栏下“圆角”按钮，将顶端的弧度处理好，如图 3-46 所示。

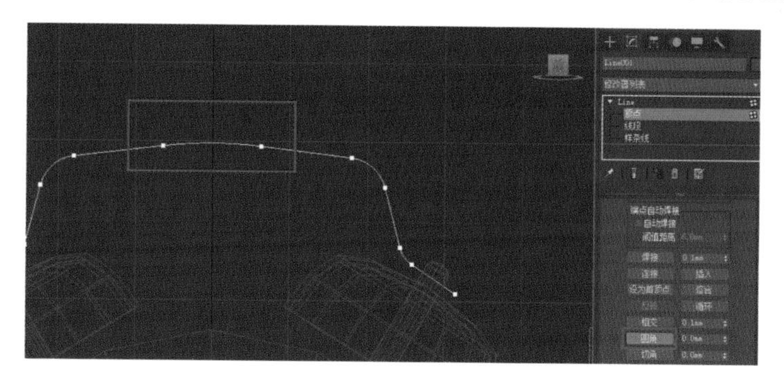

图 3-46　调整顶端弧度

（7）选择样条线 Line001，将其放置在模型对应位置，点击“修改”面板“渲染”卷展栏使其展开，勾选“在渲染中启用”“在视口中启用”，并调节“厚度”，如图 3-47 所示。

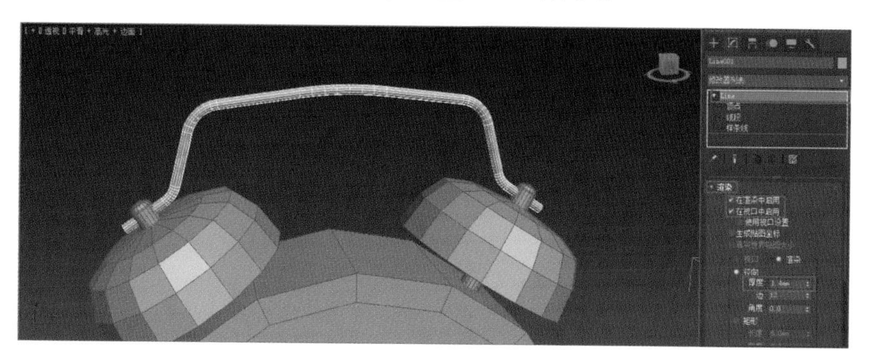

图 3-47　调节样条线厚度

技巧与提示：对 3ds Max 中的样条线可以设置可渲染属性，但即使表现出了三维样式，其本质仍然是二维的样条线，只有将其转换为可编辑多边形或可编辑网格之后，它才真正变成了三维的模型。

四、钟面与指针的制作

（1）创建长方体，在状态栏将其“X”坐标归零，如图 3-48 所示，再将其转换为可编辑多边形。

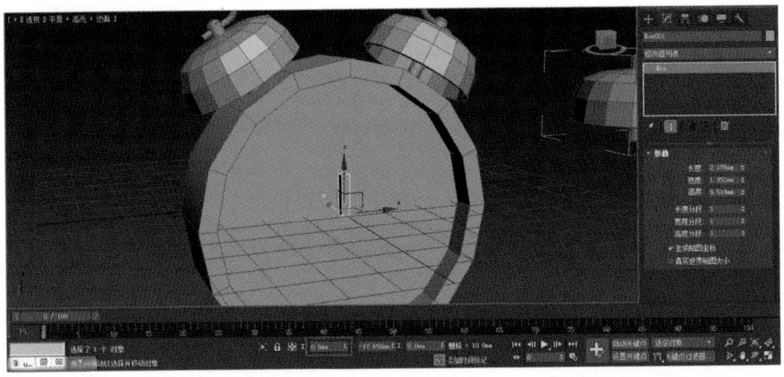

图 3-48 创建长方体并将其“X”坐标归零

（2）进入多边形“顶点”子层级，调整模型的大小、位置至如图 3-49 所示。

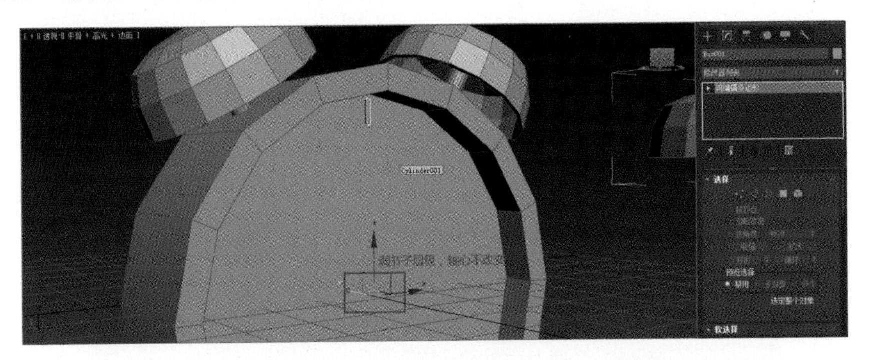

图 3-49 进入子层级调整对象大小、位置

技巧与提示：进入子层级调节将不改变物体坐标轴，方便后续进行旋转复制。

（3）激活主工具栏角度捕捉切换工具，按“E”键使用选择并旋转工具，按下“Shift”键同时沿着 y 轴旋转，控制旋转角度为 30°，松开鼠标，在弹出的“克隆选项”对话框中选择“实例”，设置“副本数”为“11”，单击“确定”按钮，如图 3-50 所示。

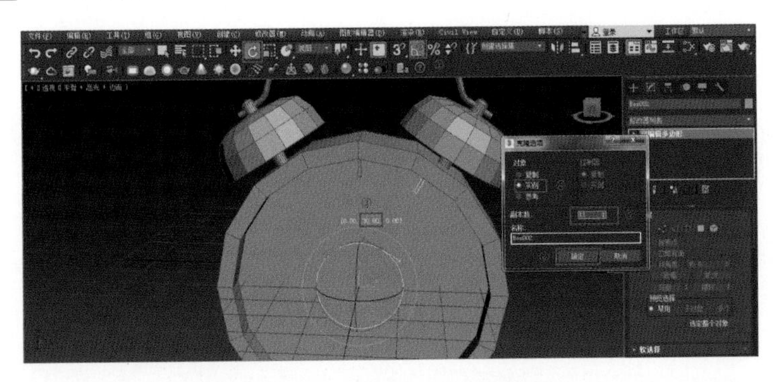

图 3-50 按实例复制对象

（4）选择 Box001，按下“Ctrl+V”组合键，在弹出的“克隆选项”对话框中选择“复制”。进入“顶点”层级对其进行大小调节，如图 3-51 所示。

（5）鼠标右键点击主工具栏“角度捕捉切换”按钮，在弹出的“栅格和捕捉设置”对话框中设置“角度”为“6.0”，如图 3-52 所示。

（6）按下“Shift”键，用选择并旋转工具对其进行旋转复制，旋转角度为 6°，在弹出的“克隆选项”对话框中选择“实例”，设置“副本数”为“4”，如图 3-53 所示。

（7）选择图 3-54 所示的四个对象，点击菜单栏“组 > 组”将其打成一个组。

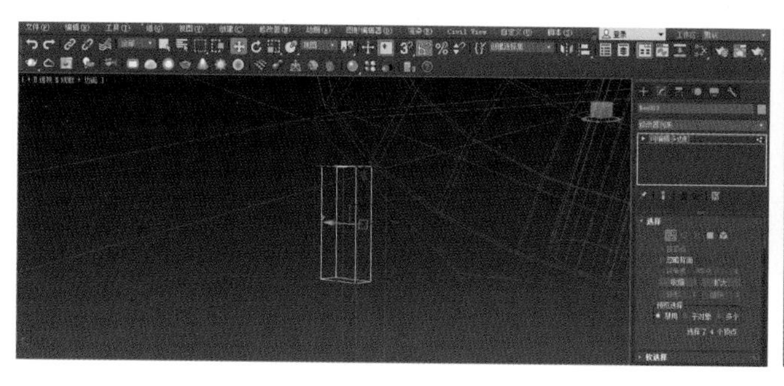

图 3-51 原地复制对象并调节大小

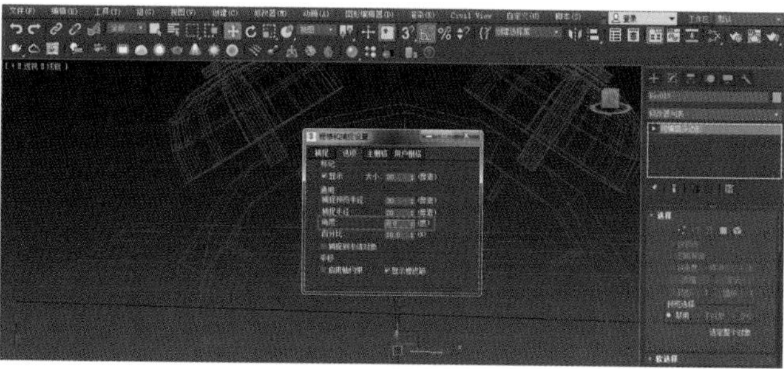

图 3-52 设置角度捕捉

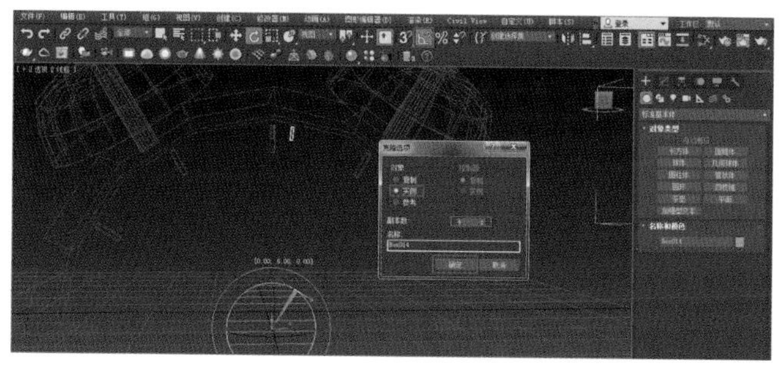

图 3-53 旋转复制对象

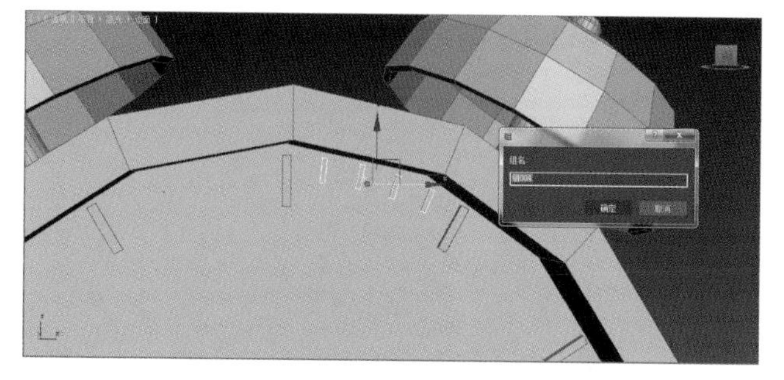

图 3-54 选择四个对象并打组

（8）选择组，激活主工具栏捕捉开关，点击命令面板“层次 > 轴 > 仅影响轴”，用选择并移动工具将组的轴心调整至世界坐标中心，如图 3-55 所示。调整完成后取消“仅影响轴”与捕捉开关功能。

（9）选择组，激活主工具栏角度捕捉切换工具。按下“Shift”键，用选择并旋转工具对其进行旋转复制，旋转角度为 30°，选择“实例”，设置“副本数”为“11”，如图 3-56 所示。

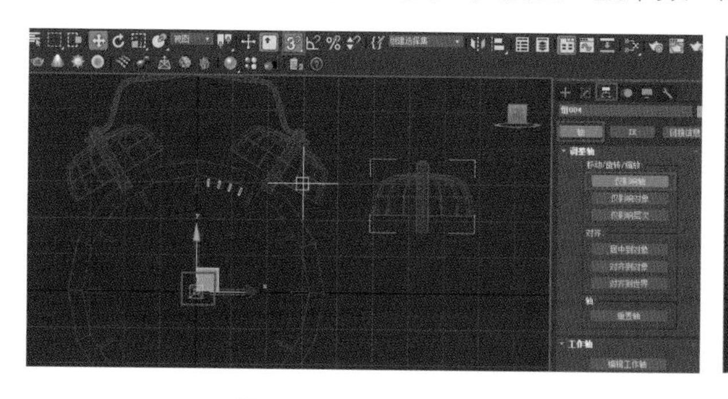

图 3-55 调整对象轴

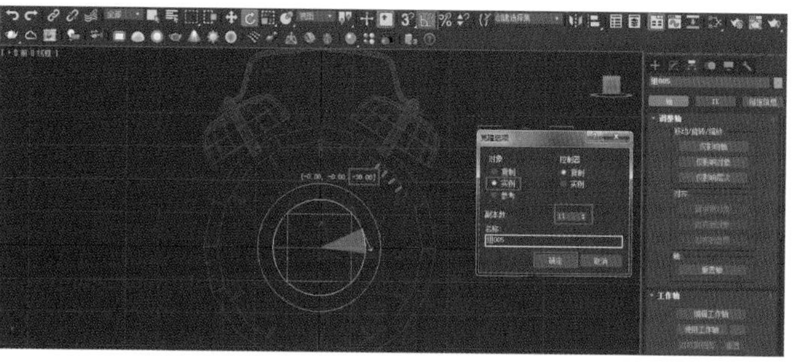

图 3-56 旋转复制对象

（10）利用创建基本体并将其转换成可编辑多边形的方式，完成其他部件的制作，如图 3-57 所示。

图 3-57 完成其他部件的制作

（11）单击“创建 > 样条线 > 文本”，在前视图中创建“1234567890”数字文本，调节字体大小，如图 3-58 所示。

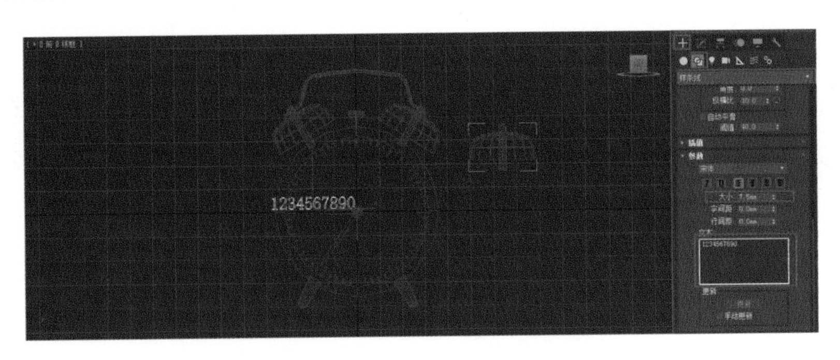

图 3-58 创建数字文本并调节大小

（12）点击文本，在“修改”面板中为其添加“挤出”修改器，调节挤出“数量”，如图 3-59 所示。

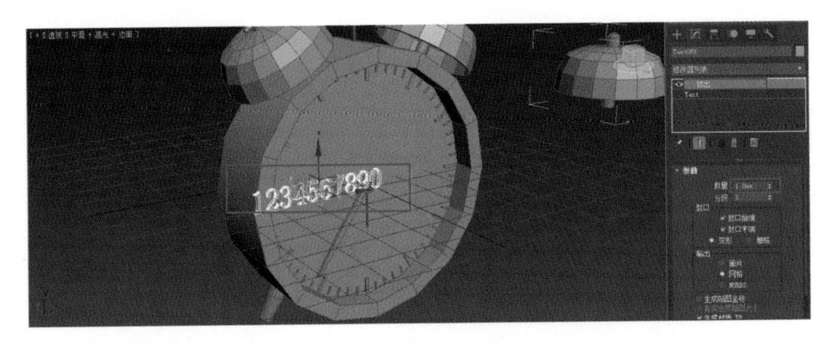

图 3-59 为数字添加“挤出”修改器

（13）将文本转换为可编辑多边形，进入“元素”子层级，将其放置在钟面对应位置，如图 3-60 所示。

图 3-60 摆放数字文本

五、模型的调整与优化

（1）选择闹钟的钟面部分，在修改器列表为其添加“涡轮平滑”修改器，可以看到平滑后模型变形严重，如图 3-61 所示，我们需要对模型进行进一步的优化和整理。

图 3-61 添加“涡轮平滑”修改器并观察效果

（2）选择“边”子层级，在模型边界处添加边线，作为形体的约束，如图 3-62 所示。

（3）选择模型，启用“涡轮平滑”修改器，根据平滑效果调节“迭代次数”，最终效果如图 3-63 所示。

图 3-62　转折位置添加边线

图 3-63　添加“涡轮平滑”修改器并调节参数

六、材质灯光与渲染

（1）按“M”键打开材质编辑器并切换到 Slate 材质编辑器，选择“标准”材质，调整“漫反射”颜色为灰度（R220，G220，B220），将其赋予闹钟模型；选择“标准”材质，调整“漫反射”颜色（为 R5，G5，B5），将其赋予数字和指针；选择“无光 / 投影”材质，将其赋予“平面”模型。效果如图 3-64 所示。

图 3-64　指定对象材质

（2）使用选择并移动、选择并旋转、选择并均匀缩放和复制等方法对场景进行布局和优化。调整好场景最佳观察角度，按“Ctrl+C”组合键建立摄影机，打开安全框显示，如图 3-65 所示。

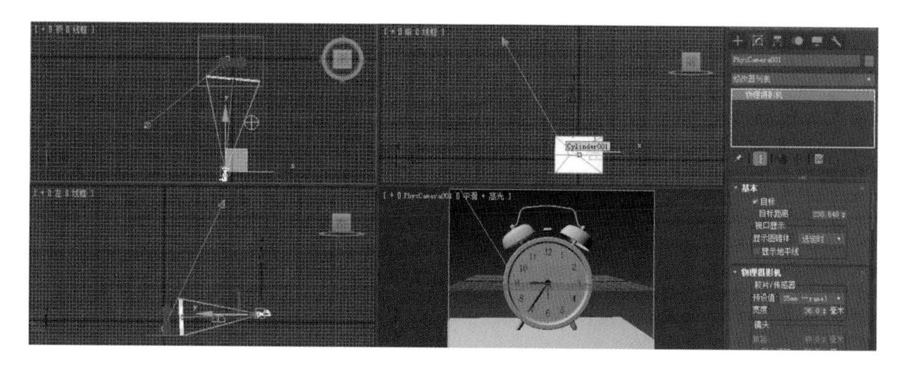

图 3-65　创建摄影机并显示安全框

（3）在场景中添加目标聚光灯，调整灯光的位置。进入“修改”面板勾选“启用”阴影，设置聚光灯的投影为“区域阴影”，灯光“倍增”为“0.6”，如图 3-66 所示；创建“天光”，灯光“倍增”为“0.4”，如图 3-67 所示；按键盘上的数字键“9”，打开“高级照明”面板，设置“光跟踪器”计算方式为当前活动计算方式，如图 3-68 所示。

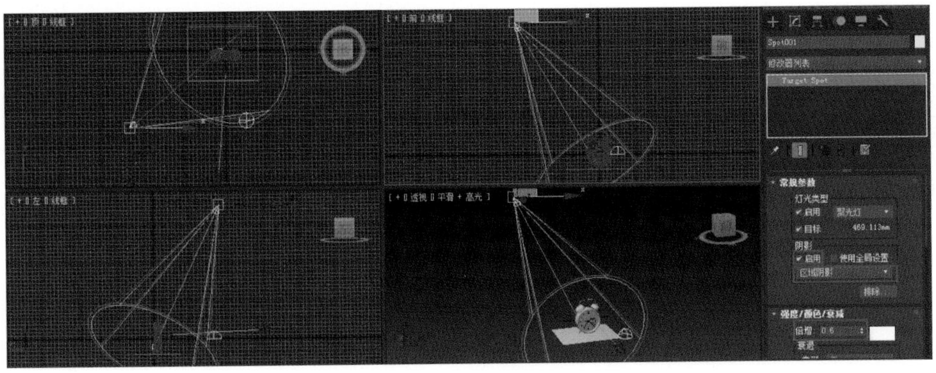

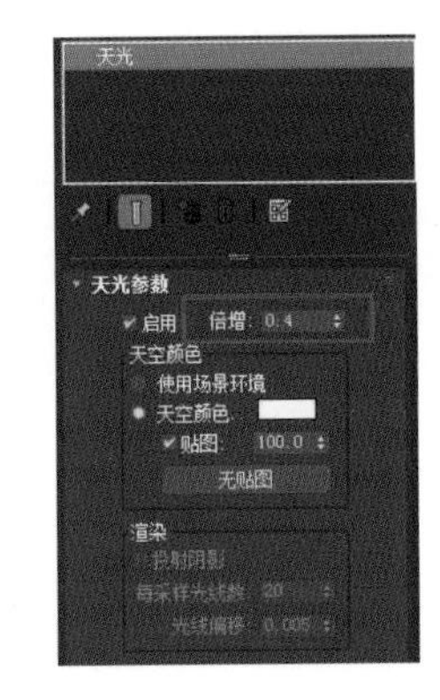

图 3-66　创建目标聚光灯

图 3-67　创建天光

（4）单击菜单栏“渲染 > 环境”，在弹出的“环境和效果”对话框中点击“背景 > 颜色”将其调整为灰色。

（5）按键盘上的“F10”键打开渲染面板，设置图像尺寸，“宽度”为“1500”，高度为“1125”，设置图像抗锯齿过滤器为“Mitchell-Netravali”，开启“全局光线抗锯齿器”，参数保持默认，如图 3-69 所示。

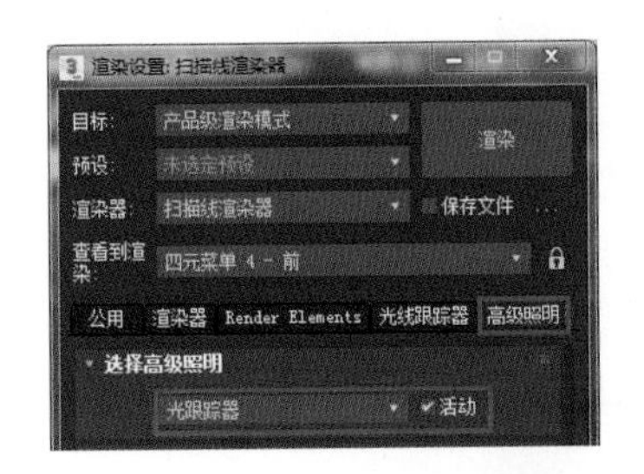

图 3-68　开启“光跟踪器”

图 3-69　渲染设置

（6）渲染最终的场景，最终效果如图 3-70 所示。

图 3-70　白模渲染效果

3.6 多边形建模综合实例——Q 版民居单体建筑

|项目描述|

本案例运用多边形建模方法，完成 Q 版民居单体建筑建模，如图 3–71 所示。

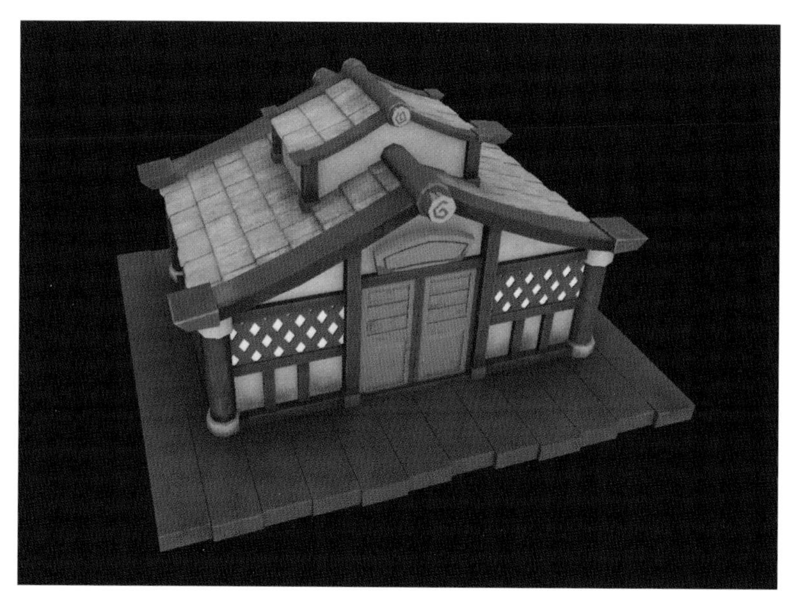

图 3–71 Q 版民居单体建筑模型

|制作思路|

创建基本几何体，转换为可编辑多边形，利用多边形建模工具对其进行调整与编辑，最终完成模型效果。

|学习目的|

（1）掌握多边形模型创建与编辑方法。

（2）掌握复制、捕捉、对齐等常用工具的使用。

（3）具备形成立体空间思维与调整的能力。

一、模型框架的制作

（1）单击“创建 > 几何体 > 标准基本体 > 长方体”，调整“宽度分段”为“4”，并将其转换为可编辑多边形，如图 3–72 所示。

（2）点击“多边形”子层级，选择顶端的四个面，执行“编辑多边形”卷展栏中的“挤出”命令，挤出一定高度，如图 3–73 所示。

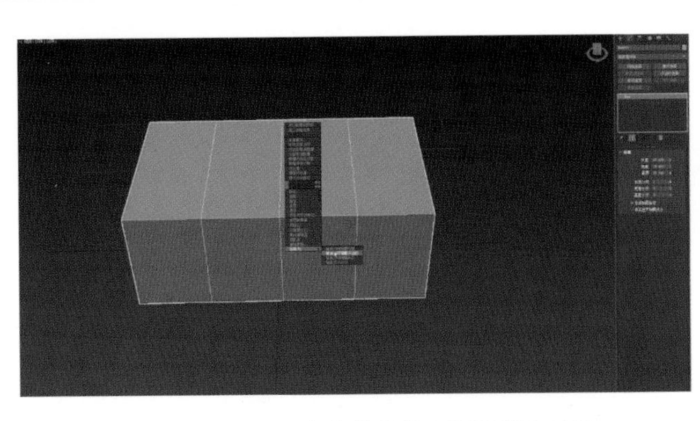

图 3-72 创建长方体并转换为可编辑多边形

图 3-73 多边形挤出

（3）将模型对齐至世界坐标中心，选择“顶点”子层级，按“F”键切换到前视图，调节顶点位置至形状如图 3-74 所示。

（4）选择物体顶层级，按住键盘上的“Shift”键沿着 z 轴进行移动复制，在弹出的“克隆选项”对话框中选择“复制”，按“R”键调整复制对象大小，如图 3-75 所示。

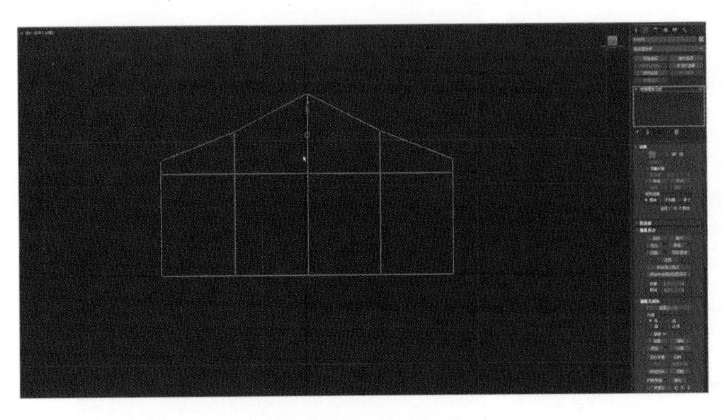

图 3-74 调节顶点

图 3-75 复制对象并调整大小与位置

（5）创建圆柱体，调整“高度分段”为“1”、“端面分段”为“1”、“边数”为“8”，移动位置，将其作为墙面转折衔接处的柱式结构，如图 3-76 所示。

（6）复制圆柱体，调整大小，为柱体增加细节，如图 3-77 所示。

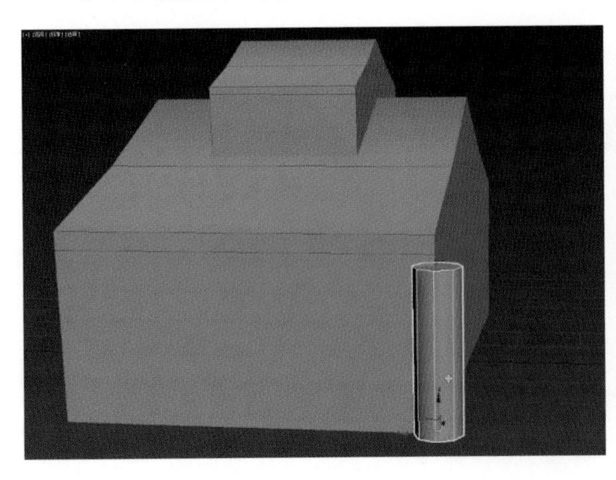

图 3-76 创建圆柱体

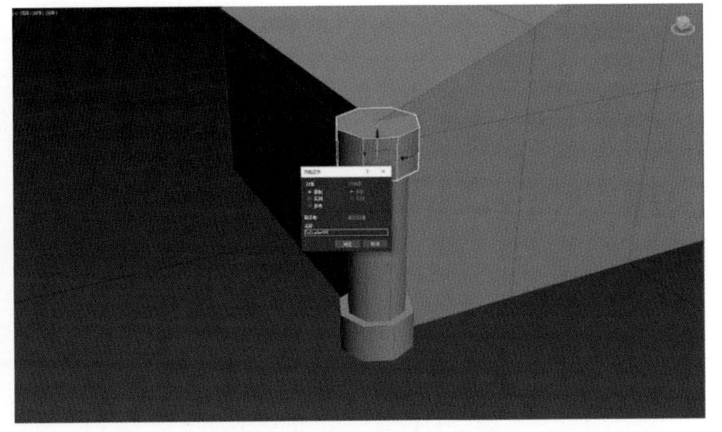

图 3-77 复制圆柱体并调节大小

（7）按“T”键，切换到顶视图，激活主工具栏捕捉工具，点击命令面板“层次 > 轴 > 仅影响轴”，用选择并移动工具将立柱（3 个圆柱体）的轴调整至世界坐标中心，如图 3-78 所示。调整完成后取消“仅影响轴”与捕捉功能。

（8）选择立柱模型，点击主工具栏“镜像”按钮，在弹出的“镜像：屏幕 坐标”对话框中选择合适的轴，按“实例”复制出另外 3 个立柱模型，如图 3-79 所示。

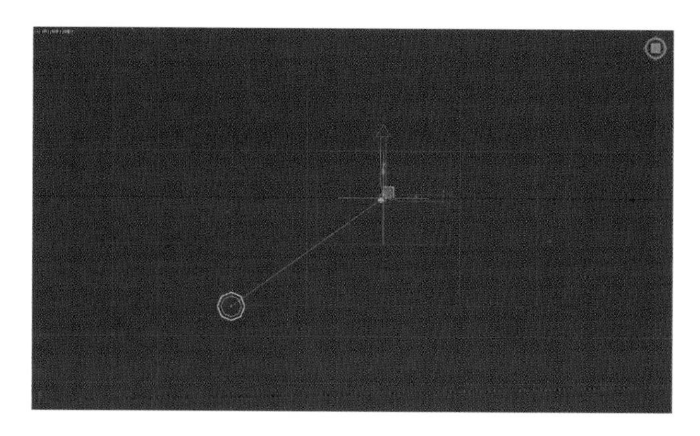

图 3-78　调节轴心

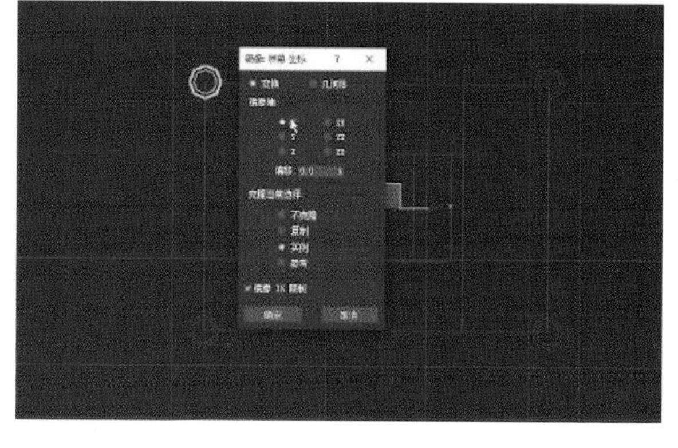

图 3-79　镜像复制立柱模型

（9）创建长方体，调整大小和位置，作为屋顶阁楼的立柱，利用步骤（7）、步骤（8）的方法进行复制，如图 3-80 所示。

（10）创建圆柱体，调整“高度分段”为“1”、“端面分段”为“1”、“边数”为“8”，旋转 90°，移动位置、调整大小，将其作为屋脊的一部分。复制调整，作为阁楼的屋脊，如图 3-81 所示。

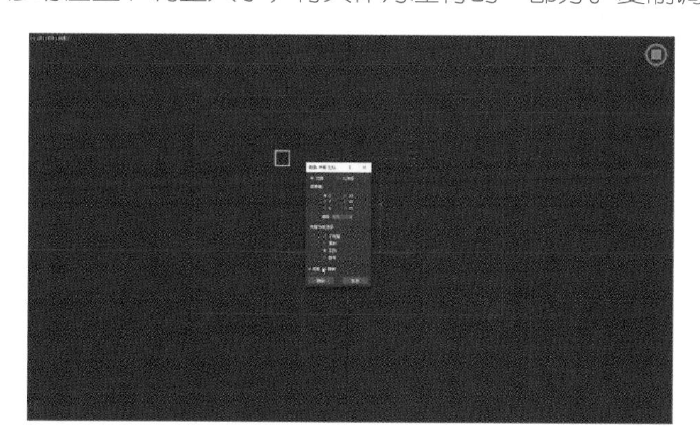

图 3-80　创建屋顶阁楼的立柱

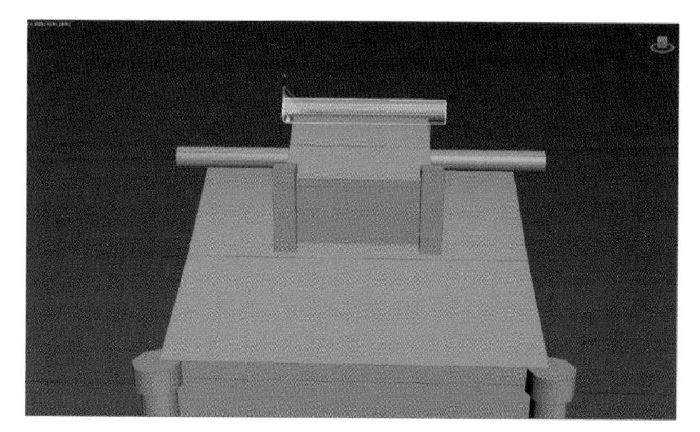

图 3-81　创建屋脊

（11）新建长方体，调整“宽度分段”为“4”，并将其转换为可编辑多边形。调整大小和位置，作为建筑的垂脊，按“F”键切换到前视图，调节顶点位置，如图 3-82 所示。

（12）新建长方体，调节大小和位置，并将其转换为可编辑多边形，调节顶点，使其形状如图 3-83 所示，作为檐角。

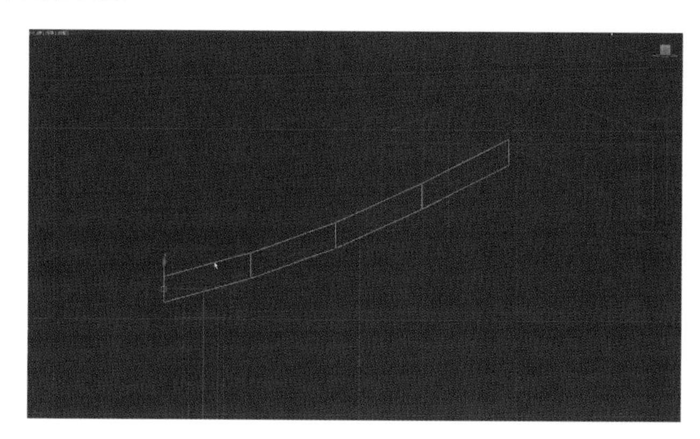

图 3-82　创建垂脊

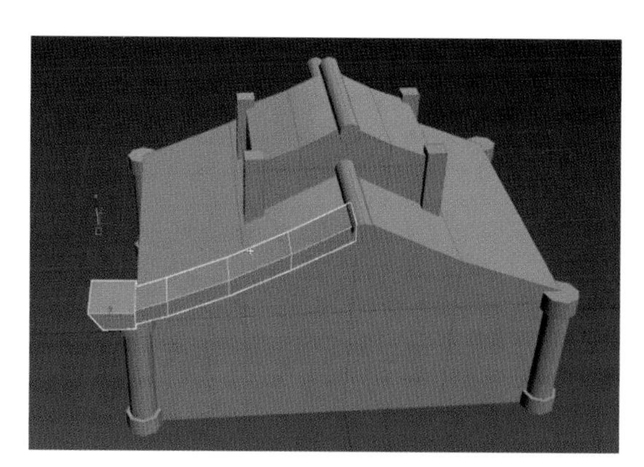

图 3-83　创建长方体并调节形状

（13）按“T”键，切换到顶视图，激活主工具栏捕捉工具，点击命令面板“层次 > 轴 > 仅影响轴”，用选择并移动工具将垂脊及檐角（2 个变形的长方体）的轴调整至世界坐标中心。调整完成后取消“仅影响轴”与捕捉功能，镜像复制出另外 3 个垂脊及檐角模型。同样操作完成阁楼垂脊及檐角的制作，如图 3-84 所示。

（14）灵活运用多边形建模工具，其他结构基本也是由几何体模型转换为多边形再进一步修改制作出来的，所以这里不做过多讲解。完成的建筑框架如图 3-85 所示。

图 3-84　完成阁楼的垂脊及檐角制作

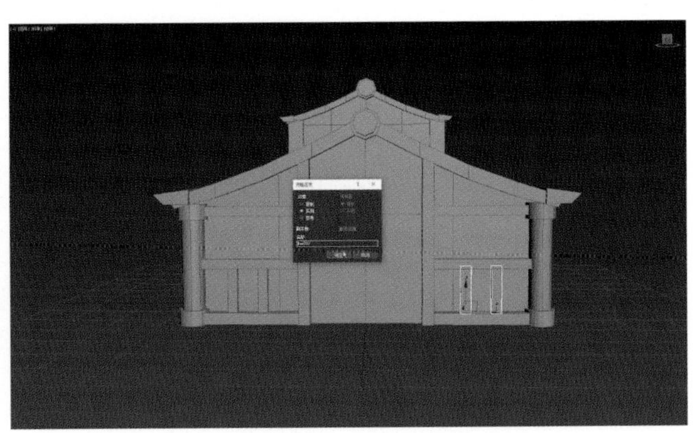

图 3-85　完成建筑框架

二、丰富模型的细节

一般来说，为了追求细节和逼真效果，采用三维静帧表现的模型，模型面数较大；而游戏模型受到电脑、手机性能的限制，面数都要经过优化。通常在完成模型框架的搭建后，可用贴图的方式为模型增添细节，以更少的面数来达到更好的画质，设计行业有着“三分模型、七分贴图”的说法。后面的章节，我们会讲到绘制贴图的方法，本节我们还是利用多边形建模的方式，为模型添加一些细节。

（1）新建长方体，旋转一定的角度，按住键盘上的“Shift”键进行移动复制，在弹出的“克隆选项”对话框中选择“复制”，输入相应的副本数，如图 3-86 所示。

（2）选中创建的物体，将其转换为可编辑多边形，按“F”键切换到前视图，激活“编辑几何体”卷展栏的“快速切片”工具，对模型超出的部分进行切片，如图 3-87 所示，单击鼠标右键结束快速切片。

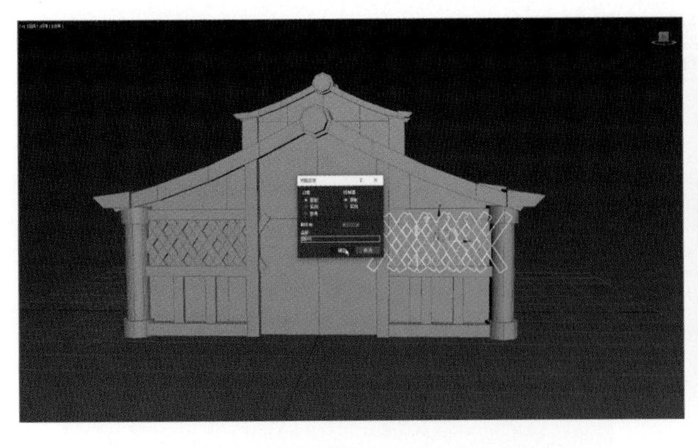

图 3-86　制作细节时新建长方体并复制

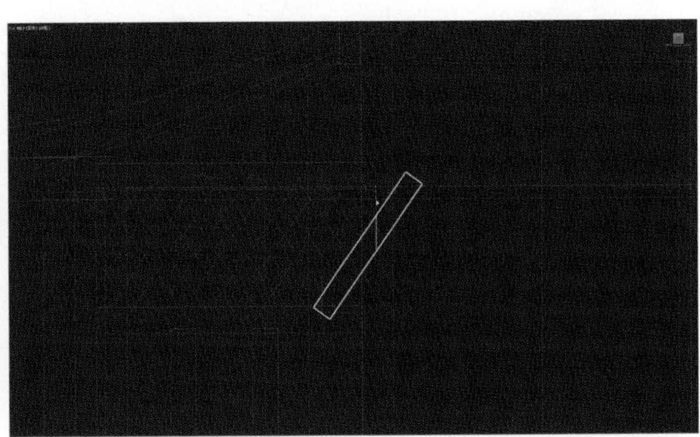

图 3-87　快速切片

（3）选中超出的面，将其删除，如图 3-88 所示。

（4）创建立方体，“高度分段”为“2”，调整大小以适配门框，将其转换为可编辑多边形，如图 3-89 所示。

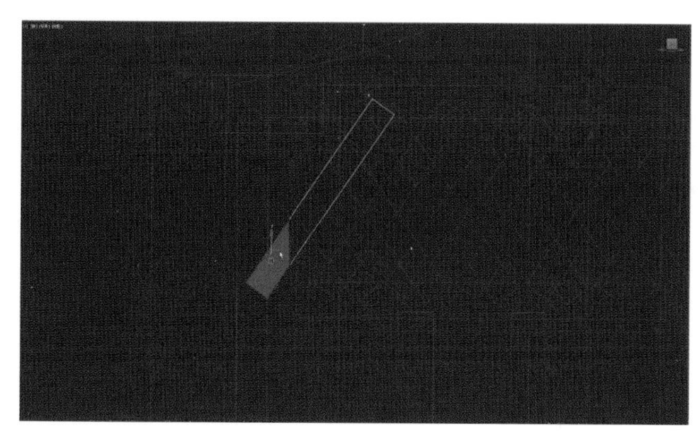

图 3-88　删除超出的面

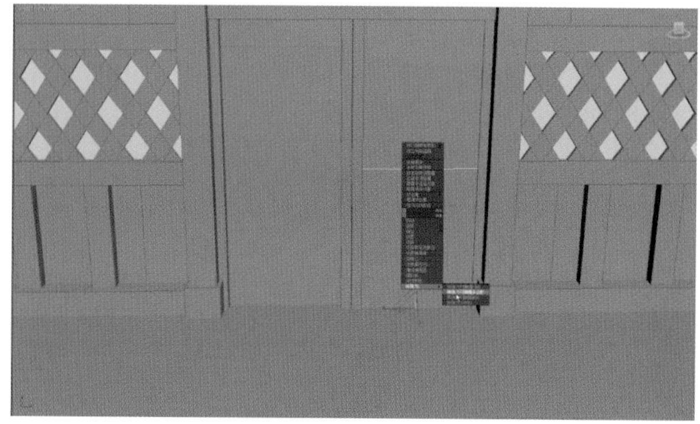

图 3-89　创建立方体并转换为可编辑多边形

（5）选择“多边形”子层级，利用“插入”“挤出”工具制作细节，如图 3-90 所示。

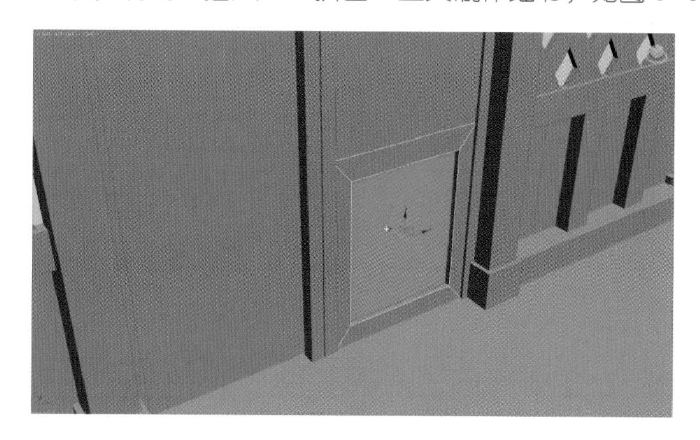

图 3-90　插入并挤出细节

（6）凭借已经掌握的多边形建模知识完善模型其他结构，完成模型创建，如图 3-91 所示。可以在参考图的基础上加入自己的创意，让制作出的建筑模型更加独特。

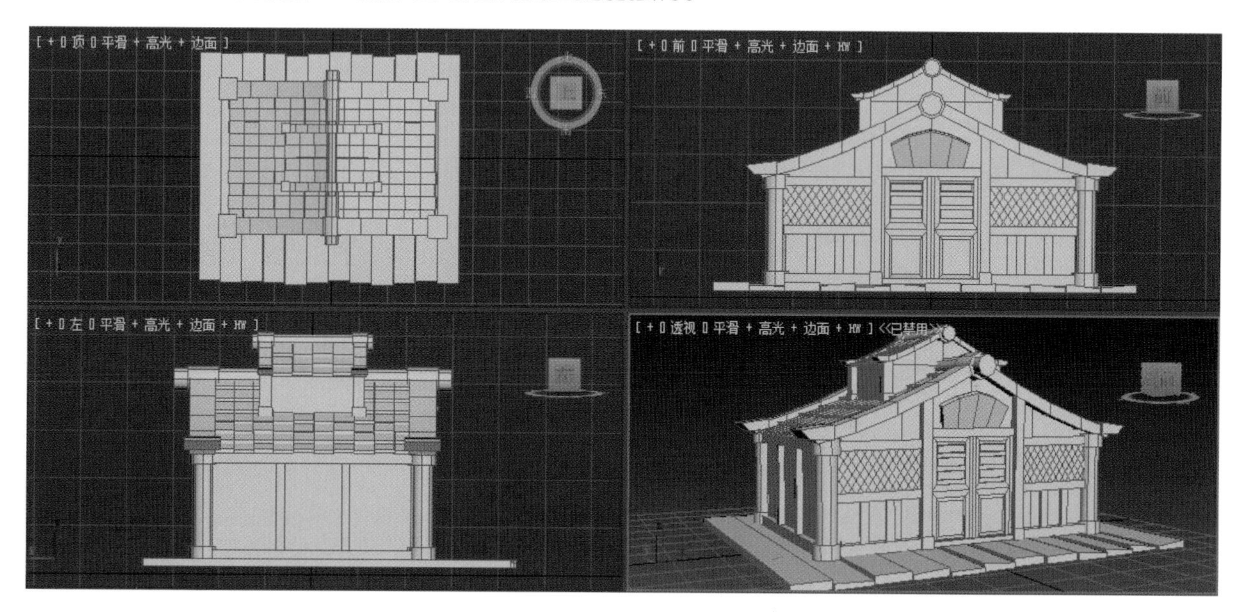

图 3-91　完成模型创建

（7）选择所有模型，将其转换为可编辑多边形，选择“多边形”子层级，删除所有模型看不到的面，如图 3-92 所示。将模型附加为一个整体。

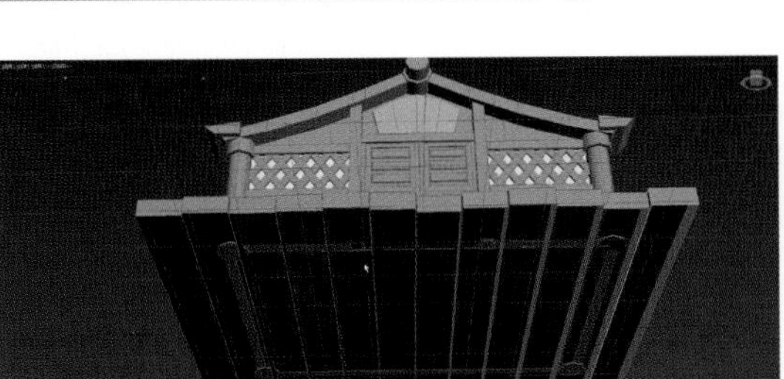

图 3-92　删除模型被遮挡的面

三、渲染

（1）按“M”键打开材质编辑器，选择“标准”材质，调整“漫反射”颜色为灰度（R220，G220，B220），将其赋予建筑模型；创建平面，修改分段数为“1”，赋予其“无光 / 投影”材质。

（2）调整好场景最佳观察角度，按“Ctrl+C”组合键建立摄影机，并打开安全框显示。

（3）在场景中创建天光，灯光倍增设为“0.8”，按键盘上的数字键“9”，打开“高级照明”面板，设置“光跟踪器”计算方式为当前活动计算方式。

（4）单击菜单栏“渲染 > 环境”，在弹出的“环境和效果”对话框中点击“背景 > 颜色”将其调整为深灰色。

（5）按键盘上的“F10”键打开渲染面板，设置图像尺寸（“宽度”为“1500”，“高度”为“1125”），设置图像抗锯齿过滤器为“Mitchell-Netravali”，开启“全局光线抗锯齿器”，参数保持默认。

（6）渲染最终的场景，最终效果如图 3-93 所示。

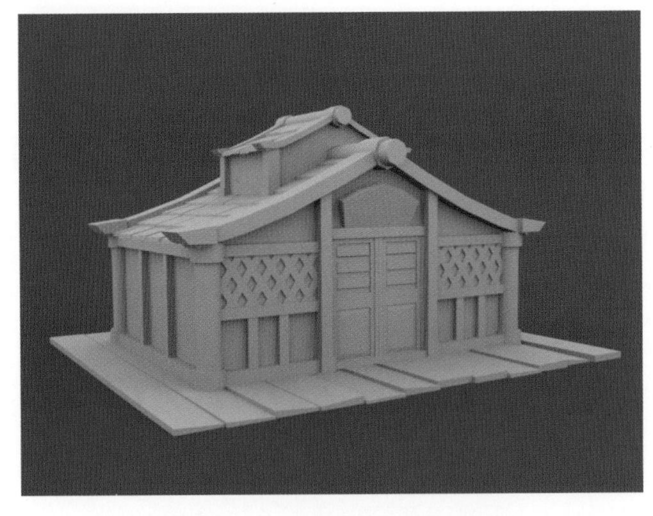

图 3-93　Q 版民居白模渲染效果

【本章小结】

本章主要讲述了 3ds Max 多边形建模的各种知识和技巧，运用了大量建模工具以及相关辅助工具完成闹钟和 Q 版民居单体建筑模型实例，实例综合性较强，可以有效训练复杂模型的创建能力。

【课题训练】

请综合利用所学知识来完成一个单体建筑模型的制作练习。

拓展资源

3ds Max SANWEI JIANMO YU XUANRAN JIAOCHENG

第四章

灯光、摄影机与渲染

本章知识点

灯光、摄影机与渲染技术。

学习目标

主要掌握常用灯光类型与灯光的创建方法，熟悉添加摄影机的方法，以及理解渲染参数的设定。

素养目标

培养科学严谨、追求精益求精的优秀品质。

4.1 3ds Max 中的灯光

光对于世界万物起着重要的作用，任何精美的模型、真实的场景，都需要光的照射和烘托。生活中，我们熟悉的光有许多种，例如耀眼的日光、绚丽的灯光、摇曳的烛光等，如图 4-1 至图 4-4 所示。在三维效果图的设计中，灯光是视觉画面的重要组成部分，巧妙地使用灯光，对于塑造对象形象、增强材质质感、营造空间层次、烘托场景氛围有重要作用。

图 4-1 绚丽的灯光

图 4-2 清晨的阳光

图 4-3 室内的日光

图 4-4 傍晚的光

一、灯光类型

3ds Max 中的灯光设置的类型主要集中于命令面板“创建 > 灯光”的下拉列表中，主要包含“光度学”灯光、“标准”灯光、“VRay”灯光和“Arnold”灯光，如图 4-5 所示，利用它们可以模拟出真实的“照片级”效果。其中，“VRay”灯光和“Arnold”灯光需要配合相应渲染器使用。

1.“光度学”灯光

“光度学”灯光是系统默认的灯光，共有“目标灯光”“自由灯光”“太阳定位器”3 种类型，如图 4-6 所示。灯光的计算方法是模拟真实世界的光线处理方式，不仅可以调节灯光的类型、分布方式，还可以为其指定真实的光域网文件，进而加强场景光影变化的细节。

2. “标准”灯光

“标准”灯光包含 6 种类型，分别是“目标聚光灯”“自由聚光灯”“目标平行光”“自由平行光”“泛光”“天光”，如图 4-7 所示。

图 4-5 3ds Max 中的灯光类型

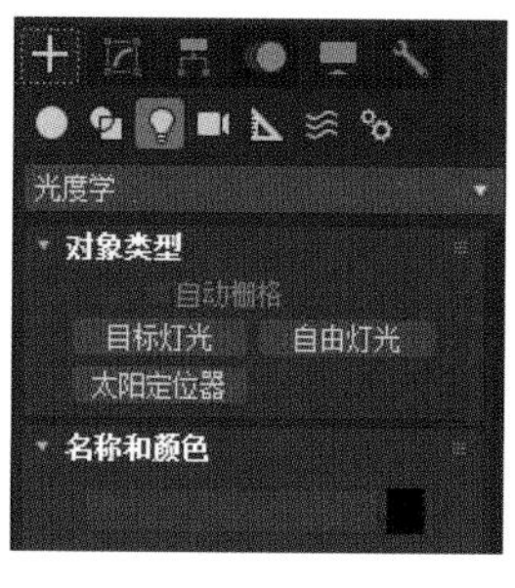

图 4-6 “光度学”灯光

图 4-7 “标准”灯光

（1）目标聚光灯：由投射点和目标点组成，可以产生具有方向性的锥形照射区域，对阴影的塑造能力也很强，常用来模拟筒灯、舞台灯、壁灯、投影灯等局部光照效果。

（2）自由聚光灯：无法对投射点和目标点分别进行调节，其余参数与目标聚光灯基本一致，常用来模拟一些动画灯光。

（3）目标平行光：可以产生一个圆柱形或方形的平行光束，主要用来模拟自然光线的照射效果，如太阳光等。

（4）自由平行光：无法对目标点进行调节，其余参数与目标平行光基本一致。

（5）泛光：可以向场景周围均匀地发散光线。

（6）天光：主要用来模拟天空光，以穹顶方式发光。

二、通用参数设置

3ds Max 中灯光类型多样，其中的参数设置大同小异，下面针对“标准”灯光类型的重点内容进行讲解。

（1）启用：控制开启 / 关闭灯光或阴影。

（2）倍增：控制灯光的强弱程度，默认数值为 1，数值增大光照强度也会随之增强。

（3）颜色：用来设置灯光的颜色。

（4）衰减：通过参数控制（见图 4-8），使灯光在照射强度上产生不同程度的变化。主要方法有以下几种。①“衰退”设置：根据自然界灯光衰减原理进行模拟，通过“倒数”和“平方反比”两种类型进行灯光衰减计算，也可以调节“开始”参数值产生衰减变化。②衰减设置：人为控制灯光强弱的改变，通过远近两组参数来控制灯光的衰减程度。“远距衰减”设置灯光衰减至最小值的距离，“近距衰减”设置灯光开始衰减的距离。将“使用”复选框与“显示”复选框同时勾选，可以更为快捷地调整灯光衰减变化。

（5）聚光灯参数：“聚光区 / 光束”设置灯光圆锥体的角度；“衰减区 / 区域”设置灯光衰减区的角度。两者的默认值分别为“43.0”与“45.0”，如图 4-9 所示，将差距值适度增大，聚光灯将产生柔和的照射边缘。

（6）排除 / 包含：将选定对象排除 / 包含于灯光效果。场景中某个对象不需要灯光照射或呈现阴影时，可以将其设置为排除；场景中某部分对象需要单独照亮或只投射阴影时，也可以通过此方法对其进行特殊处理，如图 4-10 所示。

（7）投影贴图：为投影加载贴图。勾选“贴图”复选框，单击其右侧的按钮为其添加一张位图，便可以轻松将灯光投射出图片效果。

（8）阴影：现实世界中，有光就有影，计算机软件对阴影的处理则更为灵活。通过“阴影”设置区域中的“启用”复选框可以控制阴影的开关，通过切换阴影的类型可以得到不同的阴影效果，如图 4-11 所示。

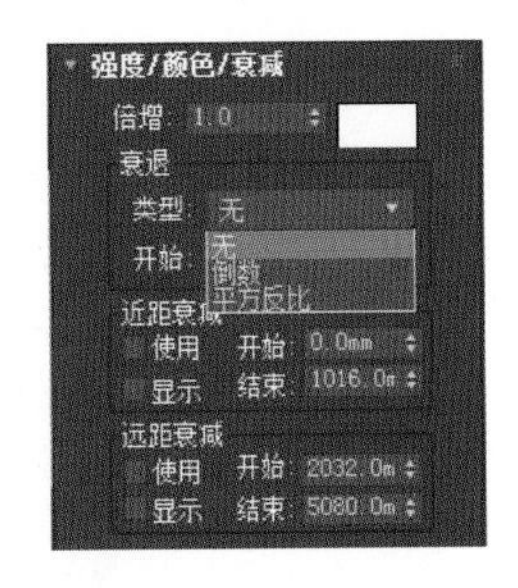

图 4-8　灯光衰减参数控制

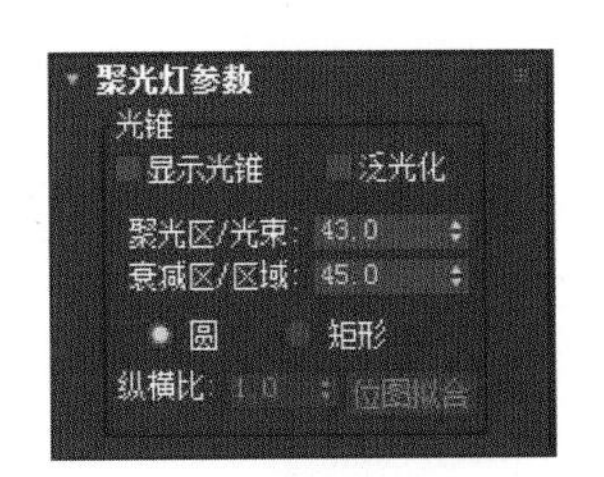

图 4-9　聚光灯参数

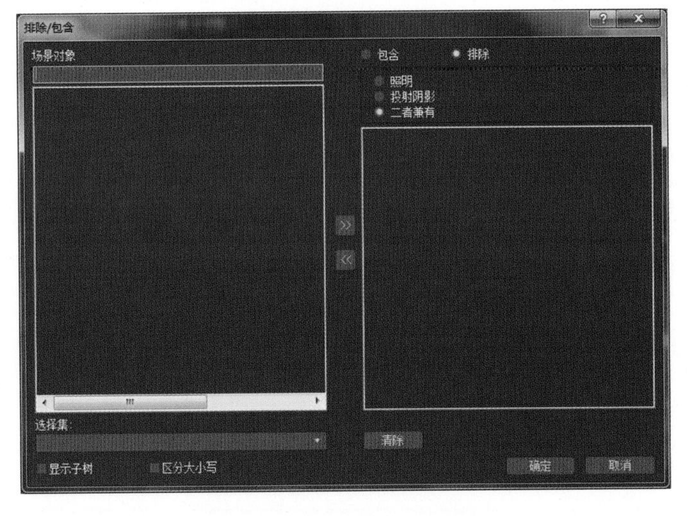

图 4-10　灯光的排除与包含

图 4-11　阴影类型

高级光线跟踪：阴影效果鲜明强烈，且阴影边缘清晰，可以产生透明阴影效果。

区域阴影：在 3ds Max 默认渲染器下，该阴影由远及近的光影变化渲染效果较为理想，而且支持透明阴影。

阴影贴图：该类型阴影在众多类型阴影中渲染速度最快，阴影边缘模糊，但不能渲染透明阴影。

光线跟踪阴影：较“高级光线跟踪”阴影而言需要更多的内存，渲染效果近似，同样支持透明阴影效果。

VRayShadow：该类型阴影是在 VRay 渲染器下渲染效果最为理想的阴影类型，且支持来自 VRay 置换物体或透明物体的相关阴影设置，阴影效果细腻逼真且渲染速度较快。在多数情况下尽量选择此种阴影模式。

4.2　摄　影　机

三维软件中摄影机就如同一双虚拟的眼睛，通过镜头巧妙地构图取景，展现对象最具美感的视角，也传达设计师科学严谨、风格化的艺术语言。摄影机在制作静帧表现和动态效果时都非常有用。3ds Max 2018 中包含“标准”摄影机、“VRay”摄影机和“Arnold”摄影机。“VRay”摄影机和“Arnold”摄影机需要配合相应渲染器使用。下面以“标准”摄影机中的“目标摄影机”为例介绍重点参数设置。

一、“镜头”与“视野”

镜头：摄影机所用的镜头类型，以 mm 为单位设置摄影机的焦距。镜头根据焦距值可分为标准镜头、广角镜头和长焦镜头。标准镜头的焦距值在 40~50 mm 之间，3ds Max 软件中默认摄影机焦距为 43.456 mm，此焦距是人眼的正常视距，在视觉表现中可以直接调用。在“备用镜头”中，3ds Max 为用户提供了充裕的镜头模板，以备选择与使用。

视野：设置摄影机查看区域的范围大小，有水平、垂直和对角线 3 种调节方式。

“镜头”与“视野”是两个关联的参数，修改其中一个，另一个也会随之改变。“镜头”的焦距值越大，画面中能够观察到的场景范围即“视野”值就越小；焦距值越小，“视野”值则越大，所能观察的场景范围更广。“镜头”与“视野”参数设置如图 4-12 所示。

二、“剪切平面”

“剪切平面”功能可以用于实现穿透摄影机前的任意遮挡物，令场景中的对象呈现。设置界面如图 4-13 所示。

手动剪切：此选项用于控制“剪切平面”功能的开关。

近距剪切：设置场景可见物体观察范围的起点。

远距剪切：设置场景可见物体观察范围的结束点。

三、“景深”

“景深”设置是摄影机的一个非常重要的功能，在实际工作中的使用频率很高，常用于表现画面的中心点，景深效果如图 4-14 所示。

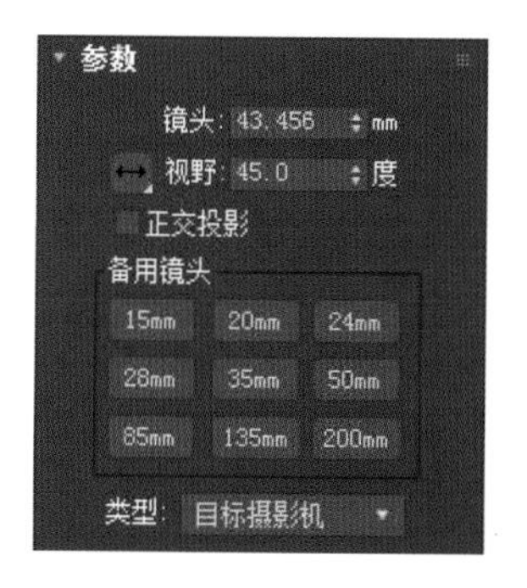

图 4-12 “镜头”与“视野”参数设置

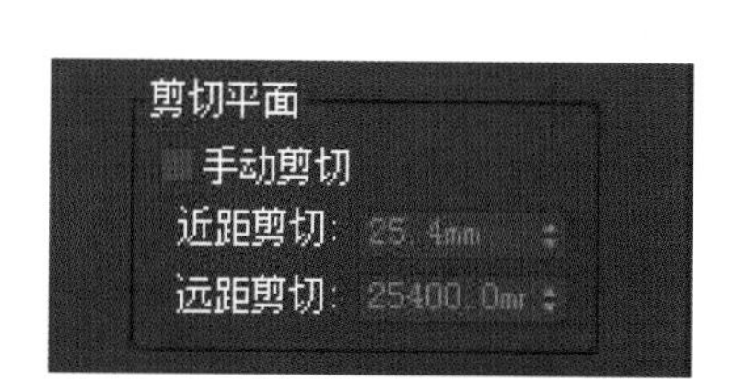

图 4-13 “剪切平面”设置界面

图 4-14 景深效果

当设置“多过程效果”类型为“景深”时，系统会自动显示“景深参数”卷展栏，如图 4-15 和图 4-16 所示。

四、“运动模糊”

“运动模糊”功能一般运用在动画中，常用于表现运动对象高速运动时产生的模糊效果。

当设置“多过程效果”类型为“运动模糊”时，系统会自动显示“运动模糊参数”卷展栏，如图4-17、图4-18所示。

多过程效果
启用 预览
景深
渲染每过程效果
目标距离：5791.411

图4-15 启用景深

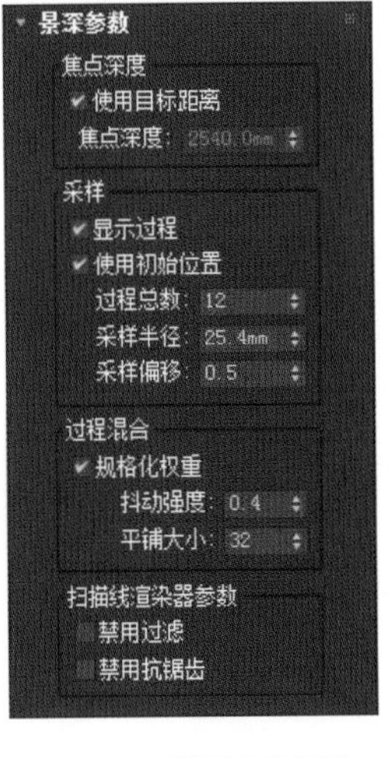

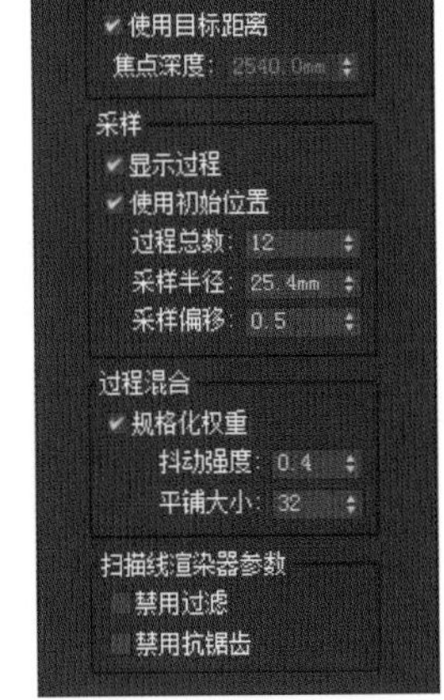

图4-16 “景深参数”卷展栏

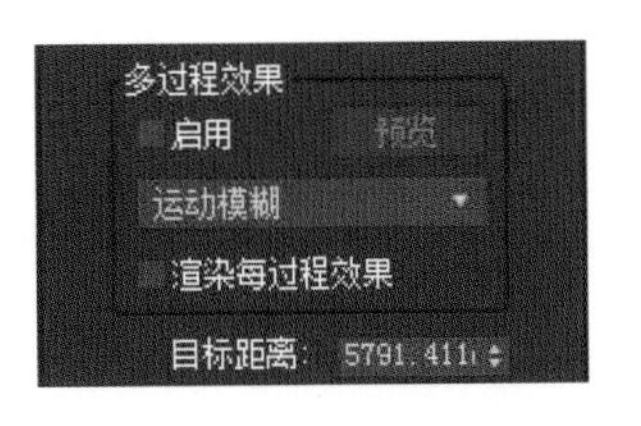

图4-17 启用运动模糊

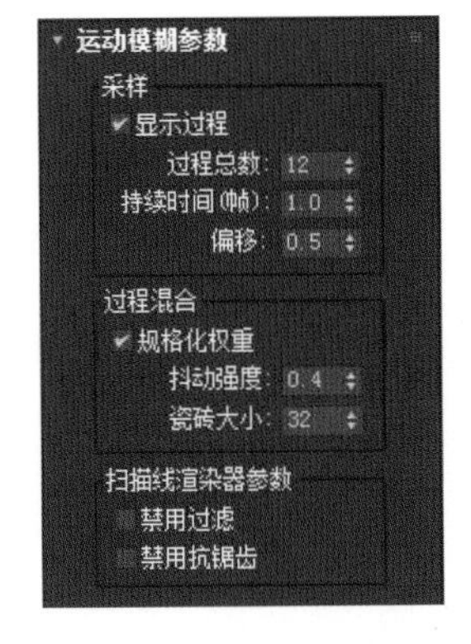

图4-18 “运动模糊参数”卷展栏

4.3 渲 染

使用3ds Max创作作品时，一般都遵循“建模→灯光→材质→渲染”的步骤，渲染是通过复杂的计算机运算，将虚拟的三维场景投射到二维平面的过程，图4-19、图4-20所示是一些比较优秀的渲染作品。

图4-19 优秀渲染作品1

图 4-20　优秀渲染作品 2

渲染场景的引擎有很多种，3ds Max 2018 默认的渲染器有扫描线渲染器、VUE 渲染器和 Arnold 渲染器。也可以安装一些其他的专业渲染插件，例如 VRay、mental ray、Maxwell 等。

一、渲染工具

在主工具栏右侧提供了多个渲染工具按钮，如图 4-21 所示。

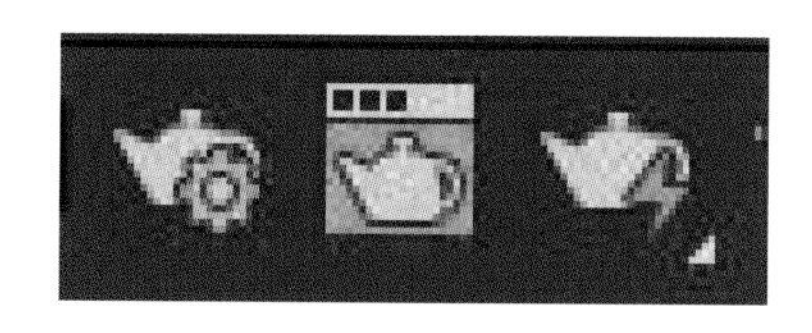

图 4-21　渲染工具按钮

渲染设置：单击该按钮可以打开“渲染设置”对话框，基本上所有的渲染参数都在该对话框中完成设置。

渲染帧窗口：单击该按钮可以打开“渲染帧窗口”对话框，在该对话框中可以选择渲染区域、切换通道和尺寸渲染图像等任务。

渲染产品：单击该按钮可以使用当前的产品级渲染设置来渲染场景。

二、默认扫描线渲染器

默认扫描线渲染器是 3ds Max 自带的渲染器，参数包含“公用”、“渲染器”、“Render Elements”（渲染元素）、“光线跟踪器”和“高级照明”5 大选项卡。按键盘上的“F10”键打开“渲染设置”对话框，可以将渲染器类型指定为“扫描线渲染器”，如图 4-22 所示。默认扫描线渲染器的渲染速度特别快，但是渲染质量不高，后文会结合案例进行讲解。

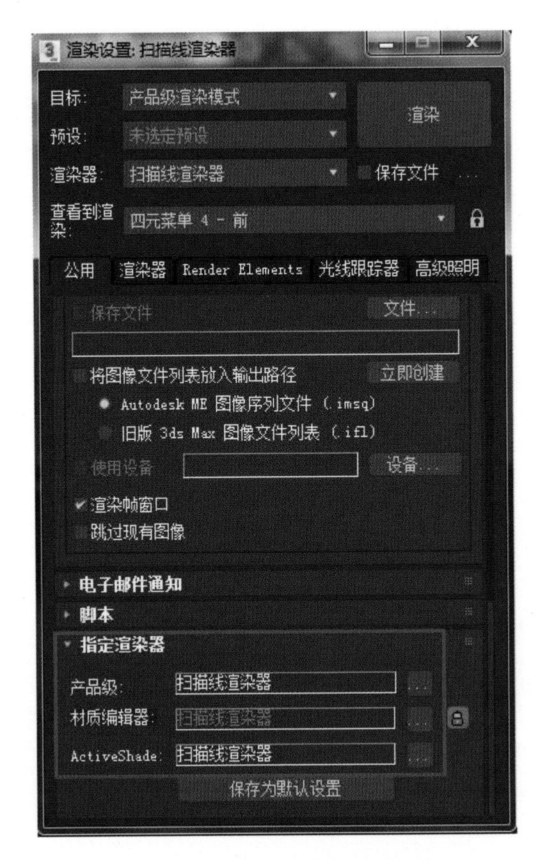

图 4-22　指定“扫描线渲染器”

【本章小结】

本章主要介绍了 3ds Max 灯光、摄影机和渲染的知识，这些内容将在后续章节结合实例进行实践与巩固。

【课题训练】

请进一步熟悉 3ds Max 软件灯光、摄影机和渲染的基本知识及设置方法。

第五章

标准材质贴图

拓展资源

本章知识点

材质的编辑、材质与贴图的类型设置及 UVW 贴图坐标。

学习目标

掌握材质的编辑方法，了解不同贴图通道属性和效果，理解 UVW 贴图坐标。

素养目标

通过对材质进行深层多维了解，培养观察感知能力、审美能力和探究学习的意识。

5.1 初识材质

对于三维设计师来说，场景中三维模型的制作只是开始，是一切工作流程的基础。模型本身不具备任何表面属性，要表现任何真实材料的质感，都需要通过材质编辑来实现。

制作逼真的材质效果需要对现实中的物体属性和材质编辑器中的参数有充分的认识和理解。图 5-1 所示的室内场景中有着非常丰富的材质类型，例如光滑的陶器、坚硬的不锈钢、透明的玻璃、多彩的墙面砖等。我们之所以可以通过图片感知到对象是什么材质，是因为图片表现了材质的特征属性。正是有了这些特征属性，三维对象才能以不同的材质效果呈现出来。材质的构成属性是多方面的，包括颜色、质地、纹理、光泽、反射、折射、透明度等。

图 5-1 多样的材质

5.2 材质编辑器

材质编辑器是 3ds Max 中的一个重要模块，利用它可以为模型的表面加入色彩、纹理和光泽等不同的材质属性。打开材质编辑器的方法有 3 种。

第 1 种：在主工具栏上单击“材质编辑器”按钮，如图 5-2 所示。

图 5-2 主工具栏“材质编辑器”按钮

第 2 种：按键盘上的“M”键。

第 3 种：点击菜单栏“渲染 > 材质编辑器”。

自3ds Max 2011之后，软件在原有“精简材质编辑器”的基础上新增使用节点式编辑的“Slate材质编辑器”。节点式编辑是当前较为流行的一种编辑方式，相对于传统的编辑模式，它更加清晰直观。两种材质编辑方法可以在材质编辑器“模式”菜单栏中进行切换。选择“精简材质编辑器”会打开“材质编辑器”面板。“材质编辑器”与“Slate 材质编辑器”的面板如图 5-3、图 5-4 所示。

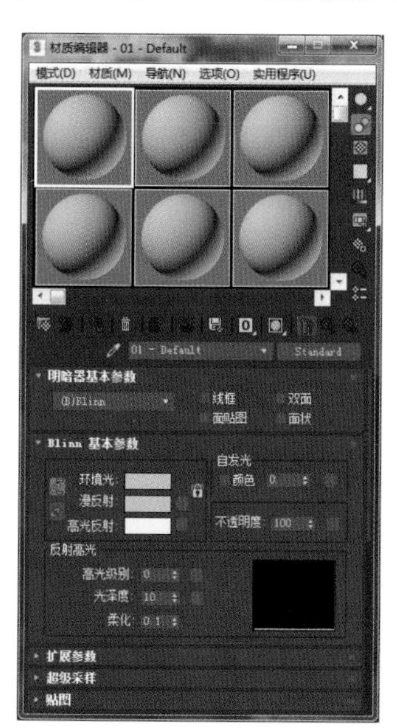

图 5-3 “材质编辑器”面板

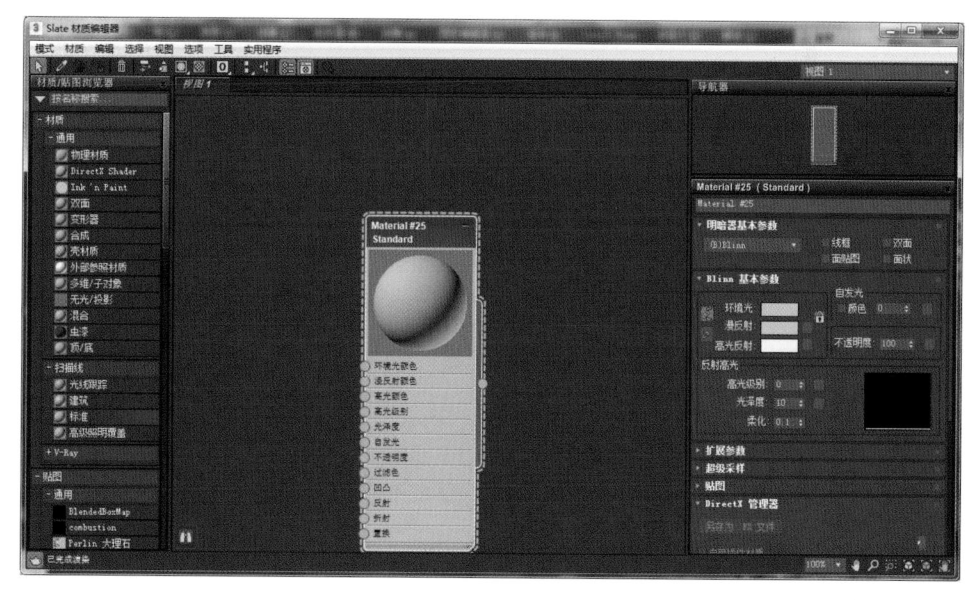

图 5-4 “Slate 材质编辑器”面板

（1）“精简材质编辑器”的参数分为两大部分：上半部分为不可变动区域，包括材质样本球预览窗口、垂直工具栏、水平工具栏、材质的名称栏和材质的类型按钮；下半部分为可变动区域，可通过各个卷展栏控制材质的具体参数，如图 5-5 所示。

（2）“Slate 材质编辑器”的参数可分为三大部分：①“材质 / 贴图浏览器”区域，包括材质、贴图、控制器、场景材质、示例窗；②“视图”区域，可以显示材质与贴图的层级；③“导航器”和材质参数显示区域，用于显示材质贴图的参数，如图 5-6 所示。

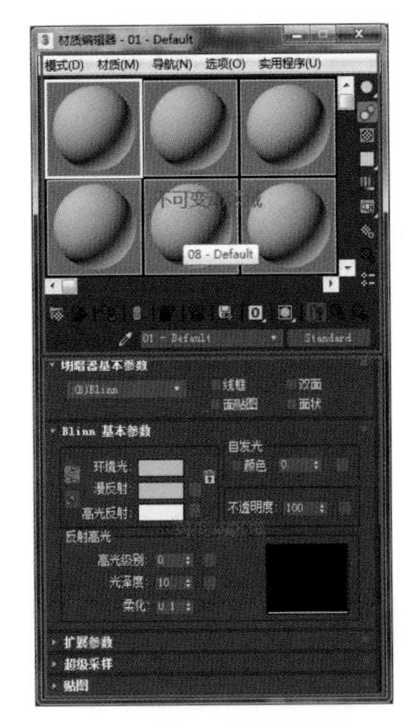

图 5-5　精简材质编辑器布局

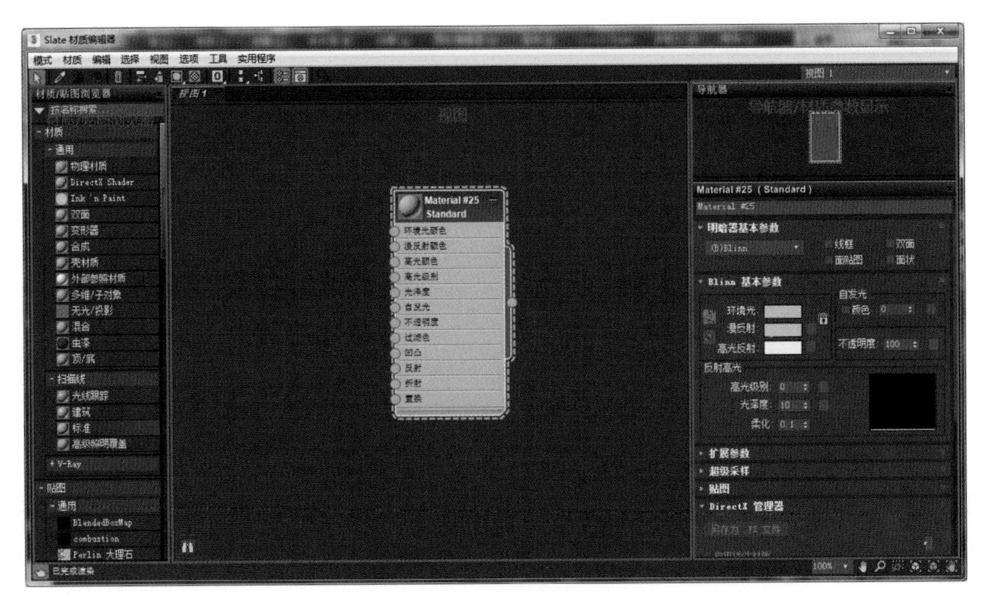

图 5-6　Slate 材质编辑器布局

5.3　常用材质类型

一、“标准”材质

“标准”材质是 3ds Max 默认扫描线渲染器中最基础的材质类型。对于初学者而言，该材质的重点参数设置是必须要掌握的。

（1）“明暗器基本参数”卷展栏：用于选择明暗器的类型，还可以设置“线框”“双面”“面贴图”“面状”等参数，如图 5-7 所示。

（2）“Blinn 基本参数”卷展栏：“标准”材质调整的核心，用于设置材质的“环境光”“漫反射”“高光反射”“自发光”“不透明度”“高光级别”“光泽度”“柔化”等属性，如图 5-8 所示。

漫反射：物体本身的固有色。默认情况下“环境光”与“漫反射”为锁定状态，可以根据渲染要求，单击锁形按钮可解除锁定，对两者分别进行调整。

图 5-7　“明暗器基本参数”卷展栏

高光反射：物体表面高光的颜色。

自发光：物体产生白炽效果；若要达到真正灯光照射效果，需要辅助光源照射。

不透明度：材质的不透明程度。默认状态下数值为“100”，材质完全不透明；数值为“0”时，材质完全透明。

高光级别：高光的强度。数值越大，高光越强；反之则越弱。

光泽度：高光的范围。数值越大，高光区域越小；数值越小，高光区域越大。

柔化：高光区域和非高光区域衔接的柔和度。数值 0 ~ 1 表示柔化的程度。

（3）“贴图”卷展栏：左侧为不同属性的贴图通道，“数量”用于控制效果的程度，右侧长按钮为选择贴图类型的区域。

虽然不同材质类型的贴图通道有所差别，但是使用方法大同小异。其中，重点把握“漫反射颜色”“自发光”“不透明度”“凹凸”“反射”“折射”6 种属性。

二、“多维 / 子对象”材质

“多维 / 子对象”材质是集多个材质为一体的复合型材质，通过将其指定给一个设置材质 ID 的对象，实现对一个模型的不同部分赋予不同材质的效果，设置界面如图 5-9 所示。

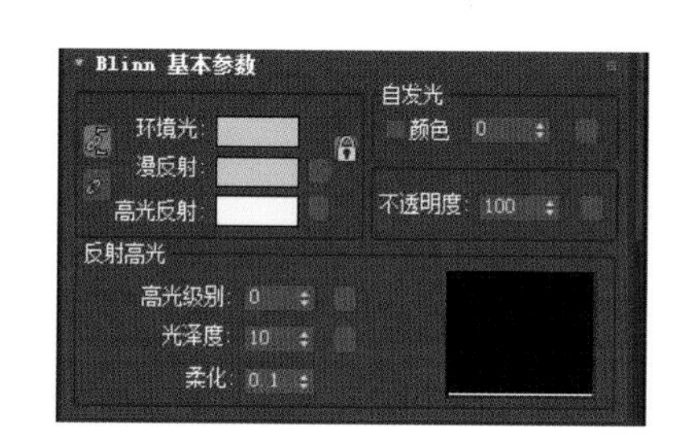

图 5-8 “Blinn 基本参数”卷展栏

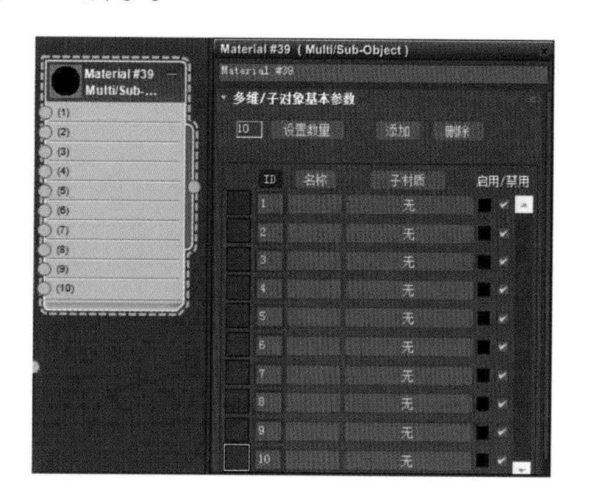

图 5-9 “多维 / 子对象”材质设置界面

三、“混合”材质

选择“混合”材质可以将两种不同材质混合到一起，通过“混合量”控制两种材质混合的比例，也可以通过“遮罩”贴图控制两种材质的显示，设置界面如图 5-10 所示。

四、“无光 / 投影”材质

“无光 / 投影”材质不需要设置任何参数，如图 5-11 所示，只需要在设置好环境后，将其赋予场景中的模型即可。采用这种材质的对象可以接收投射的阴影，并转换为显示当前背景颜色或环境贴图的无光对象。

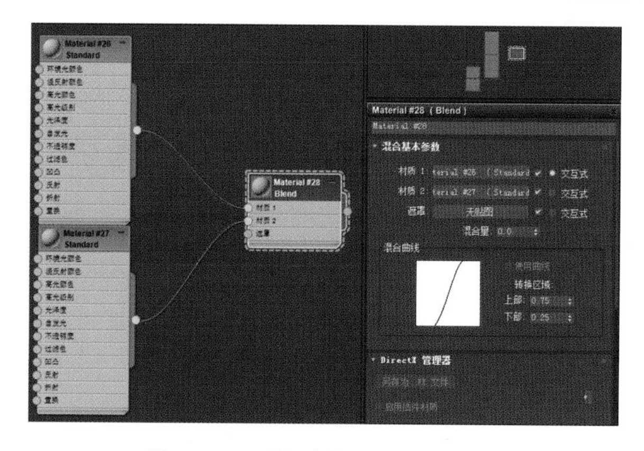

图 5-10 “混合”材质设置界面

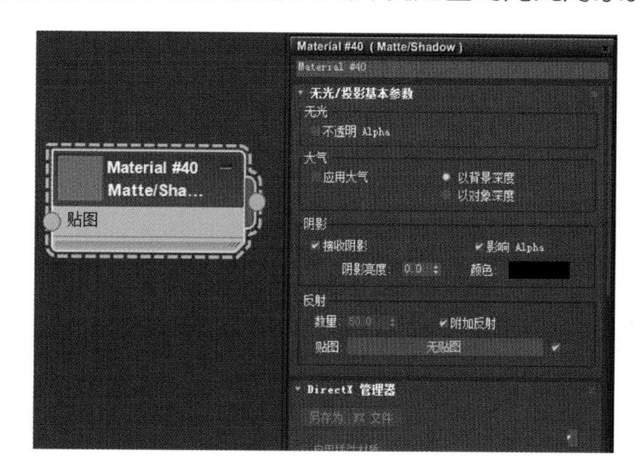

图 5-11 “无光 / 投影”材质参数显示

5.4 材质与贴图

初学者常会将“材质”和“贴图”的含义混淆。其实，二者是截然不同的，但联系又十分紧密。

在三维软件中，材质主要用来表现场景对象原材料的性质，是对象本身材料在光照与其他环境因素的影响下体现出来的物理属性，例如光泽度、粗糙度、自发光、反射、折射、透明或半透明等，正是有了这些属性，三维模型才能以不同的材质效果呈现于虚拟世界中。

贴图是构成材质的一个分支，是嵌套在材质贴图通道下的一个子层级。贴图用于表现场景对象材质表面的纹理、反射、折射、凹凸、镂空等多种效果，利用贴图，不用增加模型的复杂程度就可以表现对象丰富的细节。将贴图指定到材质各种属性通道之中，可以完善模型的造型，增强模型的质感。

材质包含两个基本的内容，即质感和纹理。质感指对象的基本属性，例如玻璃质感、陶瓷质感、金属质感等，通常是由“明暗模式”来决定的；纹理是指对象表面的颜色、图案、凹凸和反射等特性，在三维软件中指的是“贴图”。在三维软件中可以简单地理解为：“材质”是由“明暗模式”和“贴图”组成的。

5.5 常用贴图类型

在制作三维效果图的过程中除了要掌握重点材质类型以外，材质对应的贴图类型也是不可忽视的。

（1）位图：3ds Max 中基本的贴图类型，也是最为常用的贴图类型，通过加载位图贴图，如 JPG、GIF、TIFF、PNG、PSD 等主流格式图像，单击“查看图像”按钮，可以观察贴图并对图像进行裁剪或放置，如图 5-12 所示。

（2）平铺：可以用来制作平铺图像，比如地砖。

（3）棋盘格：产生黑白交错的棋盘格图案，可以用来制作双色棋盘效果，也可以用来检测模型的 UV 是否合理。

（4）渐变：通过黑、灰、白 3 个示例色块以“线性”或“径向”两种渐变类型创建渐变图像。

（5）细胞：可以用来模拟各种视觉效果的细胞图案，例如马赛克、瓷砖、鹅卵石等。

（6）躁波：通过两种颜色或贴图的随机混合，产生一种无序的噪点效果，通常用于突出材质的质感。

（7）衰减：3ds Max 中非常重要的程序贴图，可以有效表现出物体表面在观察角度下产生的材质的由强烈到柔和的过渡效果。“前”颜色默认为黑色，控制与摄影机视线相垂直区域的颜色。“侧”颜色默认为白色，控制与摄影机视线成夹角区域的颜色。“衰减类型”控制“前”颜色和“侧”颜色在物体表面的分布区域，默认为“垂直 / 平行”类型；“衰减方向”控制“前”颜色和“侧”颜色的计算方式，默认为“查看方向（摄影机 Z 轴）”，如图 5–13 所示。

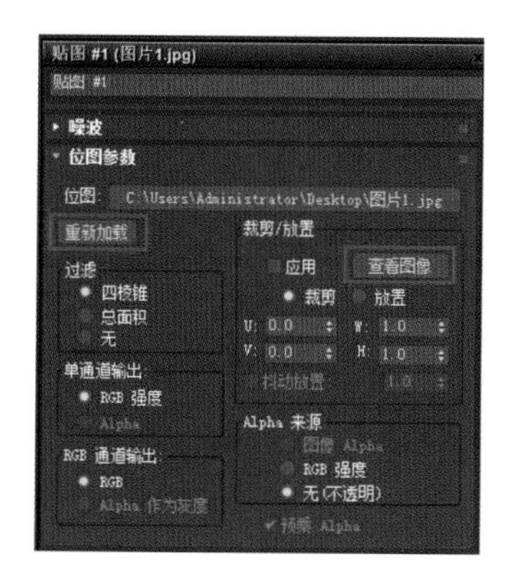

图 5–12 “位图参数”设置

图 5–13 “衰减参数”设置

（8）混合：将两种不同颜色或不同贴图混合到一起，通过“混合量”或“遮罩”控制两种颜色或两种贴图的显示比例。

5.6 UVW 贴图坐标

对于 3ds Max 中创建的标准几何体模型，系统会自动为其生成相应的贴图坐标。但对于经过多边形转换和编辑的模型，因其不具备正确的贴图坐标参数，想要正确显示材质贴图，必须对其 UVW 贴图坐标（常简称 UVW）进行设置。

贴图坐标指模型物体确定自身贴图位置关系的一种参数，通过正确设置贴图坐标可让模型和贴图之间建立相应的关系，保证贴图材质正确地投射到模型物体表面。我们用三维坐标“X”“Y”“Z”来表示模型的位置关系，贴图坐标则使用“U”“V”“W”表示，其中的“U”代表平面贴图的水平方向，“V”代表贴图的垂直方向，“W”代表贴图垂直于平面的方向。

模型贴图坐标的设置和修改，涉及“UVW 贴图”和“UVW 展开”两个修改器。

一、“UVW 贴图”修改器

视图中选择模型，在修改器列表中为其添加“UVW 贴图”修改器。单击堆栈窗口“UVW 贴图”前的三角形展开，进入“Gizmo”层级后可以对其进行移动、旋转、缩放等操作，对 Gizmo 线框的编辑操作会影响模型贴图坐标的位置关系和贴图的投影方式。

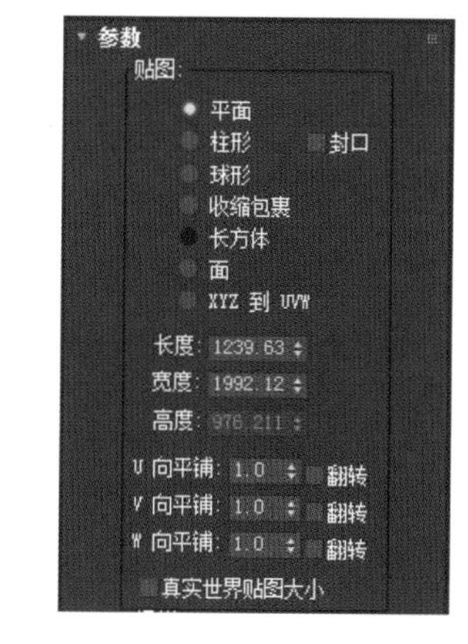

图 5–14 “贴图”选项组

“贴图”选项组（见图 5–14）中包含“平面”“柱形”“球形”“收缩包裹”“长

方体”“面”“XYZ 到 UVW”7 种贴图对于模型物体的投影方式和相关参数，根据不同形态的模型物体选择合适的贴图投影方式，如图 5–15 所示。

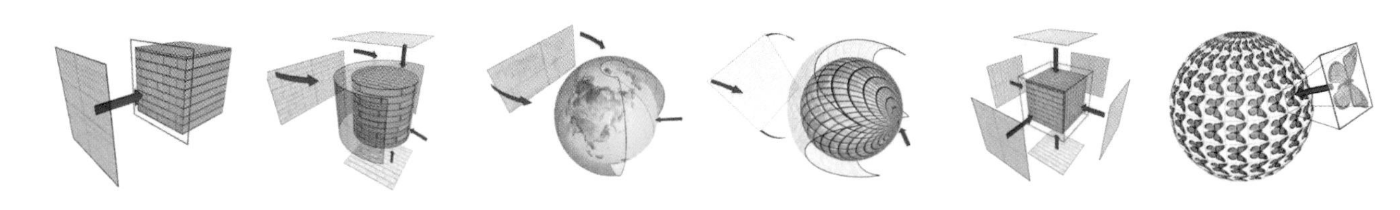

图 5–15　不同投影方式

“对齐”选项组面板顶部“X”“Y”“Z”单选按钮用于改变贴图的投影方向，下方提供了 8 个工具，用来调整贴图在模型物体上的位置关系，在实际制作中正确合理地使用这些工具往往能实现想要的效果，如图 5–16 所示。

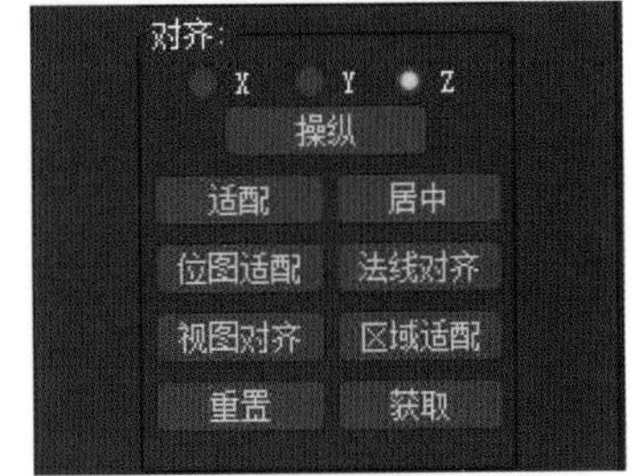

图 5–16　“对齐”选项组

（1）适配：自动调整 Gizmo 的大小，使其尺寸与模型物体相匹配。

（2）居中：将 Gizmo 的位置对齐到模型物体的中心。这里的“中心”是指模型物体的几何中心，而不是它的轴心。

（3）位图适配：将 Gizmo 的长宽比例调整为指定位图的长宽比例。使用“平面”投影方式的时候，经常会遇到位图没有按照原始比例显示的情况，这时可以使用这个工具，只要选中已使用的位图，Gizmo 就会自动改变长宽比例与其匹配。

（4）法线对齐：使 Gizmo 与指定面的法线垂直，也就是与指定面平行。

（5）视图对齐：使 Gizmo 平面与当前的视图平行对齐。

（6）区域适配：在视图上拉出一个范围来确定贴图坐标。

（7）重置：恢复贴图坐标的初始设置。

（8）获取：将其他模型物体的贴图坐标设置引入当前模型物体中。

“UVW 贴图”修改器定义的贴图投影方式只能从整体上赋予模型贴图坐标，对于更加精确的贴图坐标的修改却无能为力。想要实现这种修改，则必须利用“UVW 展开”修改器。

二、“UVW 展开”修改器

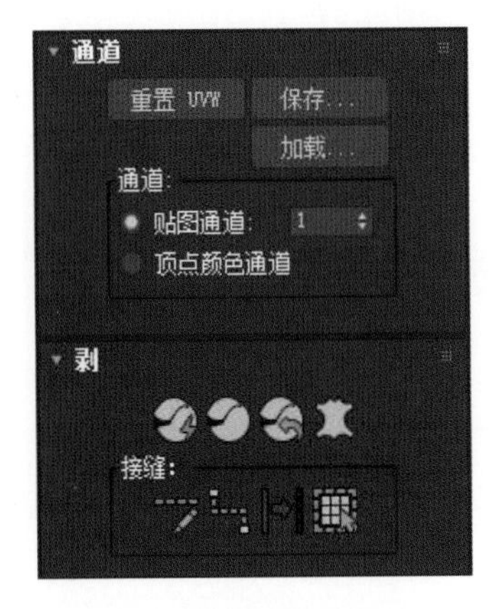

图 5–17　“UVW 展开”修改器常用命令

“UVW 展开”修改器是 3ds Max 内置的一个功能强大的模型贴图坐标编辑系统，通过该修改器可以更加精确地编辑多边形模型物体的点、线、面的贴图坐标分布。尤其是生物模型和场景雕塑模型等结构较为复杂的多边形模型，必须要用到“UVW 展开”修改器。

“UVW 展开”修改器包含多个命令和面板，导致初学者上手操作会有一定的困难。但软件操作通常有“二八原则”，即 80% 的时间在操作 20% 的命令，我们只需要了解掌握该修改器中重要的命令参数即可。下面针对“UVW 展开”修改器的常用命令（见图 5–17）进行讲解。

（1）重置 UVW：放弃已经编辑好的 UVW，使其回到初始状态。

（2）保存：将当前编辑的 UVW 保存为 UVW 格式的文件，对于复制的模型物体可以通过载入文件来直接完成 UVW 的编辑。我们通常会选择另一种方式来复制 UVW，即单击模型堆栈窗口中的“Unwrap UVW”修改器，按住鼠标左键将其拖曳到视图窗口中复制得到的模型物体上，松开鼠标左键完成操作。

（3）加载：用于载入 UVW 格式的文件，如果两个模型物体不同，则此选项无效。

（4）剥：把模型物体的表面剥开，并将其贴图坐标平展。这是“UVW 贴图”修改器中没有的一种贴图投影方式，相较于其他贴图投影方式来说更复杂，更适用于结构复杂的模型物体。总体来说，利用“剥”工具平展贴图坐标的流程分为 3 步：①重新定义编辑缝合线；②选择想要编辑的模型物体或者模型面，单击“剥”按钮，选择合适的平展对齐方式；③进入 UVW 编辑器，对所选对象进行平展操作。

UVW 编辑器从上到下依次为菜单栏、操作按钮区、视图区和层级选择面板，如图 5-18 所示。虽然该窗口看似复杂，但在制作中常用的命令其实并不多，我们将在具体的案例中进行讲解。

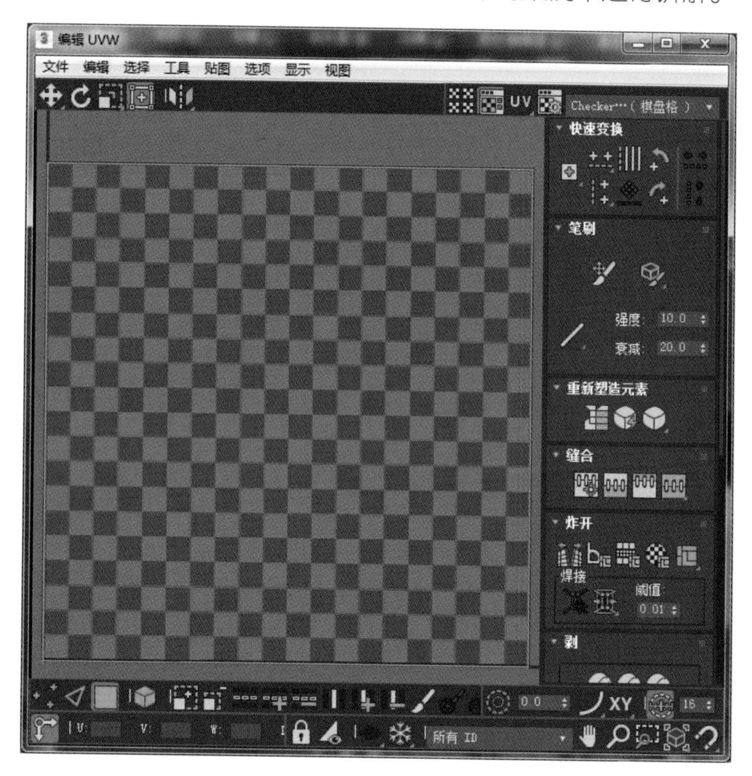

图 5-18 UVW 编辑器

三、模型 UVW 编辑流程

下面总结一下对模型进行 UVW 编辑的整体流程。

（1）对于造型简单的模型物体，添加“UVW 贴图”修改器，根据模型物体选择合适的贴图投影方式，并调整 Gizmo 的对齐方式。

（2）对于造型复杂的模型物体，添加“UVW 展开”修改器，通过“UVW 展开”修改器的子层级重新定义编辑缝合线，并通过“剥”命令对模型物体的 UV 网格进行编辑。

（3）在 3ds Max 的堆栈窗口中将所有修改器塌陷为可编辑的多边形，为模型物体保存已经编辑好的 UVW 信息。

模型贴图坐标的操作在 3ds Max 软件学习中是一个比较复杂的部分，对于新手来说有一定难度，但只要理解其中的核心原理并掌握关键的操作部分，这部分内容并没有想象中那么困难。

5.7 基础材质综合实例——静物组合

图 5-19 渲染效果

项目描述

本案例通过标准材质编辑，完成静物组合材质制作。案例涉及的材质与贴图知识点比较多，建议熟练掌握。最终效果如图 5-19 所示。

制作思路

分析对象材质属性，针对性地进行编辑与调节；添加贴图，使用“UVW 贴图”修改器进行投影匹配；创建场景灯光、摄影机等，最终完成渲染出图。

学习目的

（1）掌握材质编辑器的操作方法。

（2）理解材质与贴图的区别与联系。

（3）掌握标准材质的常用参数设置。

（4）掌握位图和常用程序贴图的使用方法。

（5）掌握 UVW 贴图坐标技术。

一、添加灯光与摄影机

（1）打开配套文件“基础材质 - 初始”（为突出学习重点，本例中场景模型已经创建完成），如图 5-20 所示。

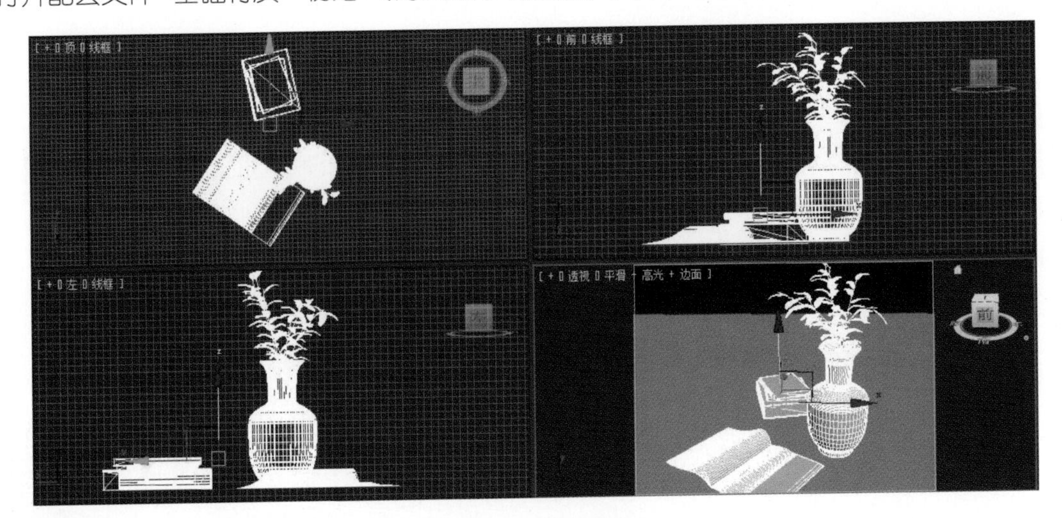

图 5-20 初始场景

（2）单击“创建 > 灯光 > 标准 > 目标聚光灯”，调整灯光的位置。进入“修改”面板勾选“启用”阴影，设置投影类型为“区域阴影”，灯光“倍增”为“0.6”。场景模拟阳光照射效果，可以将灯光颜色调整为偏暖色调。相关设置如图 5-21 所示。

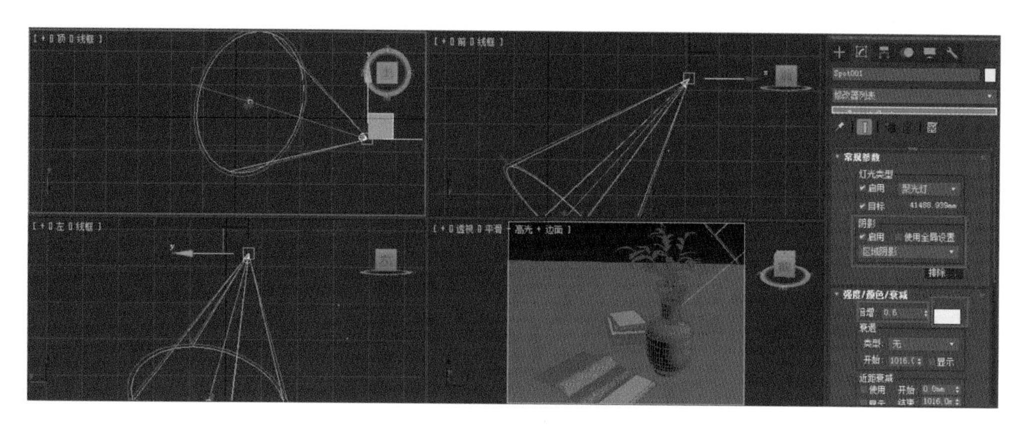

图 5-21　创建目标聚光灯并调整

（3）单击“创建 > 灯光 > 标准 > 天光”，在透视图中任意位置点击创建一个天光光源。调整灯光“倍增”为“0.4”。按键盘上的数字键“9”，打开“高级照明”面板，设置“光跟踪器”计算方式为当前活动计算方式，如图 5-22 所示。

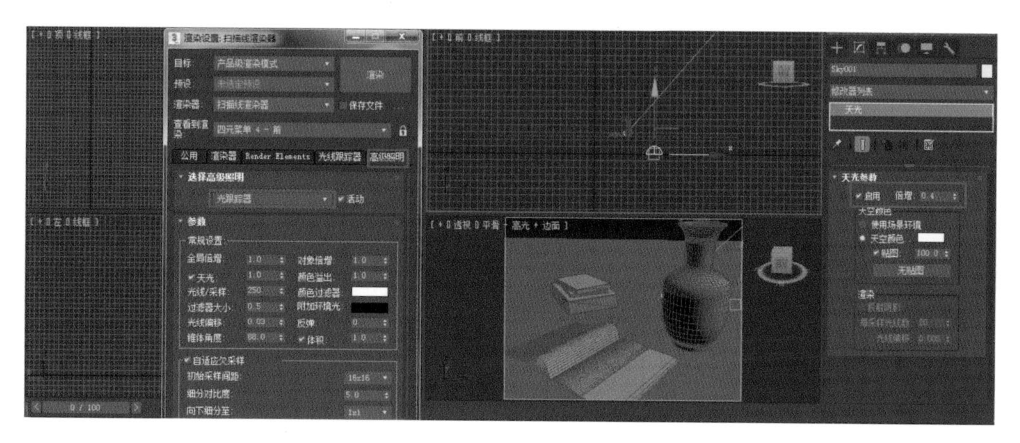

图 5-22　创建天光并设置

（4）单击“创建 > 灯光 > 标准 > 泛光”，在场景暗部创建一盏泛光灯。调整灯光“倍增”为“0.1”，灯光颜色调整为偏冷色调，作为暗部灯光的补充，如图 5-23 所示。

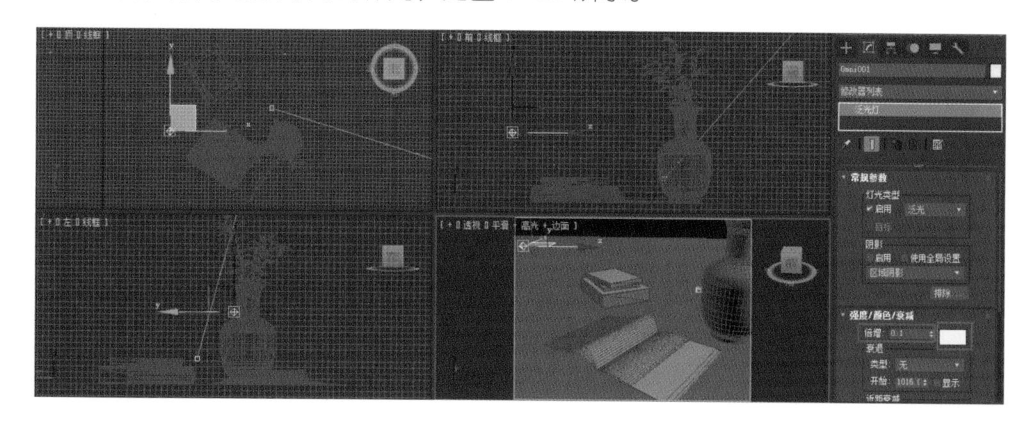

图 5-23　创建泛光灯并设置

对比图 5-24 和图 5-25，可以看出图 5-25 添加泛光灯后，暗面的阴影层次更丰富了，同时能与亮面产生冷暖的变化。

（5）按键盘上的“F10”键打开“渲染设置”面板，设置“输出大小”，“宽度”为“480”，“高度”为“640”，如图 5-26 所示。

图 5-24　无泛光灯效果

图 5-25　泛光灯补光效果

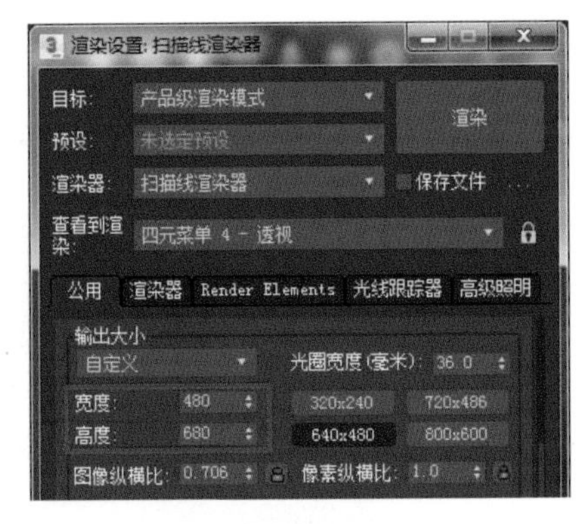

图 5-26　设置渲染输出尺寸

（6）进入透视图，按下键盘上的“Shift+F”组合键打开安全框显示，将视图调整至最佳视角，按下“Ctrl+C”键，为当前视角创建摄影机，如图 5-27 所示。观察渲染效果，光影、构图、布局符合要求后进入材质编辑。

图 5-27　调整视角并创建摄影机

二、花瓶材质的编辑

编辑任何材质之前，首先对其进行分析。本案例中的是一个陶瓷的花瓶，常见的陶瓷花瓶（见图 5-28）的特征有：有花纹 / 图案、表面光滑、有较强的高光、可以反光等。

（1）按键盘上的“M”键打开材质编辑器，在左侧“材质”列表中选择一个“标准”材质球，将其名称更改为“花瓶”，在透视图中选中花瓶模型，在材质编辑器中单击“将材质指定给选定对象”按钮，如图 5-29 所示。此时，材质球的四周出现了白色三角符号，说明此材质已成功赋予场景中的物体。

（2）打开“Blinn 基本参数”卷展栏，设置“高光级别”为“45”、“光泽度”为“55”，如图 5-30 所示。

技巧与提示：“高光级别”控制高光强度，数值越大高光越强，反之，数值越小高光越弱；“光泽度”控制高光的范围，数值越大高光的范围越大，反之越小。

（3）单击“漫反射”右侧的按钮，在系统弹出的“材质 / 贴图浏览器”对话框中点击“位图”，选择贴图“花瓶漫反射”，点击材质编辑器上的“在视口中显示标准贴图”按钮，如图 5-31 所示。

图 5-28 常见的陶瓷花瓶

图 5-29 创建“标准”材质并赋予花瓶模型

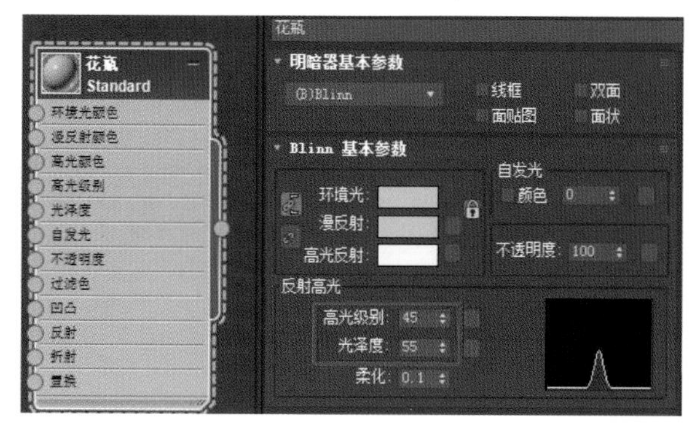

图 5-30 修改材质参数

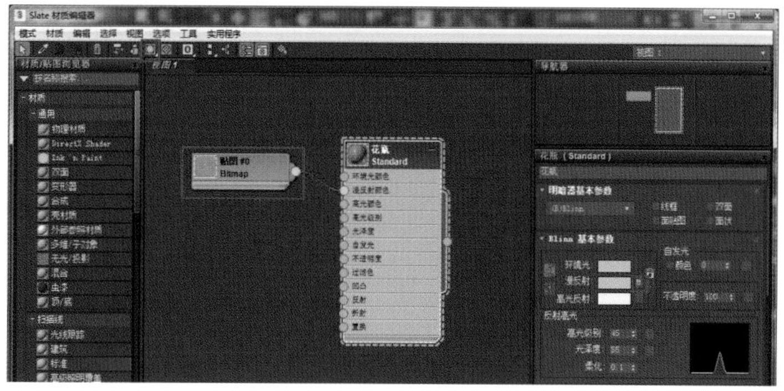

图 5-31 添加“花瓶漫反射”位图并显示贴图

技巧与提示：加载外部贴图时，需要在“材质 / 贴图浏览器”对话框中选择“位图”才能进行加载。

（4）在材质视图窗中，使用节点编辑的方式，为“反射”通道添加“Raytrace”（光线跟踪）贴图，如图 5-32 所示，设置贴图强度为 10。

（5）按键盘上的“C”键，切换到摄影机视图，点击主工具栏“渲染产品”按钮或按快捷键“F9”键，渲染当前效果，如图 5-33 所示。观察渲染结果，目前花瓶材质的主要问题有：①缺少环境反射的细节；②贴图的显示位置需要调整。

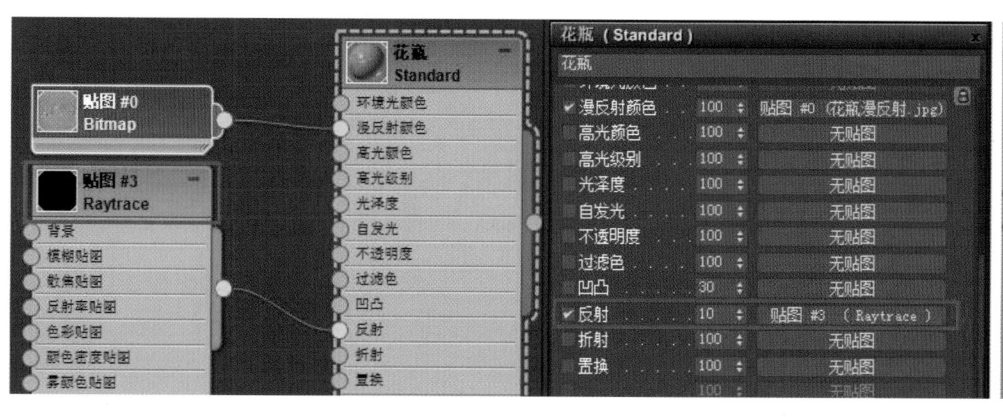

图 5-32 为“反射”通道添加光线跟踪贴图

图 5-33 测试渲染

技巧与提示：“反射”是提供物体表面有反射效果的贴图通道，通过贴图通道前的数值控制反射的强弱。光线跟踪贴图可以提供完全光线跟踪的反射和折射。

（6）按数字键“8”打开“环境和效果”设置面板，在“环境贴图”通道中点击“位图”（见图5–34）选择“反射环境”贴图。

（7）按键盘上的“M”键打开材质编辑器，单击鼠标左键并按住拖动“环境贴图”通道中的“反射环境”贴图至材质视图窗，如图 5–35 所示，在弹出的“（实例）副本”对话框中选择“实例”，这样就可以对环境贴图进行调整。

图 5–34　调节环境

图 5–35　实例复制环境贴图

（8）双击“反射环境”贴图，在“坐标”卷展栏中更改贴图包裹方式，如图 5–36 所示。选择不同的环境贴图包裹方式，模型高光反射细节会有差别，如图 5–37 所示。

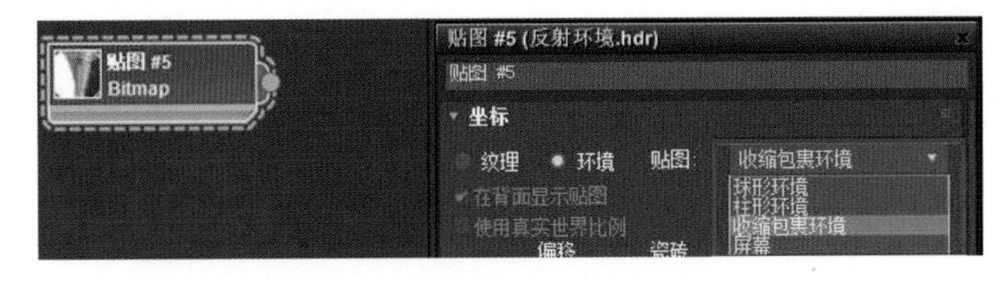

图 5–36　更改环境贴图包裹方式

图 5–37　不同包裹方式的效果对比

（9）选择“花瓶”，在“修改”面板的“修改器列表”中为其添加“UVW 贴图”修改器，取消对“真实世界贴图大小”复选框的勾选，将默认“平面”贴图方式更改为“柱形”，设置“对齐”为“X”轴。在修改堆栈窗口中选择“UVW 贴图”子层级“Gizmo”，利用移动、旋转、缩放工具对其进行调整，将贴图放置在摄影机视角的合适位置，如图 5–38 所示。

（10）按“F9”键渲染摄影机视图，渲染效果如图 5–39 所示，此时花瓶材质已经编辑完成了。

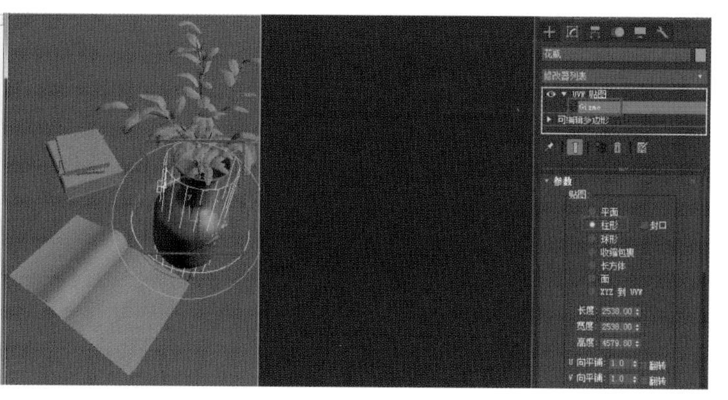

图 5-38　为花瓶添加 UVW 贴图

图 5-39　完成花瓶材质编辑

三、植物材质的编辑

植物的材质比较简单，树叶和枝干表面漫反射显示贴图或颜色，几乎没有反射效果。

（1）在场景中选择“植物”模型，可以看到树叶和枝干在同一个对象下，为了方便选择和赋予材质，需要为其指定不同的材质 ID。

（2）选择多边形“元素”子层级，点击枝干，按“Ctrl”键加选所有枝干。在“多边形：材质 ID”卷展栏，设置所有枝干的“设置 ID”为“1”，如图 5-40 所示，按回车键确认。

图 5-40　设置枝干 ID

（3）保持当前的选择，按“Ctrl+I”反选组合键，此时系统会选择剩余的面（即树叶），在“多边形：材质 ID”卷展栏设置“设置 ID”为“2”，如图 5-41 所示，按回车键确认。

图 5-41　设置树叶 ID

技巧与提示：“反选”是指反向选择，即选择当前没有被选择的物体或物体内部元素，快捷键是“Ctrl+I”。

（4）选择“植物”模型顶层级，按“M”键打开材质编辑器，找到“多维 / 子对象”材质，点击“将材质指定给选定对象”按钮，如图 5-42 所示。

（5）选择一个“标准”材质球，将其名称更改为“树枝”，打开“Blinn 基本参数”卷展栏，设置“高光级别”为“15”、“光泽度”为“15”，“漫反射”为深绿色，如图 5-43 所示。

图 5-42　指定“多维 / 子对象”材质

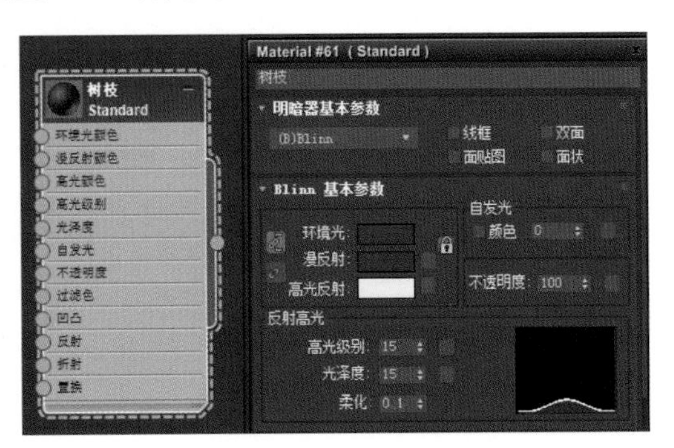

图 5-43　树枝材质设置

技巧与提示：通常对象表面有不同材质的时候，可以使用“多维 / 子对象”材质，但需要材质 ID 和物体表面多边形 ID 对应。

（6）新建一个“标准”材质球，将其名称更改为“树叶”，打开“Blinn 基本参数”卷展栏，设置“高光级别”为“15”、“光泽度”为“15”；单击“漫反射颜色”通道栏，在系统弹出的“材质 / 贴图浏览器”对话框中点击“位图”，选择贴图“树叶”；将“树叶”贴图使用节点编辑的方式连接到“凹凸”通道，点击材质编辑器中的“在视口中显示标准贴图”按钮，如图 5-44 所示。

（7）在材质编辑器窗口将“树枝”材质球连接到“植物”材质球（1）号材质通道，将“树叶”材质球连接到（2）号通道，如图 5-45 所示。

（8）按“F9”键渲染摄影机视图，渲染效果如图 5-46 所示，完成植物材质编辑。

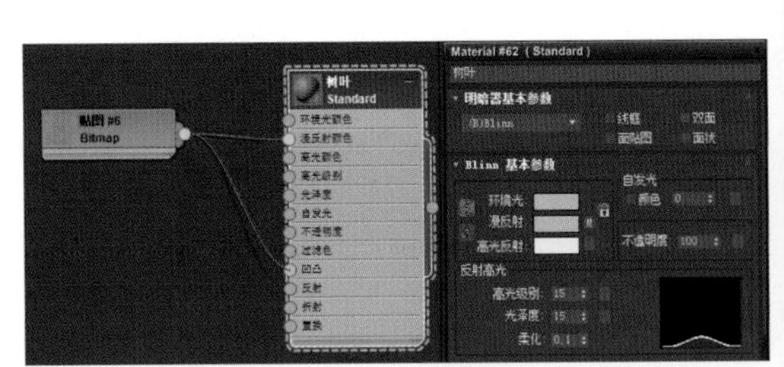

图 5-44　树叶材质设置

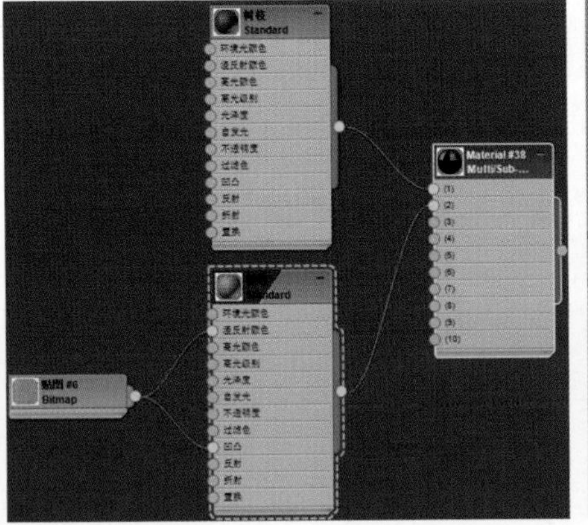

图 5-45　树枝与树叶材质连接到“多维 / 子对象”材质

图 5-46　完成植物材质编辑

四、书本材质的编辑

书本的封面一般都是比较光滑的，表面的塑膜带有一点点反射效果，材质编辑制作完成后需要给模型添加“UVW 贴图”修改器并设置合适的贴图坐标。

（1）选择合上的三本书中的第一本的组，点击菜单栏“组 > 打开”，如图 5-47 所示。暂时将书本的组打开，方便为书皮和内页赋予不同的材质。

（2）按“M”键打开材质编辑器，在左侧“材质”列表中选择一个“标准”材质球，将其名称更改为“书01”，在透视图中选中第一本书的封面，在材质编辑器中单击“将材质指定给选定对象”按钮，如图5-48所示。

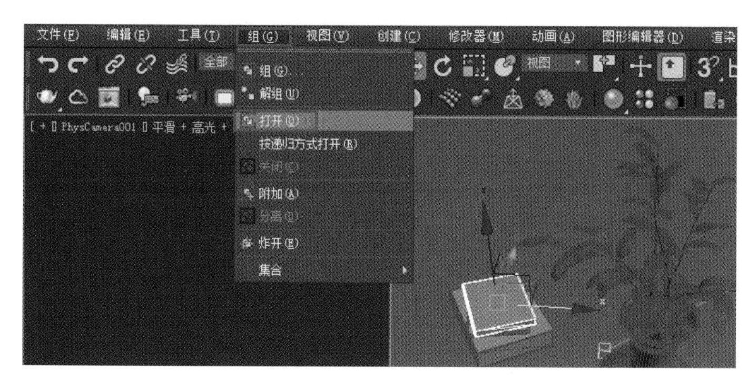

图 5-47　打开书本组

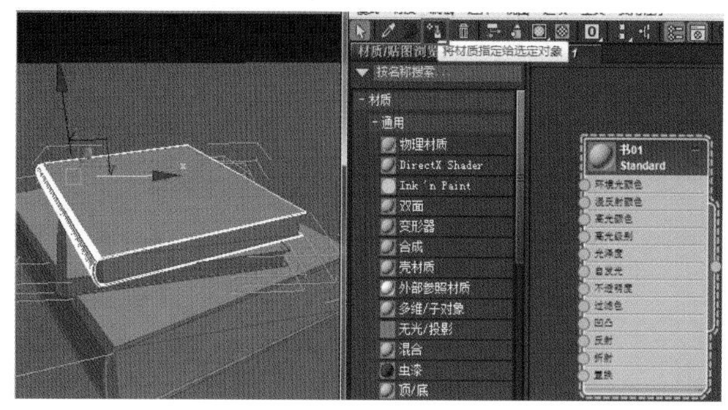

图 5-48　为书本指定“标准”材质

（3）设置“书01”材质球“高光级别”为“25”、“光泽度”为“10”，“漫反射颜色”通道中添加一张贴图“书01”，在“反射”通道中添加光线跟踪贴图，并设置贴图强度为“5”，如图5-49所示，点击材质编辑器中的“在视口中显示标准贴图”按钮。

（4）选择第一本书模型为其添加“UVW贴图”修改器，修改贴图方式为“长方体”，翻转“V向平铺”，如图5-50所示。

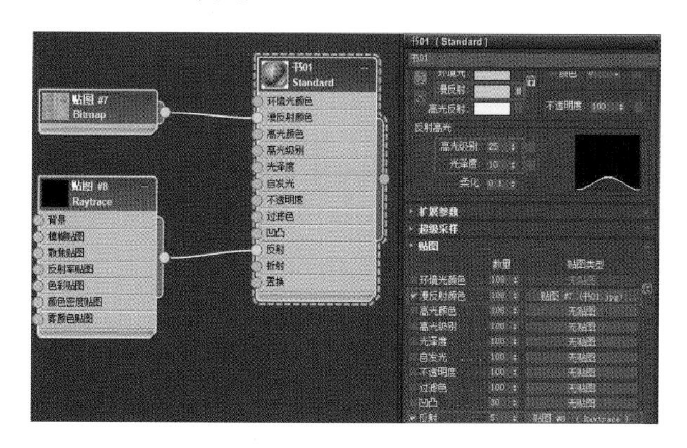

图 5-49　书本材质设置

图 5-50　为书本添加 UVW 贴图

（5）在修改堆栈窗口中点击“UVW贴图”子层级“Gizmo”，切换主工具栏参考坐标系为“局部”，利用移动、旋转、缩放工具对贴图进行调整至匹配显示，如图5-51所示。

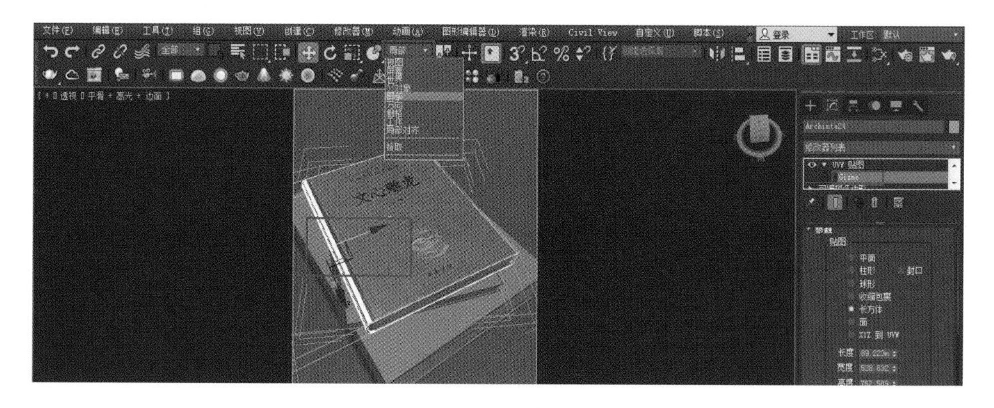

图 5-51　调整贴图

（6）沿着y轴调节Gizmo至书脊贴图正确显示，如图5-52所示。

图 5-52　调整书脊贴图

（7）复制材质球“书 01”，更改复制出的材质球名称为“书 02”，赋予场景中的第二本书。通过“漫反射”通道更换书皮贴图“书 02”，其他参数保持不变，如上述方式添加并调节 UVW 贴图至如图 5-53 所示。

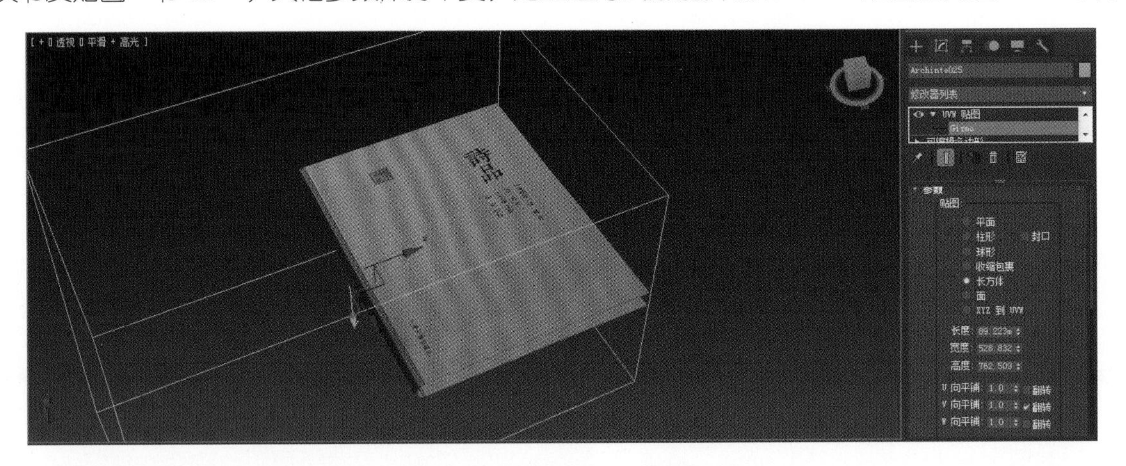

图 5-53　调节第二本书贴图

（8）再次复制材质球“书 02”，更改复制出的材质球名称为“书 03”，赋予场景中的第三本书。通过“漫反射”通道更换书皮贴图“书 03”，其他参数保持不变，如上述方式添加并调节 UVW 贴图至如图 5-54 所示。

图 5-54　调节第三本书贴图

（9）复制材质球“书 03”两次，更改复制出的材质球名称为“杂志 01”“杂志 02”，赋予场景中打开的杂志左页、右页。通过“漫反射”通道更换书皮贴图“杂志 01”“杂志 02”，删除“反射”通道贴图，其他参数保持不变，如上述方式添加并调节 UVW 贴图至如图 5-55 所示。

图 5-55　调节杂志贴图

（10）将“杂志 01”材质球赋予场景中合上的三本书的内页，图片拉伸的效果带来一些纸张的质感，适当调节 UVW 贴图，如图 5-56 所示。

（11）关闭合上的三本书和打开的杂志的组，按“F9”键渲染摄影机视图，渲染效果如图 5-57 所示，完成书本材质编辑。

图 5-56　调节合上的三本书的内页贴图

图 5-57　完成书本材质编辑

五、桌布材质的编辑

桌布具有表面颜色和肌理，编辑其材质时需要在“漫反射颜色”和“凹凸”通道加入贴图，同时通过“UVW 贴图”修改器来调节贴图平铺的尺寸。

（1）按“M”键打开“材质编辑器”，在左侧“材质”列表中选择一个“标准”材质球，将其名称更改为“桌布”，将其赋予平面模型。设置“高光级别”为“20”，在“漫反射颜色”通道中添加贴图“桌布”，将其连接到“凹凸”通道中，设置凹凸贴图强度为“50”，如图 5-58 所示，点击材质编辑器中的“在视口中显示标准贴图”按钮。

（2）为平面添加“UVW 贴图”修改器，通过“Gizmo”调节贴图的显示大小，如图 5-59 所示。

（3）按“F9”键渲染摄影机视图，观察渲染后的效果，完成桌布材质编辑，如图 5-60 所示。

图 5-58　编辑桌布材质

图 5-59　为桌布添加 UVW 贴图

图 5-60　完成桌布材质编辑

六、渲染最终场景

（1）按键盘上的“F10”键打开渲染面板，设置图像尺寸，“高度”为“2000”、“宽度”为“1412”。在“渲染器”选项卡中勾选“启用全局超级采样器”复选框，设置采样器为“Max 2.5 星”；勾选“抗锯齿”复选框，设置“过滤器”为“Catmull–Rom”，如图 5–61、图 5–62 所示。

（2）进入“高级照明”选项卡，设置“光线 / 采样”为“800”，如图 5–63 所示。进入“光线跟踪器”选项卡，启用全局光线抗锯齿器，并选择“快速自适应抗锯齿器”选项，如图 5–64 所示。

（3）渲染摄影机视图，最终效果如图 5–65 所示。

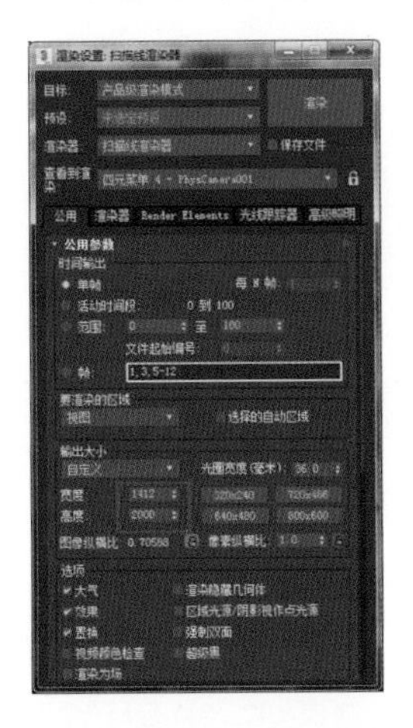

图 5–61　设置渲染输出图像尺寸

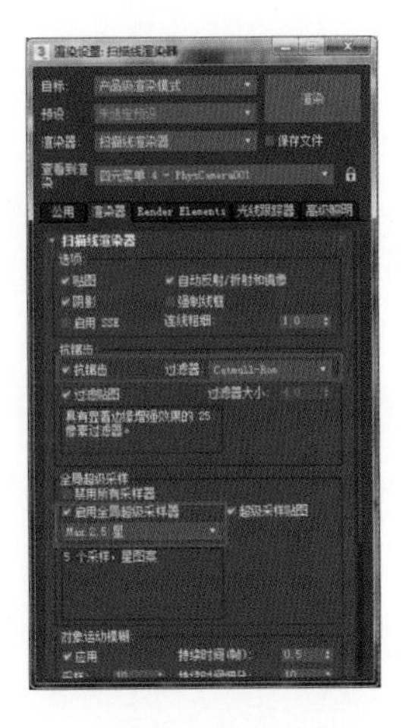

图 5–62　设置抗锯齿与全局超级采样

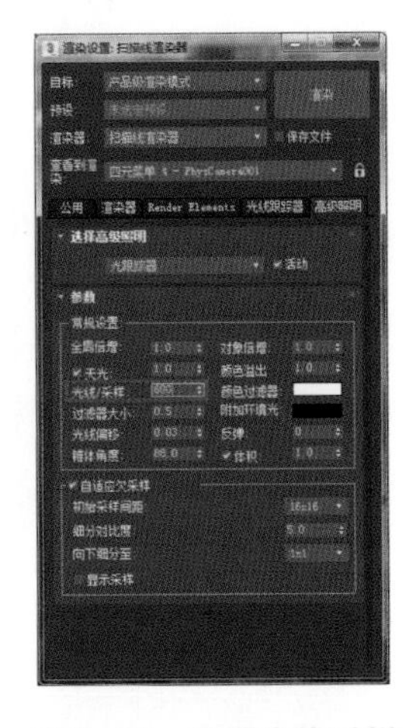

图 5–63　设置光线采样

图 5-64 启用“快速自适应抗锯齿器”

图 5-65 最终渲染效果

5.8 模型创建与 UVW 编辑实例——木桶

项目描述

本案例通过多边形建模与 UVW 编辑完成木桶模型的制作，最终效果如图 5-66 所示。

图 5-66 木桶效果图

制作思路

创建基本体，通过将其转换为可编辑多边形，调整木桶的结构；为模型添加“UVW 展开”修改器，对

UV 进行编辑，绘制贴图；配合场景灯光渲染出图。

学习目的

（1）掌握多边形建模技术。

（2）掌握 UVW 贴图坐标编辑技术。

（3）掌握贴图的绘制流程。

一、木块的建模与 UV 编辑

（1）单击“创建 > 几何体 > 标准基本体 > 圆柱体”，调整“高度分段”为“5”、“边数”为“16”，如图 5-67 所示，并将其转换为可编辑多边形。

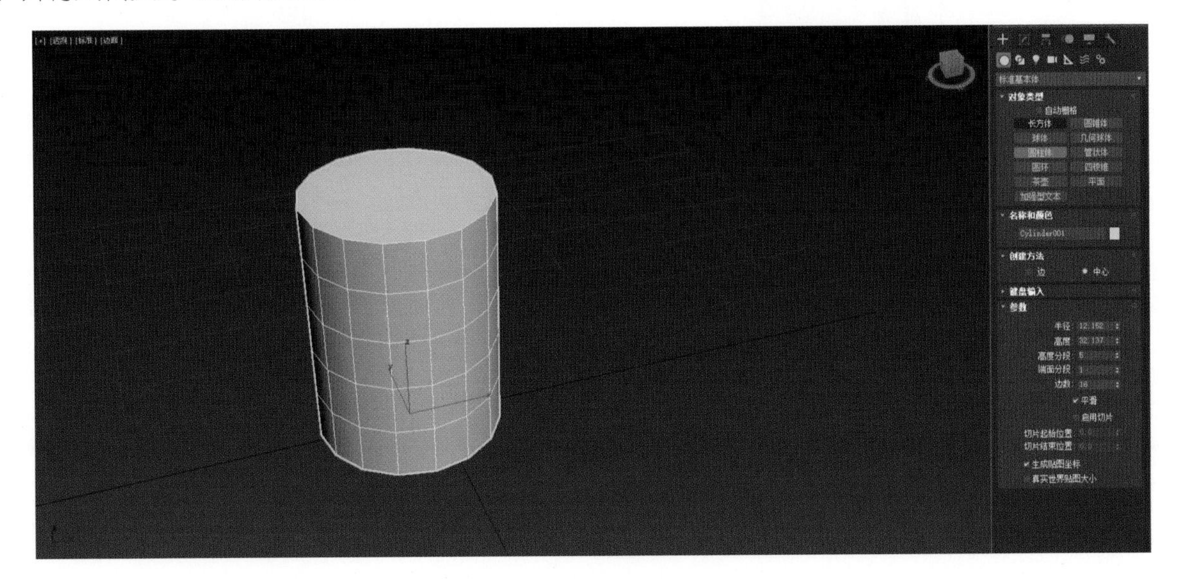

图 5-67　创建圆柱体并调整

（2）点击命令面板“层次 > 轴 > 仅影响轴 > 居中到对象”，如图 5-68 所示。调整完成取消“仅影响轴”功能。

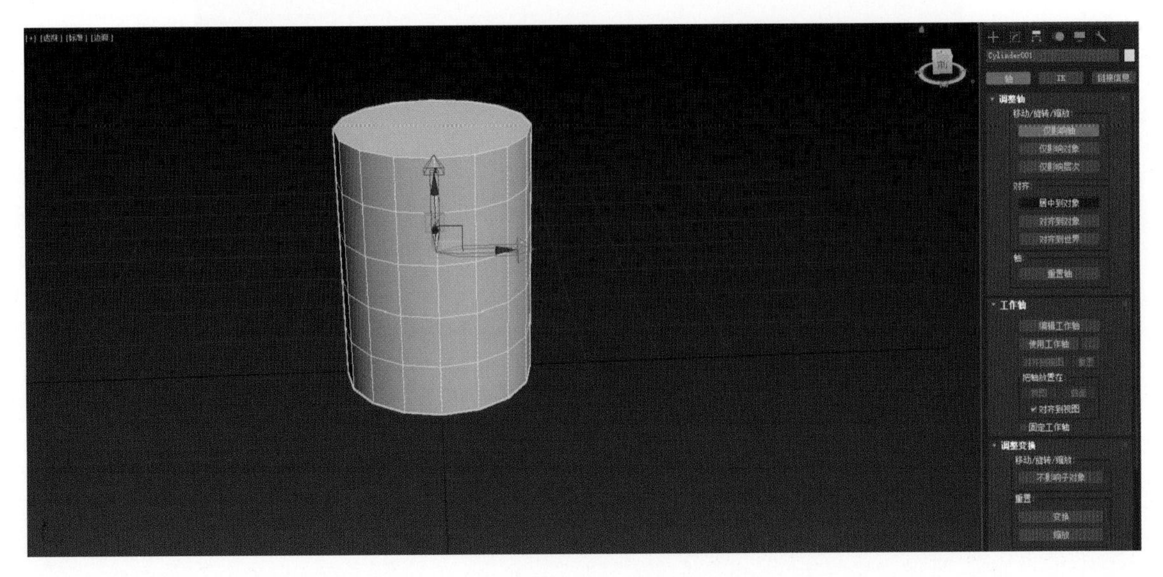

图 5-68　调整轴

（3）将物体状态栏坐标归零，放置在世界坐标中心，如图 5-69 所示。

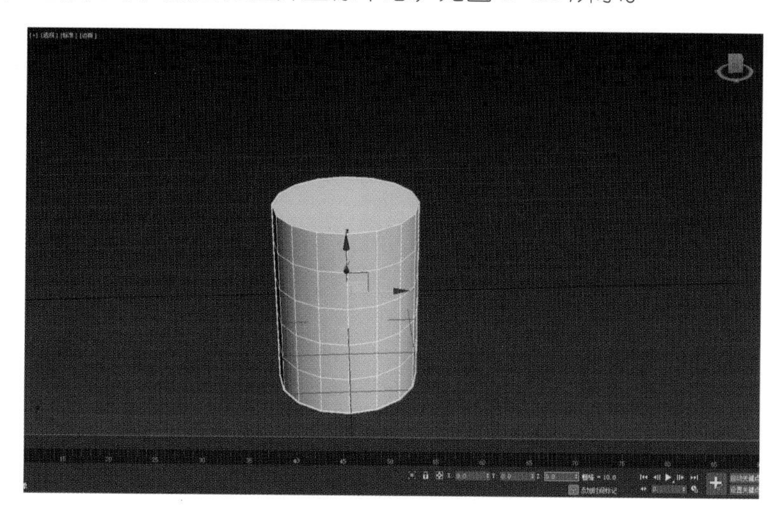

图 5-69　将物体放置在世界坐标中心

（4）选择物体，将其转换为可编辑多边形。选择多边形“顶点”子层级，进入前视图，调节木桶形状，如图 5-70、图 5-71 所示。

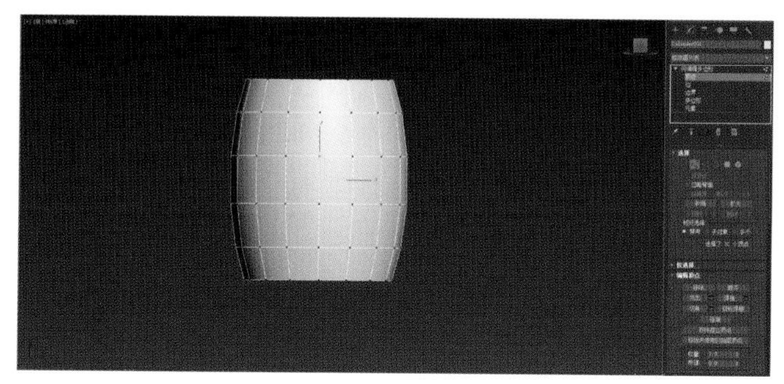

图 5-70　调整顶点（前视图）

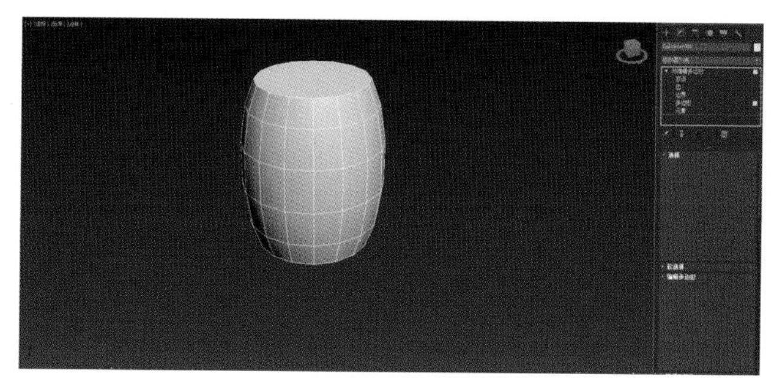

图 5-71　调整顶点（透视图）

（5）点击“多边形”子层级，选择木桶上下两个面（按“Ctrl”键加选），执行“编辑几何体”卷展栏中的“分离”命令，在弹出的“分离”对话框中保持默认设置，点击“确定”按钮，如图 5-72 所示。

（6）选中一列竖排的面，将其分离，如图 5-73 所示。

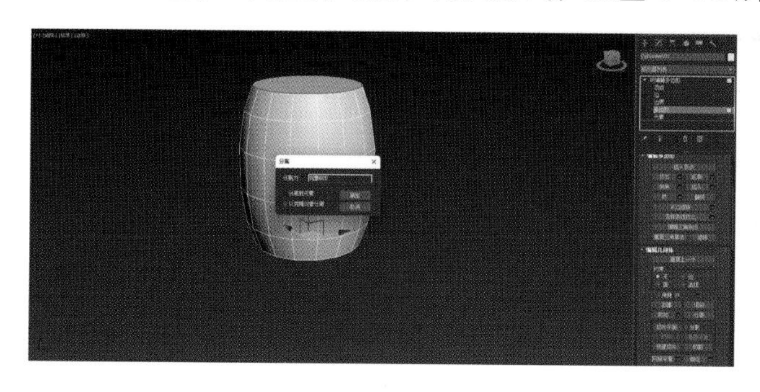

图 5-72　分离木桶顶面、底面

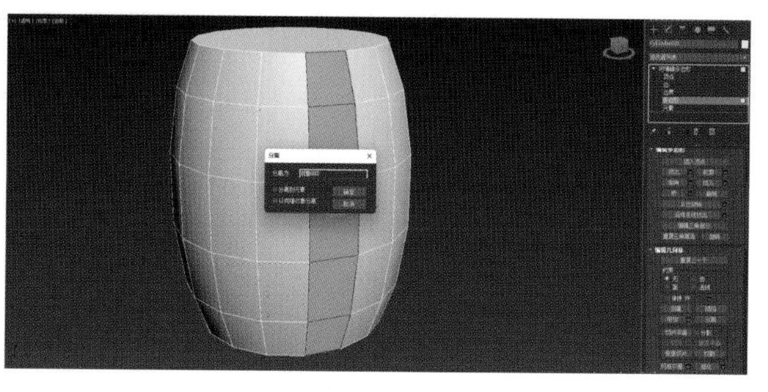

图 5-73　分离选中面

（7）点击“可编辑多边形”顶层级，选择未分离的剩余部分，按键盘上的“Delete”键将其删除，如图 5-74 所示。剩余模型如图 5-75 所示。

（8）选择木桶的侧面，在修改器列表中为其添加“壳”修改器，调整“内部量”数值增加厚度，“外部量”为 0，如图 5-76 所示。调整完毕后将其转换为可编辑多边形。

图 5-74　选择未分离部分并删除

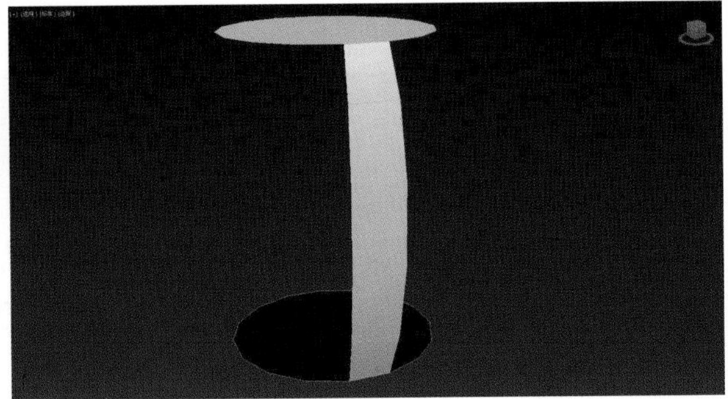

图 5-75　剩余模型

（9）点击“边”子层级，选择水平方向任意一条边，按住“Shift”键加选相邻的边，即选中环形所有的边，如图 5-77 所示。

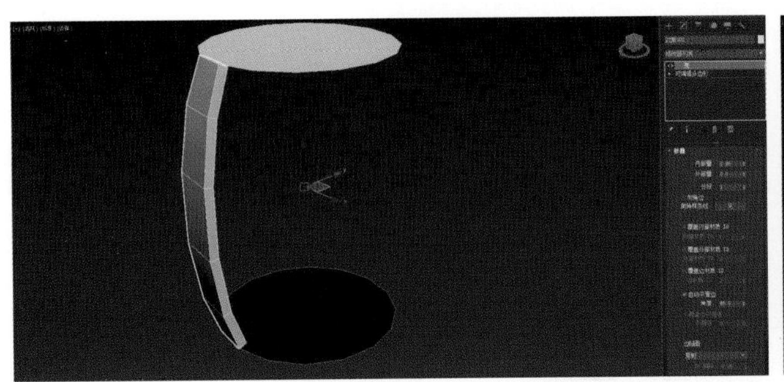

图 5-76　添加“壳”修改器

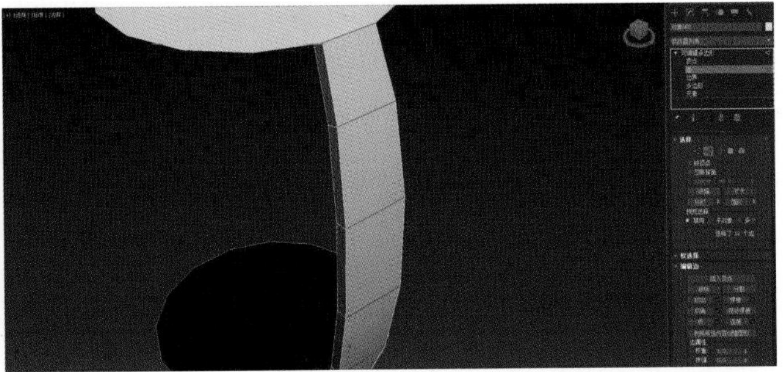

图 5-77　选择环形边

技巧与提示：要选择环形的边，也可以选中任意一条边，在“选择”卷展栏下点击“环形”按钮。

（10）单击鼠标右键，点击“连接”左侧设置按钮（见图 5-78），设置“分段”为“2”，调节边的收缩距离，如图 5-79 所示。

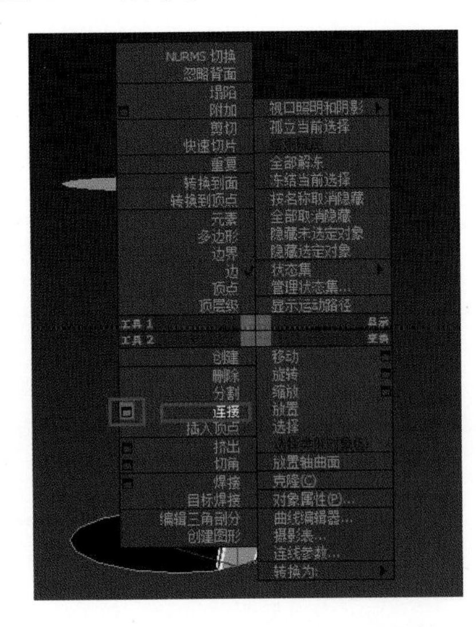

图 5-78　选择“连接”左侧设置按钮

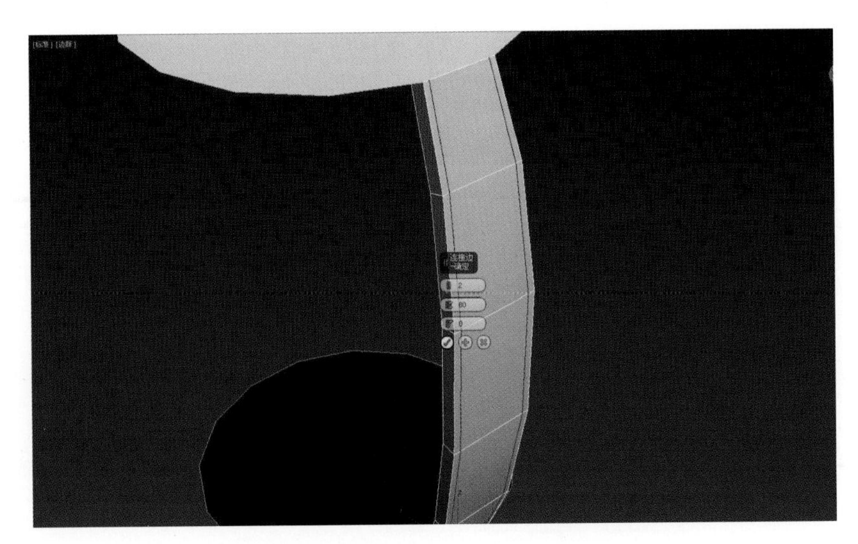

图 5-79　调整“分段”及边的收缩距离

（11）选择侧面的环形边，用步骤（10）的方法，为其连接线，如图 5-80 所示。

（12）选择“可编辑多边形”顶层级，按“M”键打开材质编辑器，选择“标准”材质，将其命名为“测试贴图”。在“漫反射”添加“位图”，选择案例配套文件“测试贴图”；单击鼠标右键选择“将材质指定给选定对象”，再点击“视口中显示明暗处理材质”按钮，效果如图 5-81 所示。

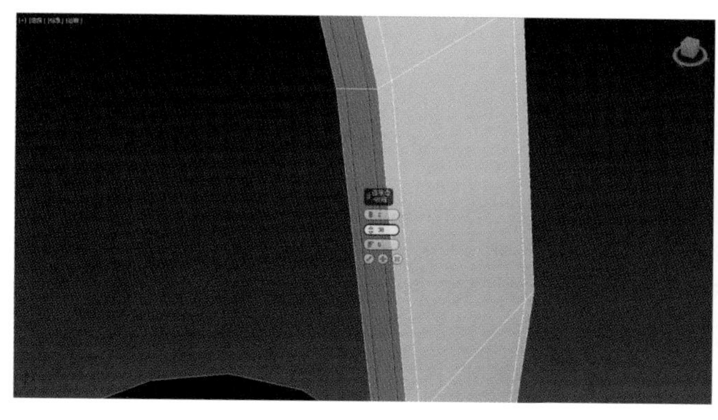

图 5-80 连接线

图 5-81 添加测试贴图

（13）在修改器列表中为物体添加“UVW 展开”修改器，在“编辑 UV”卷展栏中点击“打开 UV 编辑器”按钮，如图 5-82 所示。

（14）单击鼠标右键，选择“隐藏未选定对象”，如图 5-83 所示，让将要进行 UV 编辑的物体在视口中单独显示，便于观察。

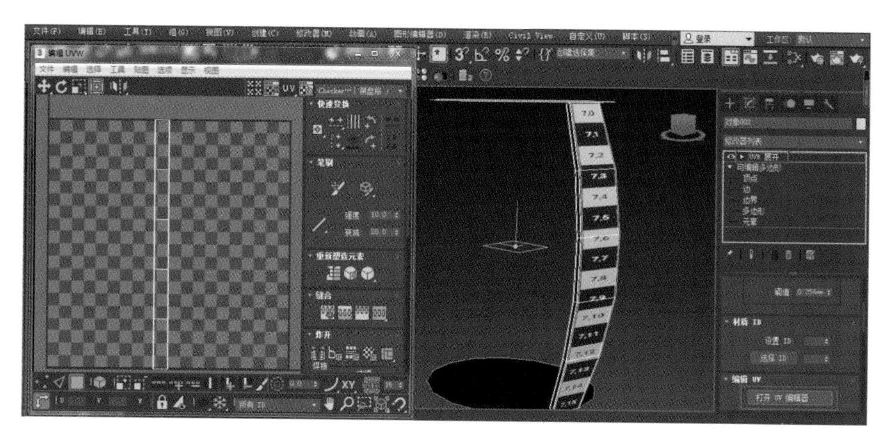

图 5-82 添加修改器并打开 UV 编辑器

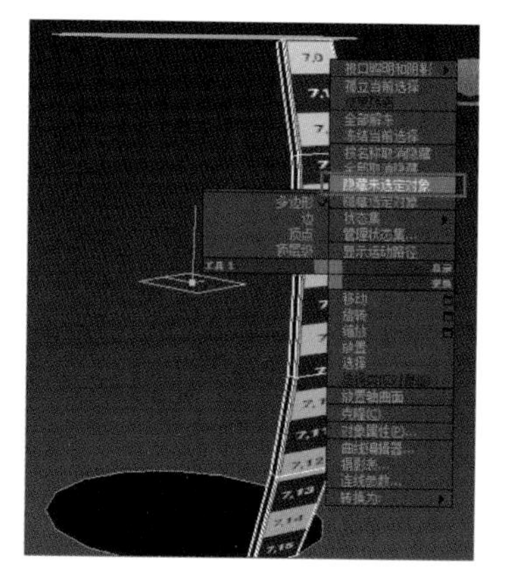

图 5-83 隐藏未选定对象

（15）点击“UVW 展开”中的“边”子层级，选择边，如图 5-84 所示，点击“编辑 UVW”对话框右侧“断开”工具（见图 5-85）。

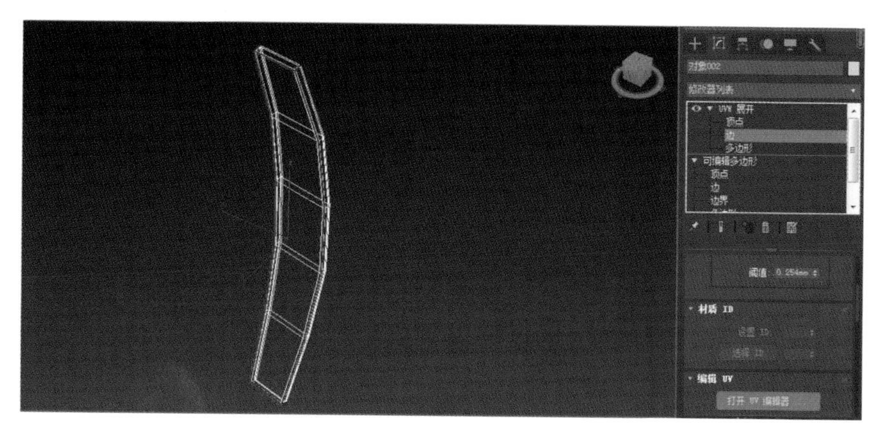

图 5-84 选择缝合线

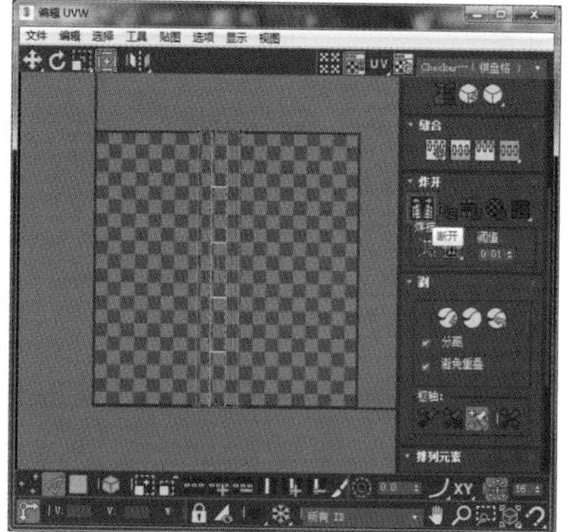

图 5-85 断开缝合线

技巧与提示：在进行 UV 编辑前，我们可先把三维对象想象成一个立体的盒子，然后思考：对于这个盒子，我们需要沿着哪些边剪开，才能使它接缝更少同时又能尽可能平铺在二维平面上呢？

（16）透视图中旋转观察一下物体，此时物体上出现一些高亮的绿色线条，这些绿色线条就是 UV 的接缝。选中一些不必要的接缝，点击 UVW 编辑器中的“缝合到源”，如图 5-86 所示。

（17）点击“UVW 展开”中的“面”子层级，选择木板内侧的面，点击 UVW 编辑器菜单栏“工具 > 松弛”，在弹出的“松弛工具”对话框中点击“开始松弛”，如图 5-87 所示。松弛完毕后关闭该工具对话框。

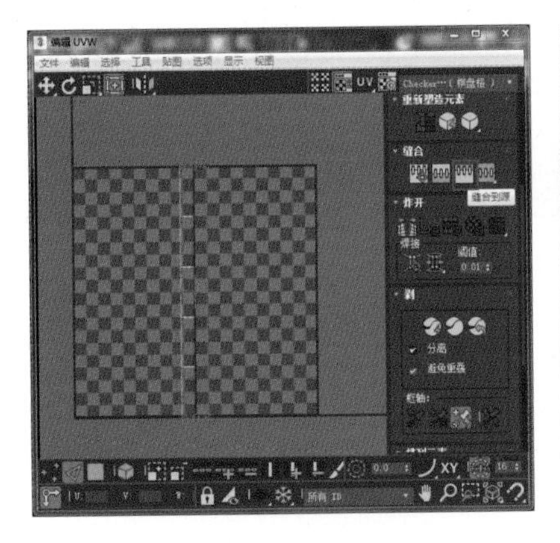
图 5-86　缝合接缝

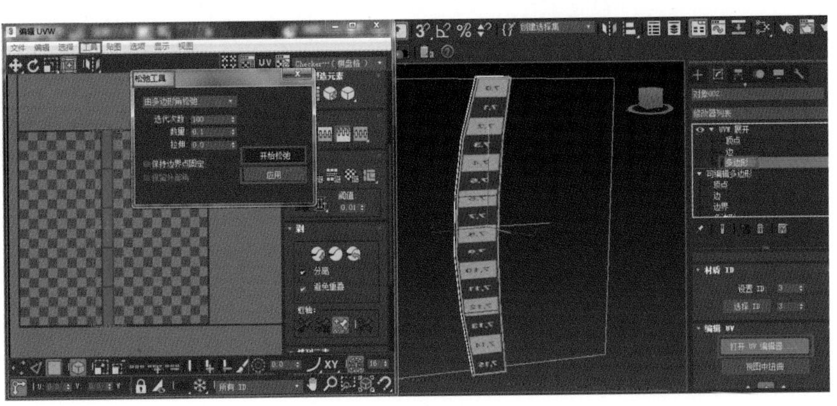
图 5-87　松弛 UV

（18）点击 UVW 编辑器中的“自由形式模式”，激活“按元素 UV 切换选择”，如图 5-88 所示。将松弛好的 UV 移动到一旁，如图 5-89 所示。

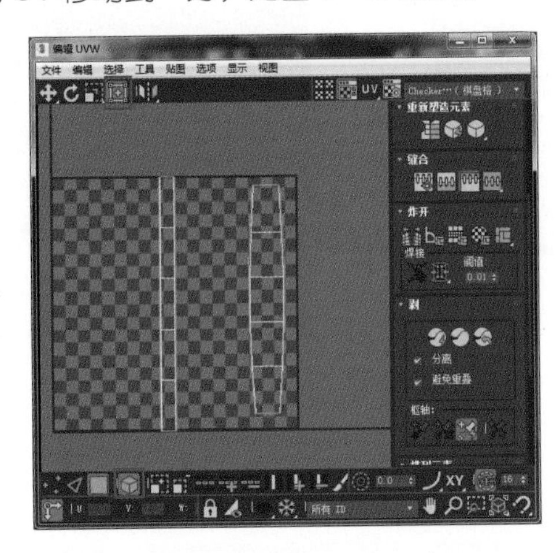
图 5-88　调整 UV 布局

图 5-89　编辑好的 UV

技巧与提示：利用“自由形式模式”可实现对 UV 的移动、旋转和缩放的自由调节；利用“按元素 UV 切换选择”可在选中任意一个或多个点、线、面的状态下，选择到元素层级。

（19）选择剩余的 UV，点击 UVW 编辑器菜单栏“工具 > 松弛”，在弹出的“松弛工具”对话框中点击“开始松弛”，松弛完毕后关闭该工具对话框，如图 5-90 所示。

（20）旋转观察视图窗口，此时棋盘格呈现正常的显示状态，如图 5-91 所示。UV 调整完成后关闭 UVW 编辑器窗口，并将物体转换为可编辑多边形。

（21）按“T”键切换到顶视图，激活主工具栏角度捕捉工具，单击鼠标右键打开“栅格和捕捉设置”窗口，将“角度”设置为“22.5”，如图 5-92 所示。

（22）按“E”键打开旋转工具，按下“Shift”键旋转 22.5°，在弹出的“克隆选项”对话框中选择“实例”，“副本数”为“15”，如图 5-93 所示。复制完成后关闭角度捕捉功能，单击鼠标右键选择“全部取消隐藏”，如图 5-94 所示。

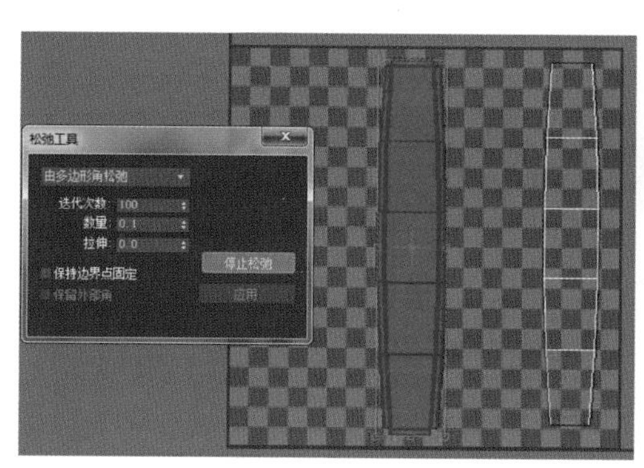

图 5-90　松弛 UV

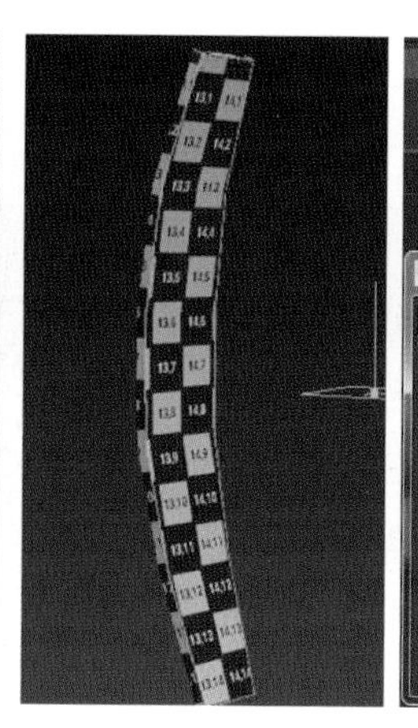

图 5-91　编辑完成棋盘格正常显示

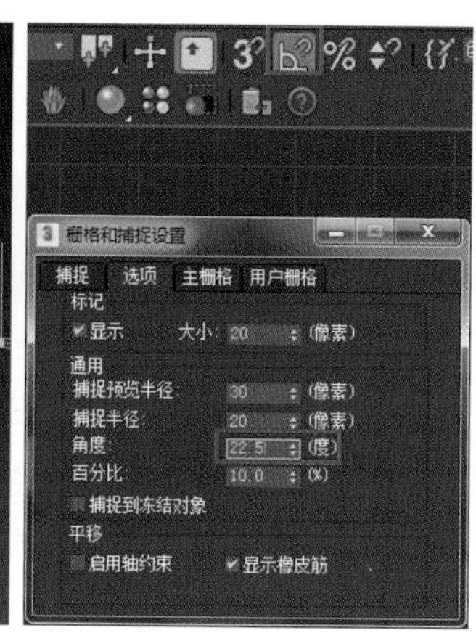

图 5-92　设置捕捉角度

技巧与提示：视口中棋盘格显示有拉伸，代表任意一张二维贴图都会产生拉伸状态，只有通过 UV 编辑令测试贴图的棋盘格正常显示，贴图才会呈现更好的显示状态。

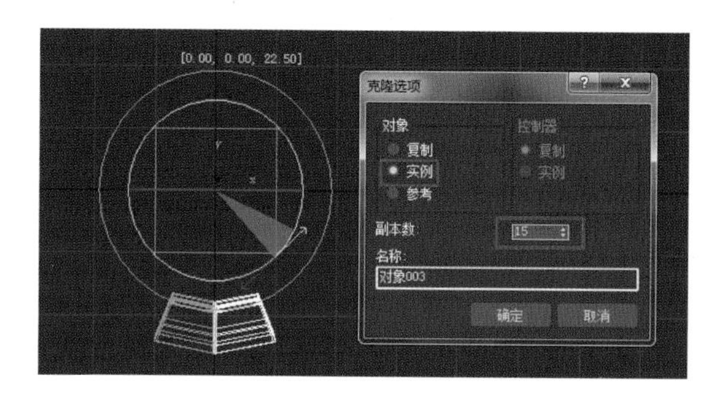

图 5-93　实例复制

图 5-94　全部取消隐藏

二、桶箍的建模与 UV 编辑

（1）单击“创建 > 几何体 > 标准基本体 > 管状体”，调整“高度分段”为“1”、“边数”为“16”，效果如图 5-95 所示。

（2）按“W”键打开选择并移动工具，状态栏坐标归零，将物体放置在世界坐标中心。利用移动、缩放工具调整管状体至合适大小与位置，将其转换为可编辑多边形，调节形状，使其与木桶更为贴合，如图 5-96 所示。

图 5-95　创建管状体

图 5-96　调整管状体大小、位置及形状

（3）单击鼠标右键选择“隐藏未选定对象”，进入管状体“多边形”子层级，删除内侧一圈的面，如图 5-97 所示。

（4）单击鼠标右键选择“全部取消隐藏”，点击进入“边”子层级，利用“连接”工具，为模型添加线，如图 5-98 所示。

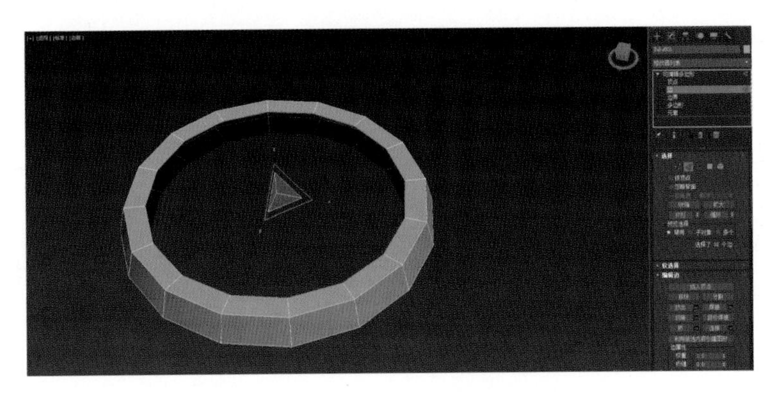

图 5-97　删除内圈面

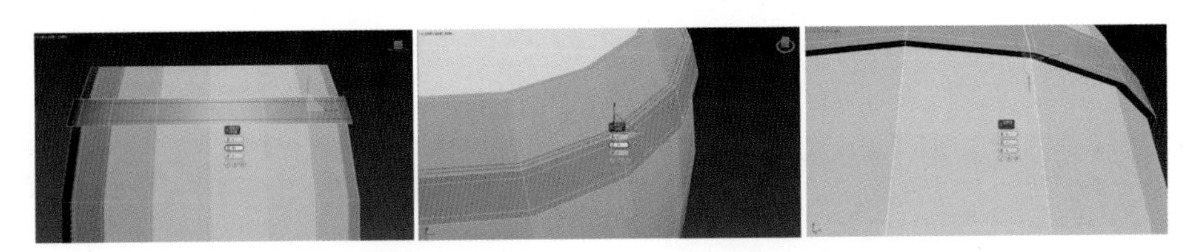

图 5-98　添加线

（5）选择对象顶层级，按“M”键打开材质编辑器，在“测试贴图”视图中单击鼠标右键选择“将材质指定给选定对象”，再点击“视口中显示明暗处理材质”按钮，结果如图 5-99 所示。

图 5-99　指定“测试贴图”材质

（6）单独显示对象，为其添加“UVW 展开”修改器，点击“UVW 展开”的“多边形”层级，选中管状体侧面的面，在“投影”卷展栏中选择“圆柱体”，如图 5-100 所示。

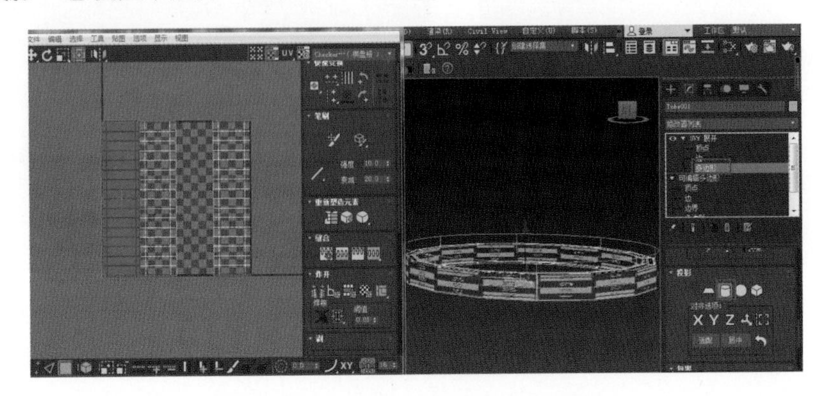

图 5-100　添加“UVW 展开”修改器

（7）打开 UVW 编辑器，激活“自由形式模式”调整 UV 至视图窗口棋盘格正确显示，如图 5-101 所示。

（8）依次选择管状体顶面和底面，在“投影”卷展栏中选择“平面”，调整 UV，如图 5-102 所示。

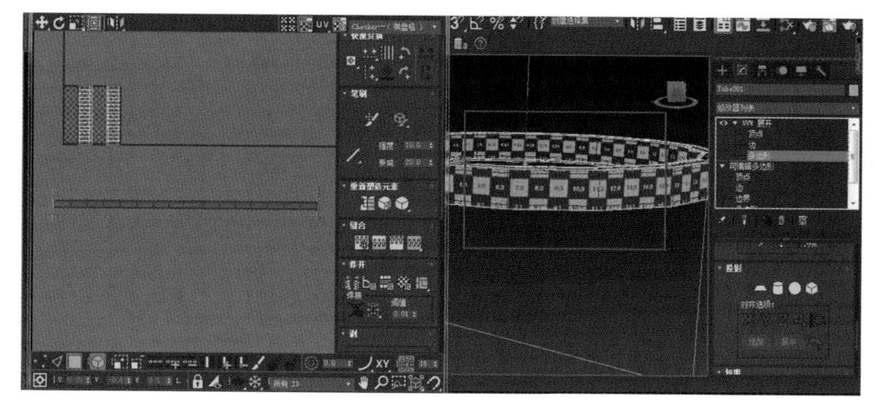

图 5-101 调整 UV

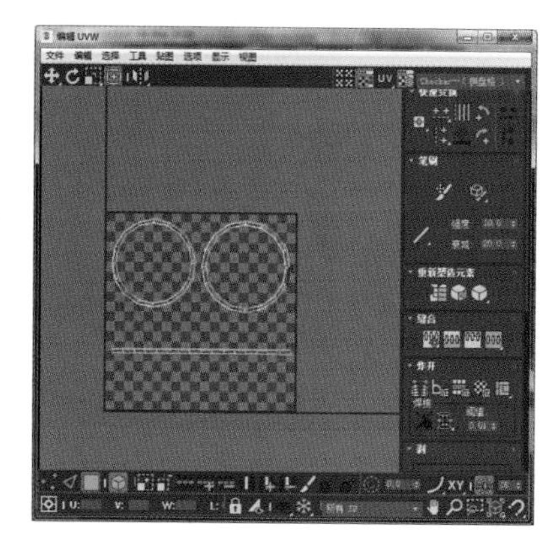

图 5-102 调整管状体顶面和底面 UV

技巧与提示：进行过 UV 编辑后，对 UV 进行大小调整一定要等比例缩放，在“自由形式模式”下，按住“Ctrl”键，拖曳四个角即可。

（9）利用复制、镜像工具完成其他管状体模型的创建与 UV 编辑，如图 5-103 所示。

三、桶顶与桶底的建模与 UV 编辑

（1）单击鼠标右键选择“隐藏未选定对象”，选择木桶的顶板，鼠标右键单击激活“剪切”工具，在顶面进行布线，如图 5-104 所示。

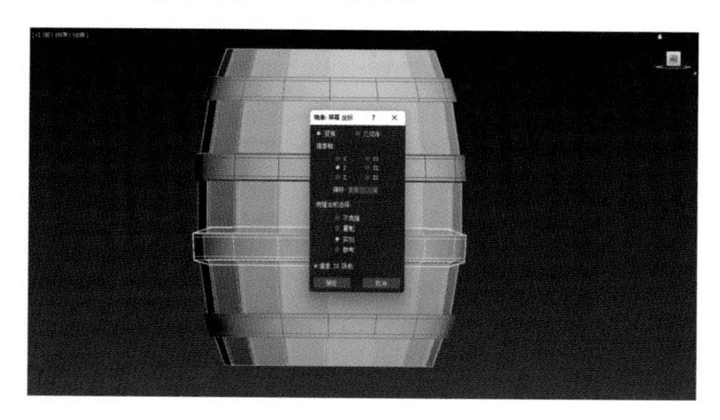

图 5-103 完成其他管状体模型的创建与 UV 编辑

图 5-104 重新布线

技巧与提示：复制对象时，对象的 UV 也会复制。

（2）选择物体顶层级，为其添加“壳”修改器，调节顶板的顶面与底面间的厚度，调节完成后将其转换为可编辑多边形，如图 5-105 所示。

（3）点击多边形的“边”子层级，选择侧面的环形边，点击“连接”工具连接线，如图 5-106 所示。

（4）点击“多边形”子层级，选择顶板所有的面，点击“插入”按钮，如图 5-107 所示。

（5）删除被遮挡的面，如图 5-108 所示。

（6）选择物体顶层级，为其赋予“测试贴图”材质，添加“UVW 展开”修改器，进入 UVW 编辑面板对其 UV 进行编辑，如图 5-109 所示。

（7）选择木桶的底面，将其删除，对编辑好的顶板模型进行镜像复制，如图 5-110 所示。

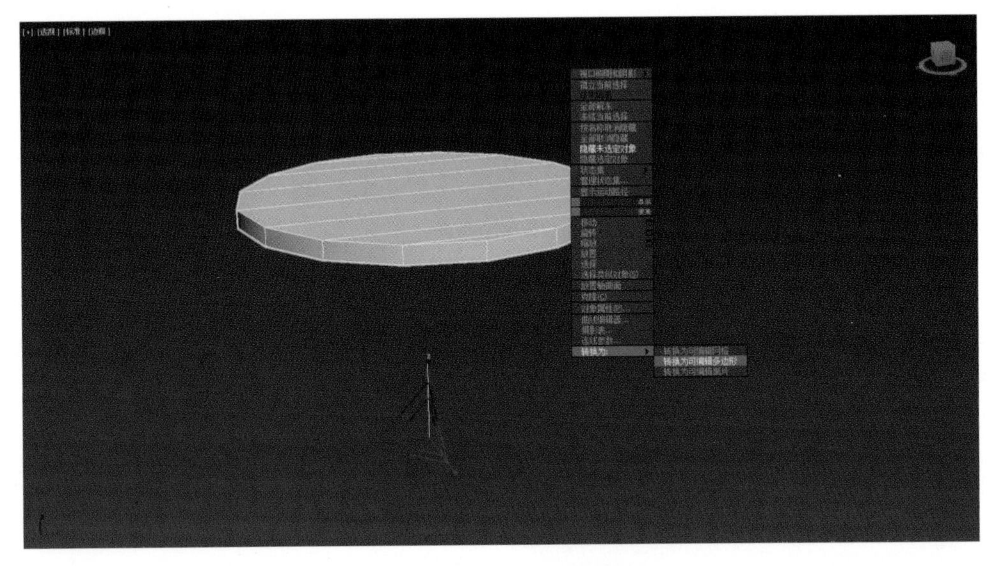

图 5-105　转换为可编辑多边形

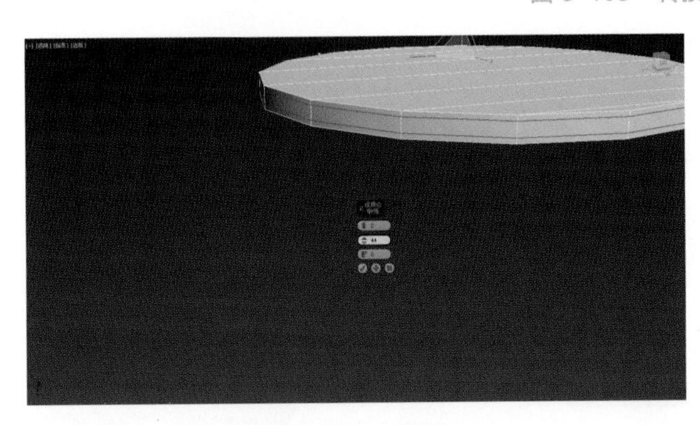

图 5-106　连接线

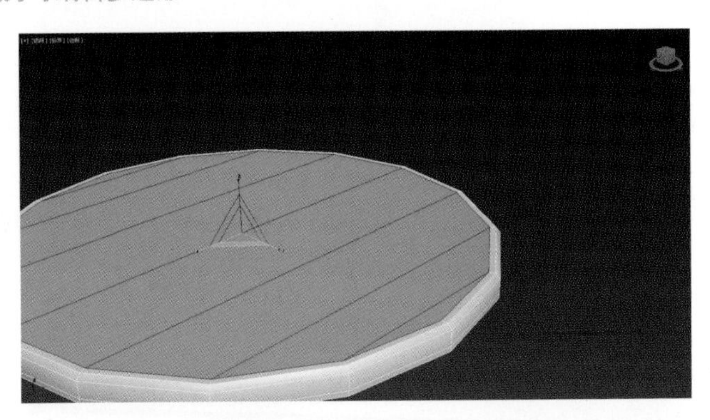

图 5-107　插入多边形

图 5-108　删除被遮挡的面

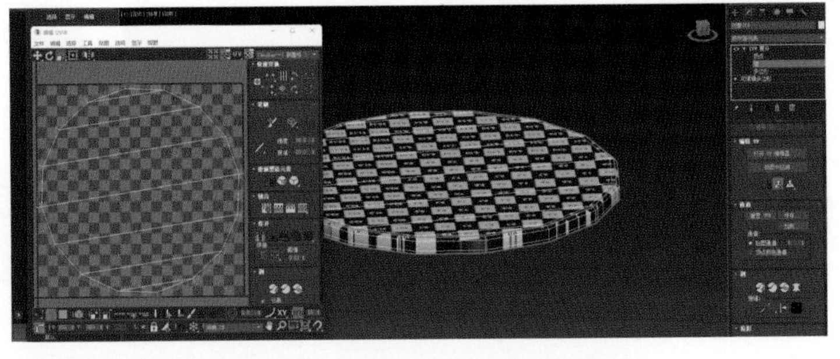

图 5-109　指定“测试贴图”材质

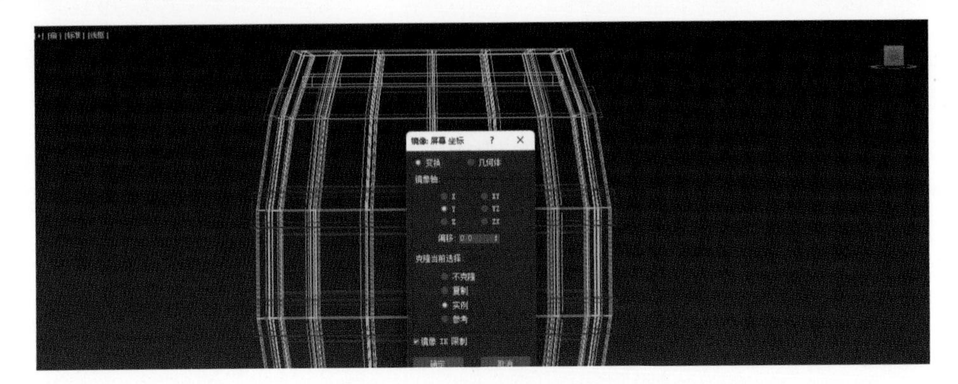

图 5-110　镜像复制顶板模型

四、模型与 UV 的整理

（1）全部取消隐藏，选择所有物体模型并将其转换为可编辑多边形，利用“附加”工具将所有对象附加成一个整体，如图 5-111 所示。

（2）为木桶添加“UVW 展开”修改器，打开 UVW 编辑器对所有 UV 进行排列和布局，图 5-112 所示的是模型拆分后的网格分布。

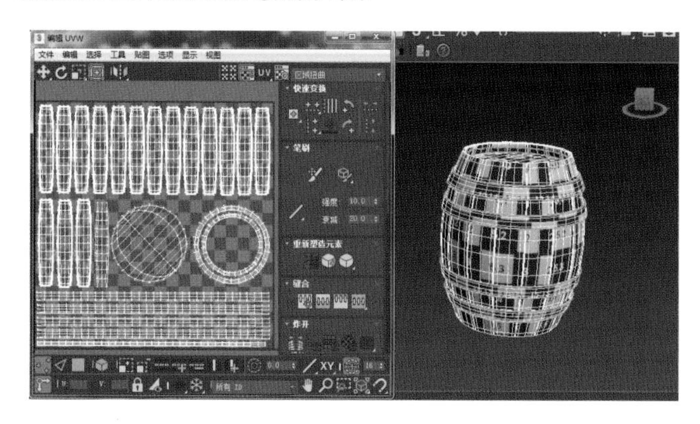

图 5-111　附加为一个整体

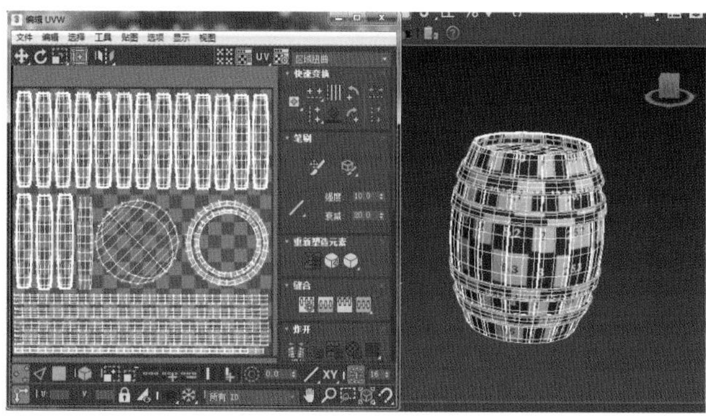

图 5-112　调整 UV 布局

技巧与提示：模型 UV 编辑完成后将其转换为可编辑多边形，UV 信息将会保留（不会被重置）。

（3）选择模型，为其添加“涡轮平滑”修改器，完成后转换为可编辑多边形。效果如图 5-113 所示。

五、贴图的绘制与渲染

（1）将 UV 网格渲染出的图片导入 Photoshop，或将模型导入 BodyPaint、Substance Painter 等贴图绘制专业软件中可进行贴图的绘制，如图 5-114 所示。

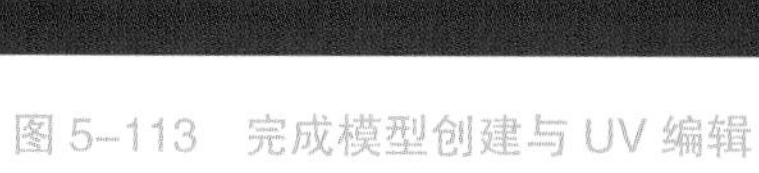

图 5-113　完成模型创建与 UV 编辑

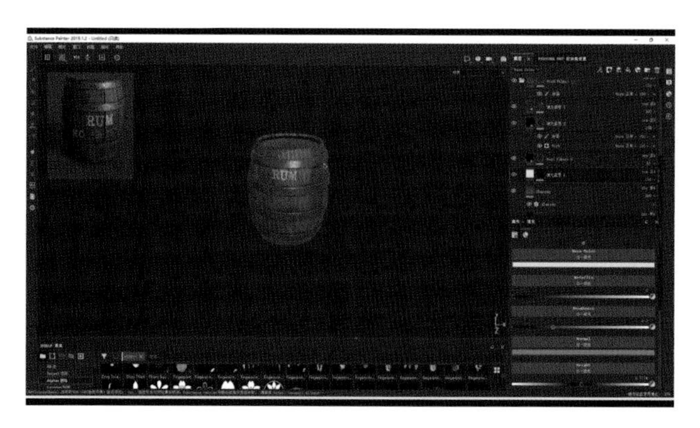

图 5-114　绘制贴图

技巧与提示：本案例贴图使用 Substance Painter 绘制完成。Substance Painter 为目前主流的贴图绘制软件，读者可以将其作为拓展知识了解。

（2）绘制完成后的贴图如图 5-115 所示。

（3）回到 3ds Max，将贴图连接到对应的通道中，如图 5-116 所示。

技巧与提示：使用贴图的方式完成材质编辑，无须对材质球的参数进行复杂的调节。此方法主要应用于游戏及虚拟现实领域。

（4）为场景创建一个灯光光源，搭建简单布景，渲染效果如图 5-117 所示。

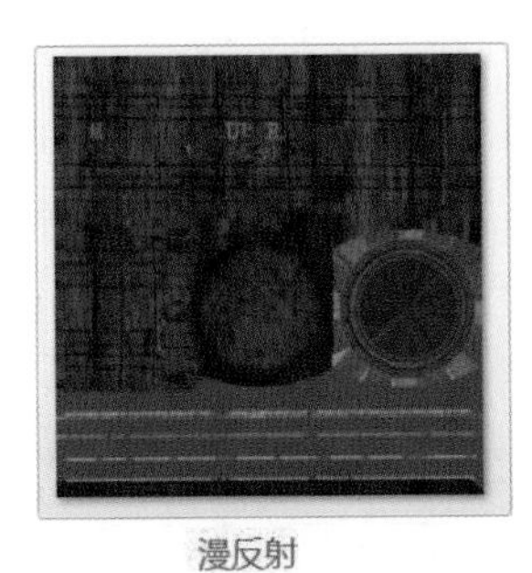
漫反射

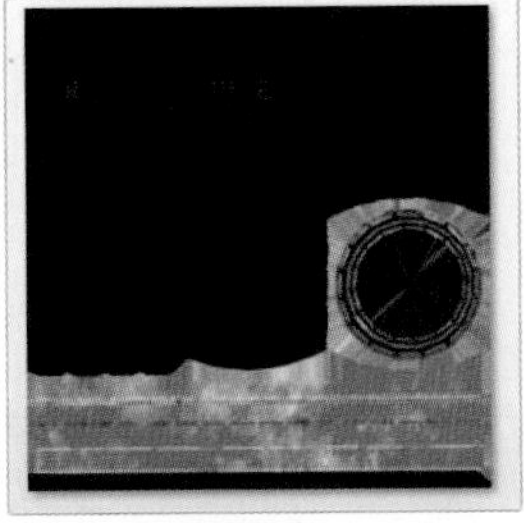
金属度

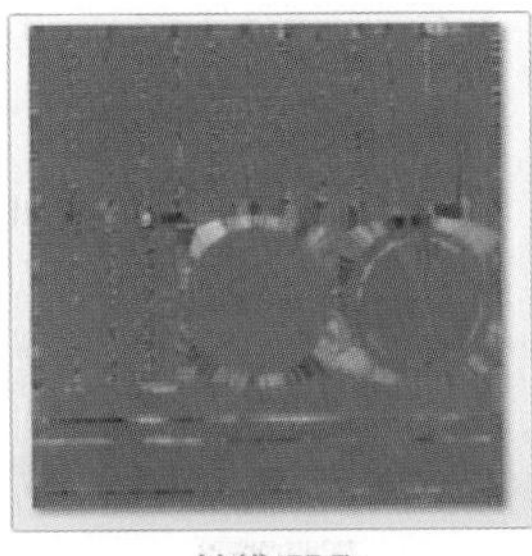
法线/凹凸

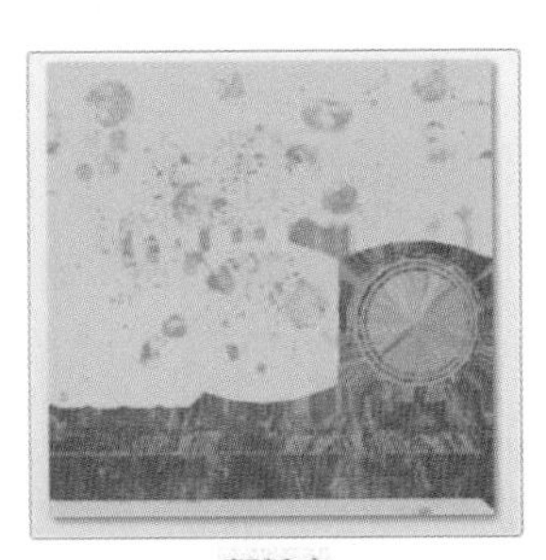
粗糙度

图 5-115　绘制完成贴图

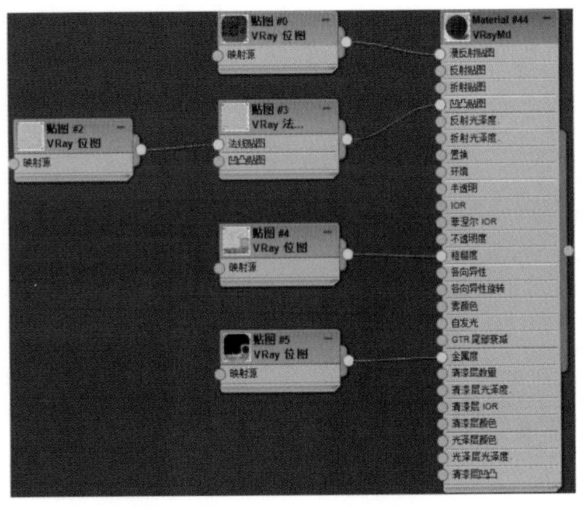

图 5-116　指定材质与贴图

图 5-117　木桶渲染图

【本章小结】

本章主要介绍了 3ds Max 基础材质、贴图的综合运用，完成了静物场景和木桶两个实例。这两个案例包含了很多实用性的技术，熟练掌握这些材质的编辑方法可为将来的学习奠定基础。

【课题训练】

请综合利用本章所学知识，为第二章“课题训练”完成的静物组合场景模型赋予材质、灯光并渲染。

拓展资源

3ds Max SANWEI JIANMO YU XUANRAN JIAOCHENG

第六章

VRay 渲染器与 VRay 材质

本章知识点

VRay 材质、灯光与 VRay 渲染器。

学习目标

掌握 VRay 材质的编辑方法，了解 VRay 灯光的不同类型与应用方向，熟悉 VRay 渲染参数的设置。

素养目标

形成良好的艺术观和创作观。

6.1 VRay 渲染器

VRay 渲染器是由 Chaos Group 和 ASGvis 公司出品，在中国由曼恒公司负责推广的一款高质量渲染软件，是业界最受欢迎的渲染引擎之一。基于 VRay 内核开发的有 VRay for 3ds Max、Maya、SketchUp、Rhino 等诸多版本，为不同领域的优秀3D建模软件提供了高质量的图片和动画渲染。VRay可以实现高质量的反射、折射、焦散、全局照明、运动模糊、贴图置换等模拟真实场景的渲染效果，而且速度比默认的扫描线渲染器快很多，室内设计、建筑、工业、影视动画行业的设计师们都纷纷将其用于自己的设计之中。

VRay 渲染器由 7 个功能部分组成，分别是 VRay 渲染器、VRay 对象、VRay 灯光、VRay 摄影机、VRay 材质贴图、VRay 大气特效和 VRay 置换修改器。下面对一些重点参数进行讲解。

“渲染设置”窗口为 VRay 提供了 3 个选项卡，分别是“V-Ray”“GI”“设置”，每一个选项卡有若干个卷展栏，各自具有不同的功能，分别如图 6-1 所示。

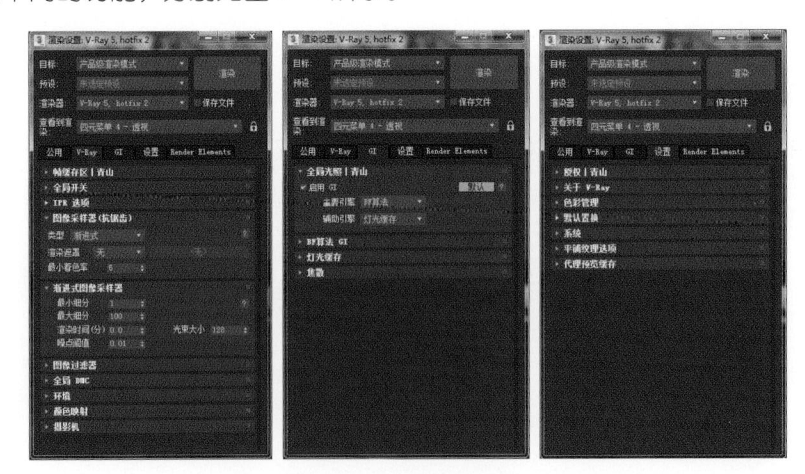

图 6-1 VRay 选项卡

一、“V-Ray”选项卡

（1）“全局开关”卷展栏：主要用来对场景中的灯光、材质、置换等进行全局设置。

（2）“图像采样器（抗锯齿）”卷展栏：抗锯齿在渲染设置中是一个必须调整的参数，其数值的大小决定了图像的渲染精度和渲染时间。

（3）“图像过滤器”卷展栏：设置渲染场景的图像过滤器。勾选“开启”选项以后，可以从右侧的下拉列表中选择一个抗锯齿方式来对场景进行抗锯齿处理。

（4）“环境”卷展栏：可以在 GI 和反射 / 折射计算中使用指定的颜色与贴图，倘若不使用，VRay 将使用 3ds Max 的背景色与贴图来替换。

（5）“颜色映射”卷展栏：用于控制整个场景的色彩和曝光方式。

（6）“摄影机”卷展栏：VRay 系统中摄影机效果设置，主要包括“类型”“运动模糊”“景深”。一般情况下，在三维静帧表现中，“类型”与“运动模糊”两个参数较少被调整，而适度增加“景深”效果可以丰富画面的层次感。

二、“GI”选项卡

“GI”选项卡集中了间接照明与两次漫反射反弹的计算方法及其详细参数的设置，以及表现玻璃物体的“焦散”属性，是 VRay 渲染设置的重点调整区域。

（1）“全局光照”卷展栏：勾选“启用 GI”后，光线会在物体与物体间反弹，因此光线的计算会更准确，图像也更真实。通常“主要引擎”设置为“发光贴图”，“辅助引擎”设置为“灯光缓存”。

（2）“发光贴图”卷展栏：将“主要引擎”设置为“发光贴图”时，“全局光照”卷展栏下出现“发光贴图”卷展栏。随着“主要引擎”选项组中设置的变化，其下的卷展栏也相应发生变化。“发光贴图”是一种常用的全局照明引擎，它只存在于“首次反弹”引擎中。系统提供了几种不同质量的“发光贴图”预设模式，当模式不同的时候，下面的参数会发生变化。如果选择“自定义”模式，就需要手动设置合适的参数。

（3）“灯光缓存”卷展栏：“灯光缓存”是近似计算场景中间接照明的一种技术，与“发光贴图”比较相似，一般适用于“二次反弹”。

（4）“焦散”卷展栏：默认状态下是关闭状态，需要设置可将其开启。焦散是光线穿过透明玻璃物体或在金属表面经反射所产生的一种特殊物理现象。

三、“设置”选项卡

“设置”选项卡中的卷展栏是 VRay 渲染设备整体设置的调整区域，这里集中了“色彩管理”“默认置换”“系统”等卷展栏，此选项卡的应用范围较广，一般在无特殊情况下不做过多的调整。

6.2 VRay 常用灯光

安装好 VRay 渲染器后，点击命令面板“创建 > 灯光”就可以选择“VRay”。VRay 渲染器为用户提供了

4 种灯光，分别是 VRay 灯光、VRayIES、VRay 环境光以及 VRay 太阳光，如图 6-2 所示，通过它们可以产生真实的夜景和日照效果。下面着重讲解 VRay 灯光和 VRay 太阳光。

一、VRay 灯光

VRay 灯光主要用来模拟室内光源，是最为常用的灯光类型，其参数设置面板如图 6-3 所示。

图 6-2　VRay 常用灯光

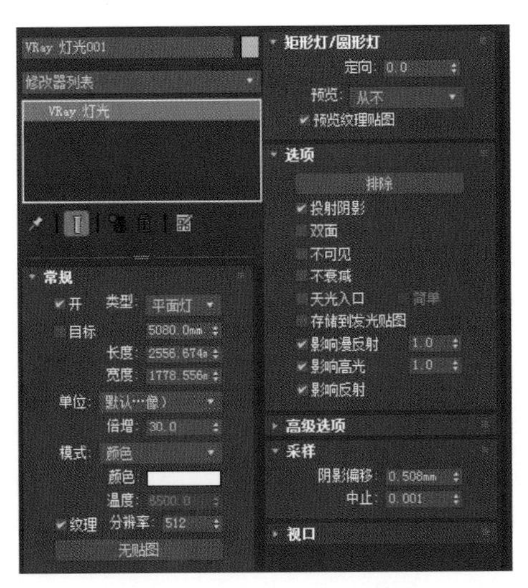

图 6-3　VRay 灯光设置面板

（1）开：控制是否开启 VRay 光源。

（2）类型：指定 VRay 光源的类型，共有“平面灯”“穹顶灯”“球体灯”“网格灯”“圆形灯”5 种类型，它们的形状各不相同，可以运用在不同的场景中，如图 6-4 所示。

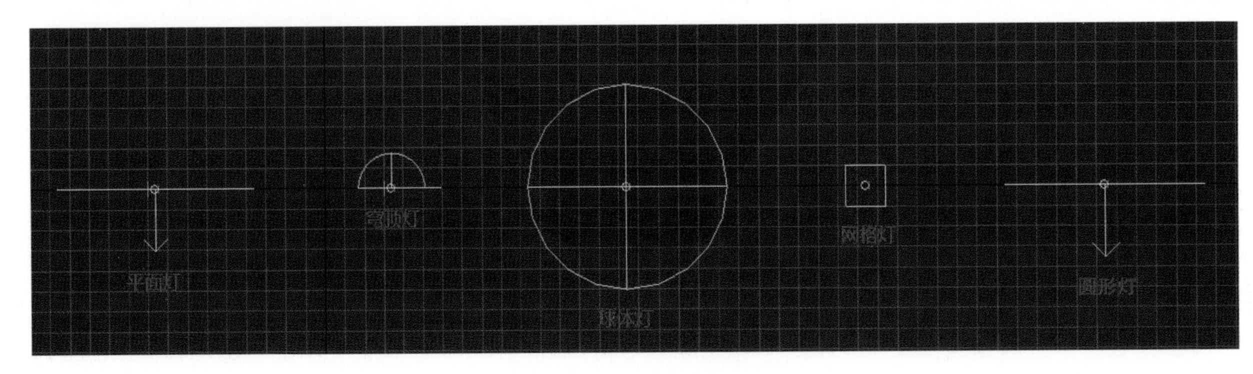

图 6-4　VRay 灯光类型

（3）倍增：设置灯光的强度。

（4）颜色：指定灯光的颜色。

（5）投射阴影：控制是否对物体的光照产生阴影，默认为勾选状态。

（6）双面：用来控制灯光是否双面都能产生照明效果，此选项只对“平面灯”有效。

（7）不可见：控制最终渲染时是否显示 VRay 光源的形状。

（8）不衰减：现实世界中，光线亮度会随着距离的增大而产生衰减。如果勾选这个选项，VRay 将不计算灯光的衰减效果。

（9）影响漫反射 / 影响高光 / 影响反射：分别设置该灯光的光照是否对漫反射、高光及反射产生影响。一般情况下，设置主要光源时都会默认选择这 3 项；局部光源可视其情况进行设置。

（10）纹理：控制是否设置纹理贴图作为灯光光源。通常在贴图通道中添加高动态贴图（VRay HDRI），以在添加照明的同时渲染图像的色彩要素。

二、VRay 太阳光

VRay 太阳光是 VRay 渲染器中用于模拟物理世界真实室外阳光效果的灯光类型，常与“VRay 天空”贴图关联使用，渲染效果非常真实，通过调节 VRay 太阳光的位置可以控制不同时段光线对空间的影响。VRay 太阳光的设置面板如图 6-5 所示。

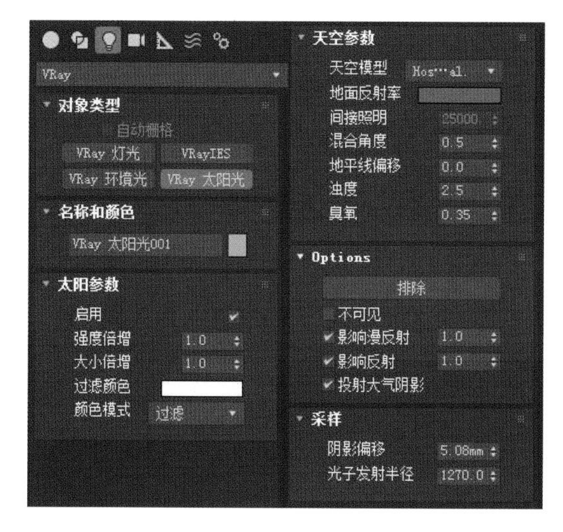

图 6-5 VRay 太阳光的设置面板

（1）VRay 天空：在创建 VRay 太阳光时，系统会弹出图 6-6 所示的对话框，提示是否将“VRay 天空”环境贴图自动加载到环境中。“VRay 天空”是 VRay 系统中的一个程序贴图，主要用来作为环境贴图或作为天光来照亮场景。

（2）启用：控制太阳光的开启与关闭。

（3）强度倍增：控制 VRay 太阳光的照射强度，数值越大，阳光越亮。默认数值为“1.0”，会对 3ds Max 标准摄影机投射的场景造成亮度曝光过强的效果，使用 VRay 摄影机则不影响。

（4）大小倍增：控制 VRay 太阳光的尺寸大小，主要影响阴影的模糊程度。数值越大，阴影的边缘越模糊；数值越小，阴影的边缘越清晰。

（5）过滤颜色：控制 VRay 太阳光的颜色。

（6）颜色模式：系统提供 3 种不同计算方式的颜色模型，分别是“过滤”“直射”“覆盖”。

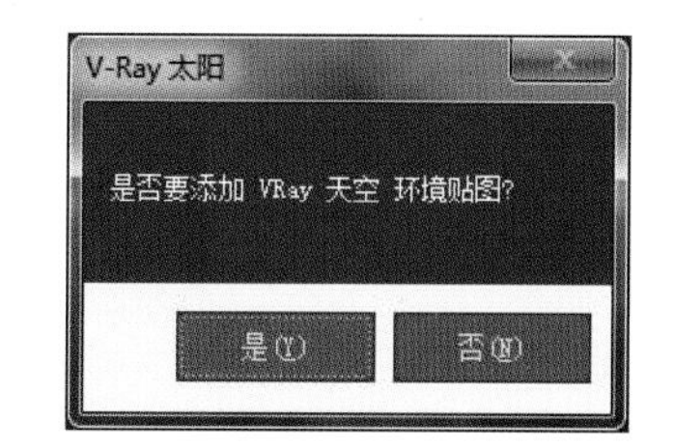

图 6-6 提示是否加载“VRay 天空”环境贴图

（7）天空模型：设置 5 种天光的模式，可分别渲染出不同的天空色彩。

（8）浊度：当阳光穿过大气层时，一部分冷光被空气中的浮尘吸收，照射到大地上的光就会变暖。“浊度”就用于模拟空气的浑浊程度，以此影响场景中太阳光与天空的颜色。浑浊度高，表示灰尘含量大，此时太阳和天空的颜色呈黄色甚至橘黄色；浑浊度小，代表晴朗干净，此时天空的颜色比较蓝，太阳较亮白。

（9）臭氧：空气中臭氧的含量，用来影响图像的冷暖色调。数值越小，阳光越暖；数值越大，阳光越冷。

6.3 VRay 材质

在材质编辑器中，“V-Ray 5，hotfix 2”提供了 26 种材质类型和 31 种贴图类型，可用来制作各式各样的真实材质，如图 6-7、图 6-8 所示。

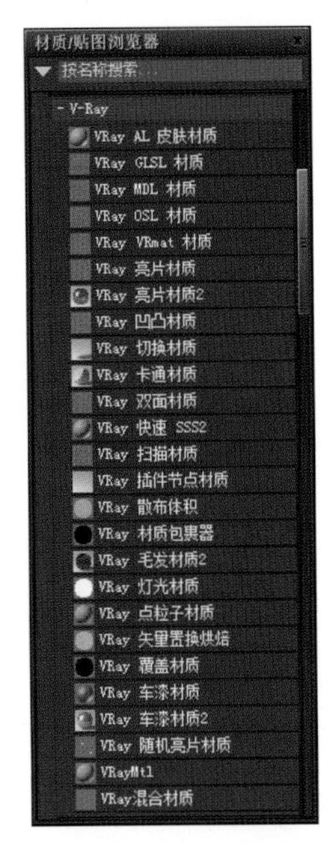

图 6-7　VRay 材质

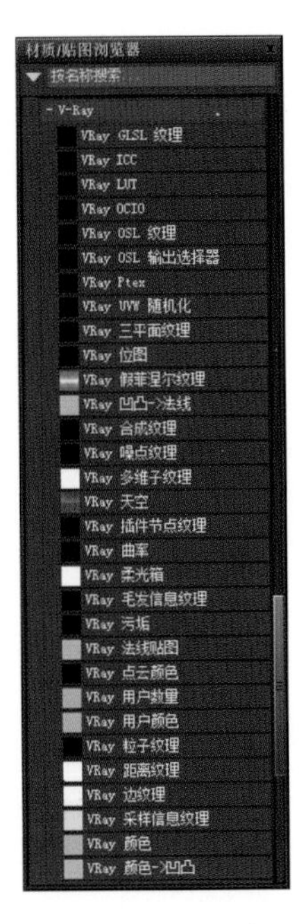

图 6-8　VRay 贴图

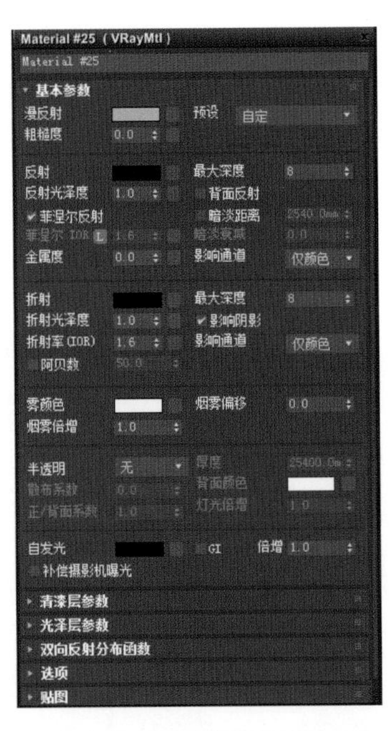

图 6-9　VRayMtl 材质参数设置面板

在 VRay 渲染器所提供的各种材质中，最常使用的当属 VRayMtl 材质。VRayMtl 材质又被称为 VRay 标准材质，它是 VRay 渲染器中使用范围最广泛的材质类型，不仅能出色地表现出各种反射、折射等真实的材质效果，计算 GI 与照明的速度及渲染显示也相对更快。在使用 VRay 渲染器时，应该尽量将场景默认标准材质修改为 VRayMtl 材质，以便更快捷地渲染模型反射、折射、凹凸、置换等效果。VRayMtl 材质参数设置面板如图 6-9 所示。

（1）漫反射：控制物体表面的颜色。通过单击它的色块，可以调整物体自身的颜色；单击右侧的正方形按钮可以选择不同的贴图类型。

（2）反射：指定反射量和反射颜色。通过颜色 / 贴图的灰度控制物体反射的强弱，颜色越白反射越强，越黑则反射越弱。

（3）反射光泽度：控制反射模糊程度。默认值“1.0”表示没有模糊效果，数值越小表示模糊效果越强烈。单击右边的正方形按钮，可以通过贴图的灰度来控制反射模糊的强弱。

（4）菲涅尔反射：模拟真实世界中的一种反射现象，反射的强度与摄影机的视点和具有反射功能的物体的角度有关。勾选该选项后，反射强度会与物体的入射角度有关系，入射角度越小，反射越强烈，这也是物理世界中的现象。

（5）折射：指定折射量和折射颜色。颜色越白，物体越透明；颜色越黑，物体越不透明。

（6）折射率：设置透明物体的折射率。

（7）折射光泽度：控制物体的折射模糊程度。为默认值“1.0”时不产生折射模糊；数值越小，折射模糊越明显。

（8）雾颜色：指定光线通过材料时的衰减。

（9）烟雾倍增：控制雾的浓度，值越大，雾越浓，光线穿透物体的能力越差，物体越不透明。

（10）烟雾偏移：更改雾颜色的应用方式。

（11）半透明：半透明效果（也叫 3S 效果）的类型有 3 种，包括“硬质（蜡）模型”“柔软（水）模型”“混合模型”。

6.4 VRay 基本操作实例——桌面一角材质与渲染

项目描述

本案例包括VRay材质、灯光与渲染的综合应用，涉及的知识点多，需要熟练掌握。案例的最终效果如图6-10所示。

图 6-10 案例效果图

制作思路

指定 VRay 渲染器，为场景添加灯光，逐个制作材质，最后整体进行渲染。

学习目的

（1）掌握 VRay 灯光的使用方法。

（2）掌握 VRay 材质与贴图的使用方法。

（3）掌握 VRay 渲染参数的设置方法。

一、切换为“V-Ray 5, hotfix 2”渲染器工作环境

3ds Max 2018 默认的渲染器为“扫描线渲染器”，VRay 渲染器是安装在 3ds Max 下的渲染插件，初次使用时必须将其调出并指定为当前渲染器，具体设置方法如下：

（1）如图 6-11 所示，打开配套“VRay 材质”文件，可见摄影机角度已经确立好，所有模型被赋予一个

“标准”材质，当前渲染器为“扫描线渲染器”。

图 6-11　初始场景

（2）按“F10”键打开“渲染设置”窗口，在“公用”选项卡中展开“指定渲染器”卷展栏，单击“选择渲染器”按钮，在弹出的对话框中双击“V-Ray 5，hotfix 2”（由于版本不同其选择对象的名称会有所更改），如图 6-12 所示，将“产品级”与“材质编辑器”同步指定为“V-Ray 5，hotfix 2”渲染器，这样就完成了渲染器的切换。

（3）点击“渲染设置”窗口“V-Ray”选项卡，在“图像采样器（抗锯齿）”卷展栏中选择“类型”为“渲染块”，设置“最大细分”为“6”、“渲染块宽度”为“24.0”，如图 6-13 所示。

（4）点击“GI”选项卡，设置“灯光缓存”卷展栏中的“细分”为“500”，如图 6-14 所示。

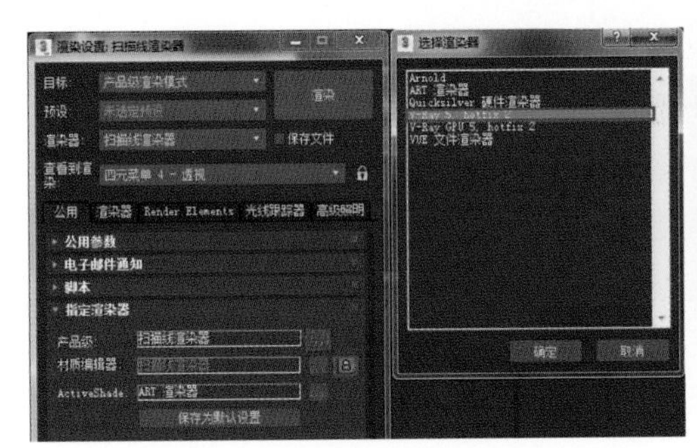

图 6-12　指定 VRay 渲染器

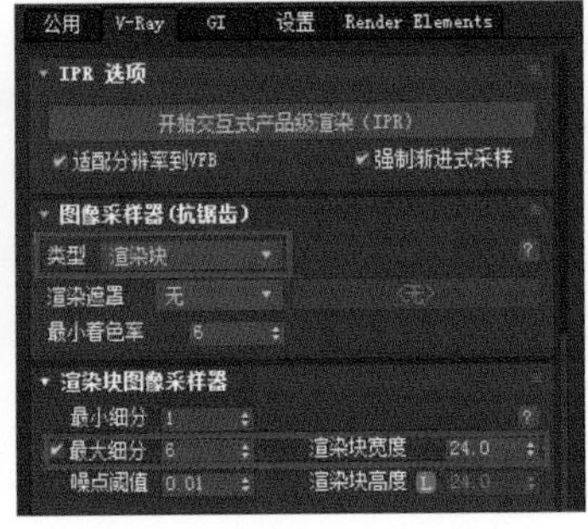

图 6-13　设置测试渲染参数 1

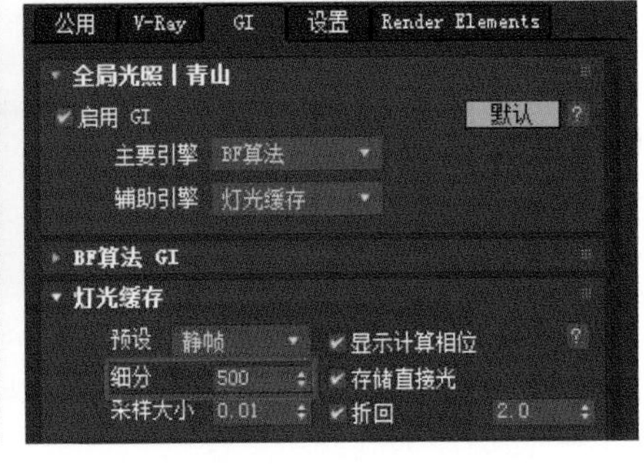

图 6-14　设置测试渲染参数 2

（5）进入“Render Elements”（渲染元素）选项卡，单击“添加”，在弹出的“渲染元素”对话框中选择“VRay 降噪器”，如图 6-15 所示。在“VRay 降噪器参数”卷展栏设置“预设”为“温和”，如图 6-16 所示。

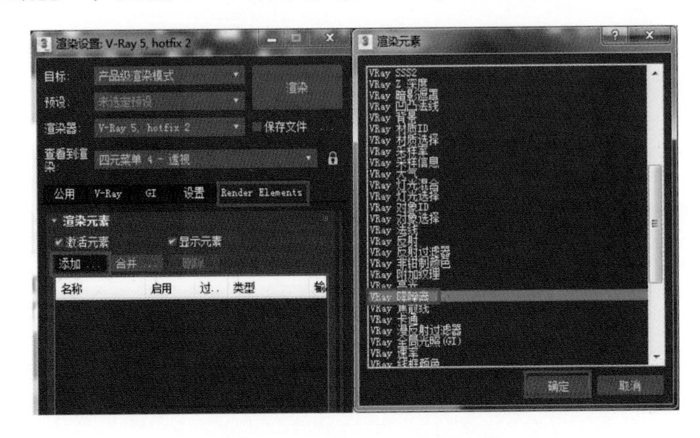

图 6-15　添加 VRay 降噪器

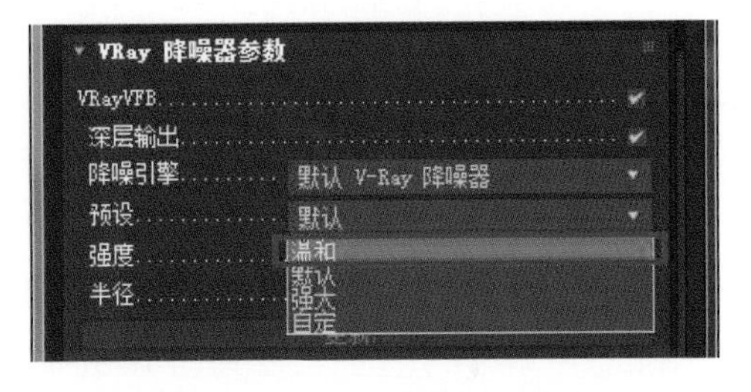

图 6-16　设置“温和”降噪

二、建立灯光照明

（1）在命令面板上依次单击“创建 > 灯光 > VRay > VRay灯光”，在前视图中创建一个VRay灯光。点击“修改”面板，勾选“常规”卷展栏中的“目标”，调节光源点与目标点的位置，如图6-17、图6-18所示。

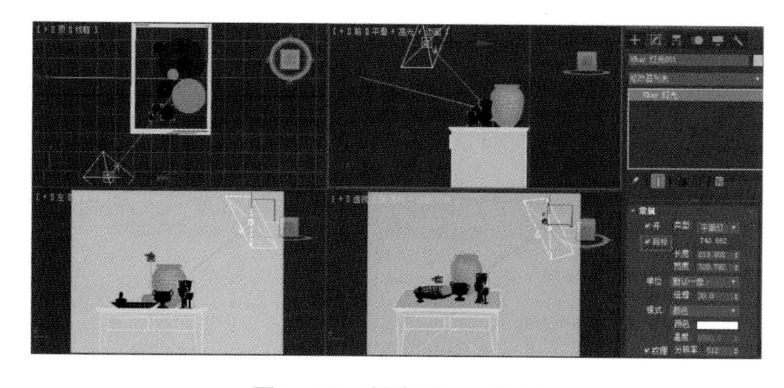

图6-17 创建VRay灯光

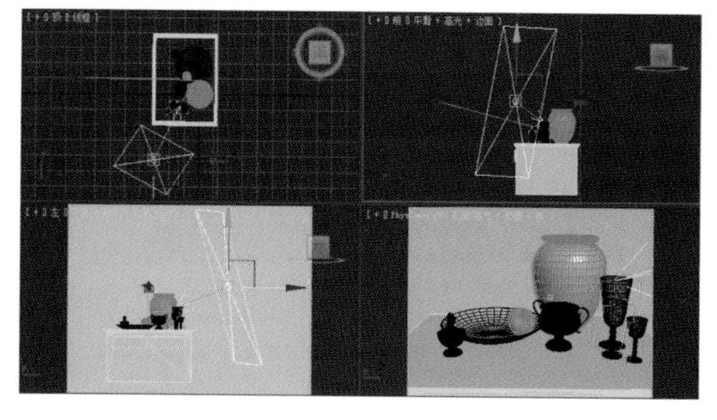

图6-18 调节灯光

（2）按“M”键打开材质编辑器，在材质编辑器左侧的“材质/贴图浏览器”中拖动“VRayMtl”到“视图1”中，双击材质球，此时右侧窗口里显示其参数，修改材质名称为“测试”，调节“反射”颜色亮度为“160”，将材质球赋予场景中桌面上的对象，如图6-19所示。

技巧与提示：“VRayMtl”材质使用颜色的灰度来控制反射强度。默认为黑色，表示反射为0；纯白色为镜面反射。场景中金属、玻璃等材质都具有高光与反射属性，在制作材质前，可先赋予其具有反射属性的测试材质，便于对灯光的角度和强弱做整体的把握。

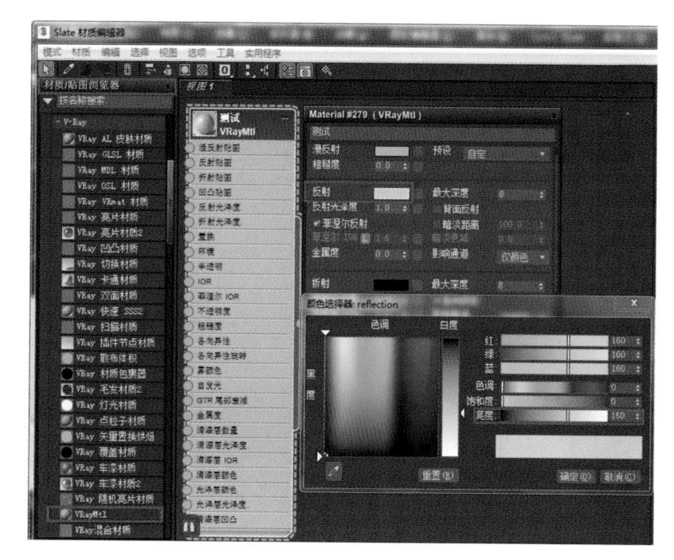

图6-19 指定测试材质

（3）选择“VRay灯光001”，设置“倍增”为“5.0”，颜色偏冷色调。点击“无贴图 > VRay位图”，在配套文件中选择“灯光贴图”，如图6-20所示。

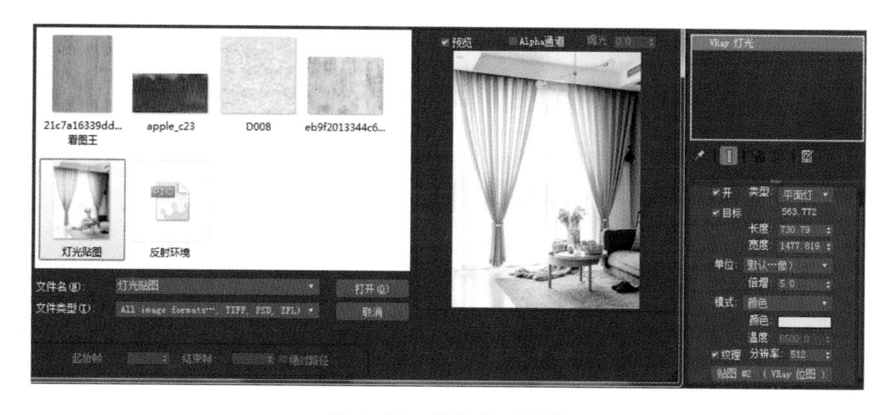

图6-20 添加灯光贴图

技巧与提示：为灯光添加贴图后，物体表面将根据贴图的颜色信息增加更为丰富的光影细节，效果对比如图6-21、图6-22所示。

图 6-21 无灯光贴图效果

图 6-22 添加灯光贴图效果

（4）单击“创建 > 灯光 > VRay > VRay 灯光”，在场景中创建一个 VRay 灯光。点击“修改”面板，在“常规”卷展栏中选择“类型”为“穹顶灯”，调节“倍增”为“0.5”，点击“无贴图 > VRay 位图”，在配套文件中选择“反射环境”，如图 6-23 所示。

（5）按“M”键打开材质编辑器，将灯光“VRay 灯光 002”的“贴图（VRay 位图）”拖曳至材质编辑器“视图 1”中，在弹出的“实例（副本）贴图”对话框中选择“实例”，勾选“映射”选项组中的“水平翻转”，如图 6-24 所示。

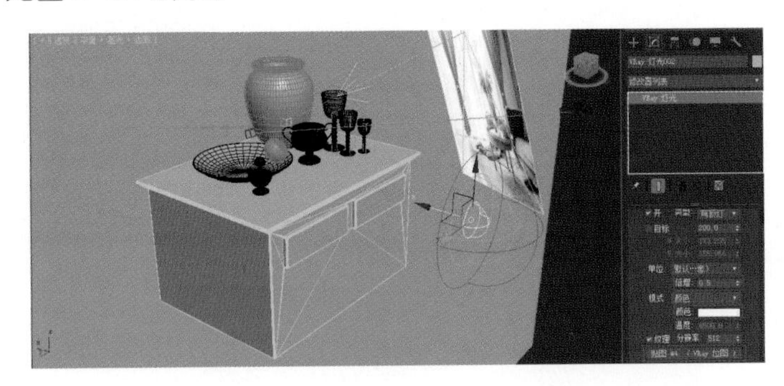

图 6-23 创建穹顶灯并添加环境

图 6-24 按实例调整环境贴图

（6）在主工具栏上单击“渲染产品”按钮渲染摄影机视图，可以看到真实的光照效果，如图 6-25 所示。

技巧与提示：“V-Ray 5，hotfix 2”渲染器默认勾选了“启用内置帧缓存区”，这样渲染的时候使用的是 VRay 渲染器窗口，而不是 3ds Max 默认的渲染帧窗口，如图 6-26 所示。

图 6-25 测试渲染

图 6-26 默认启用内置帧缓存区

（7）点击 VRay 渲染帧窗口“创建图层 > 电影色调”，在新增的“电影色调”图层调节明暗对比关系，如

图 6-27 所示。

图 6-27　调节“电影色调”图层明暗对比

三、制作清漆木纹材质

（1）在材质编辑器左侧的“材质 / 贴图浏览器”中拖动“VRayMtl”到“视图 1”窗口中，双击材质球，修改材质的名称为“桌子”，如图 6-28 所示。

（2）点击“桌子”材质的“漫反射”通道，选择“位图”，在配套文件中选择“木纹”；将“木纹”贴图连接至“凹凸”通道，调整凹凸数量为“10.0”，如图 6-29 所示。

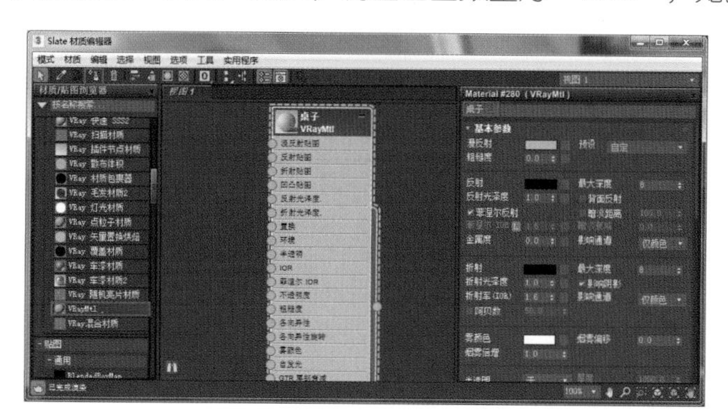

图 6-28　添加 VRayMtl 材质

图 6-29　添加木纹材质贴图

技巧与提示：在材质编辑器“视图 1”窗口双击“木纹”贴图，在其“坐标”卷展栏中可调节平铺的角度，如图 6-30 所示。

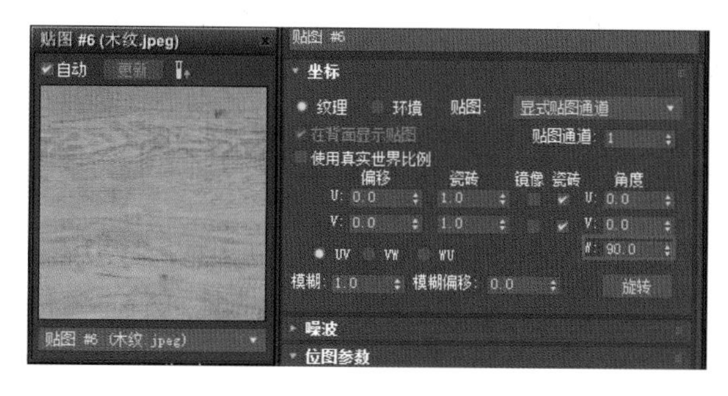

图 6-30　调节贴图平铺角度

（3）修改“反射”颜色亮度为“120”，“反射光泽度”为“0.85”，如图6-31所示；点击“清漆层参数”卷展栏，设置“清漆层数量”为“0.5”，“清漆层光泽度”为“0.88”，勾选“锁定清漆层凹凸用底层凹凸”，如图6-32所示。

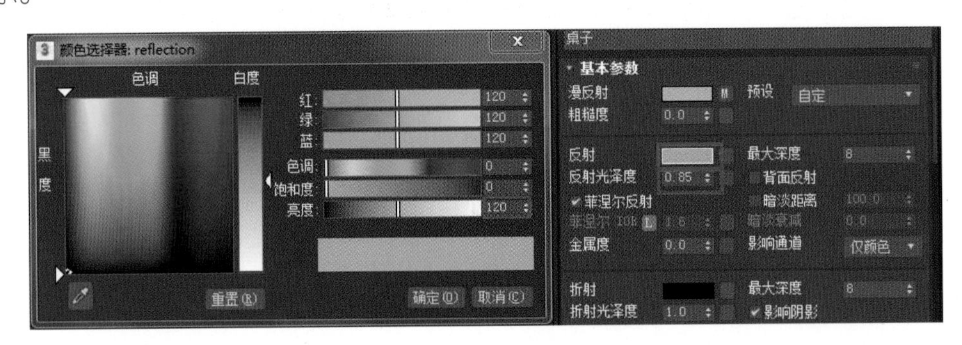

图6-31　调节“反射”参数

（4）在场景中选择模型，然后在材质编辑器中单击工具栏上的“将材质指定给选定对象”和“在视口中显示标准贴图”两个按钮渲染摄影机视图，可以看到结果如图6-33所示。

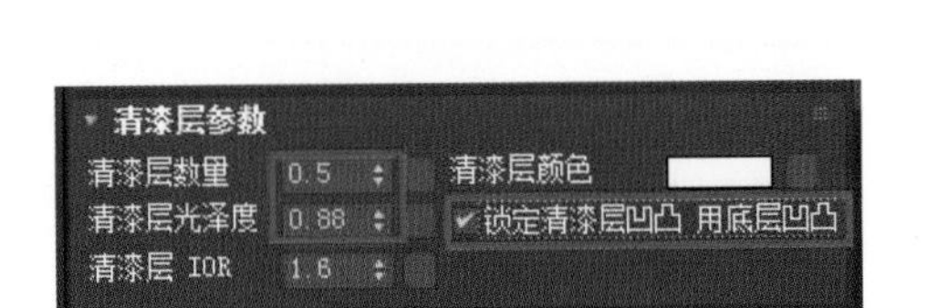

图6-32　设置清漆层参数

图6-33　完成桌面木纹材质制作

四、制作亮光金属材质

（1）新建一个“VRayMtl”材质并命名为“亮光金属”，设置“漫反射”颜色（R161，G82，B23），如图6-34所示。

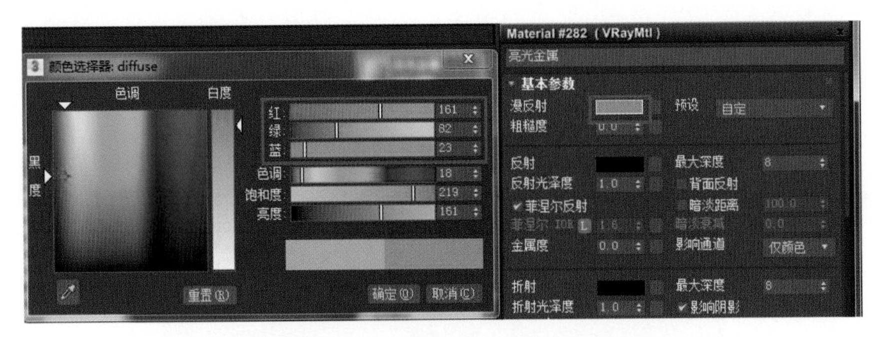

图6-34　设置“漫反射”颜色

（2）在“反射”参数处设置反射颜色为白色（R255，G255，B255），设置“反射光泽度”为“0.8”，“金属度”为“1.0”，如图6-35所示。

（3）选择模型，将材质赋予对象，渲染摄影机视图，可看到结果如图 6-36 所示。

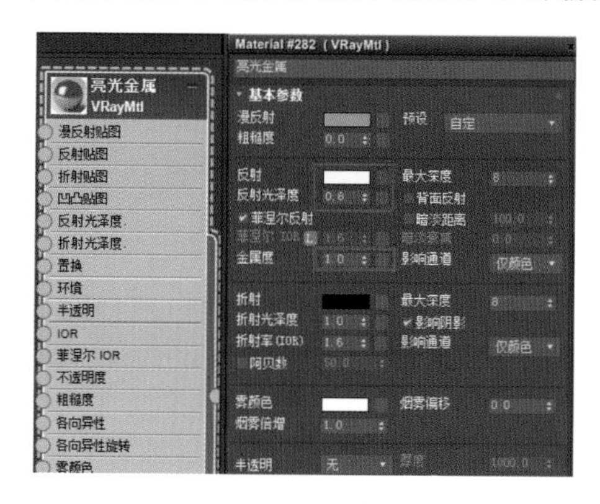

图 6-35　设置反射与金属度参数

图 6-36　完成亮光金属材质制作

五、制作亚光金属材质

（1）新建一个“VRayMtl”材质并命名为“亚光金属”，设置“漫反射”颜色（R150，G150，B150）；在“反射”参数处设置颜色为白色（R255，G255，B255），设置“反射光泽度”为“0.75”，“金属度”为“1.0”，如图 6-37 所示。

（2）点击“反射光泽度”通道，选择“位图”，在配套文件中选择“纹理”，使金属表面根据纹理产生反射模糊的变化，如图 6-38 所示。

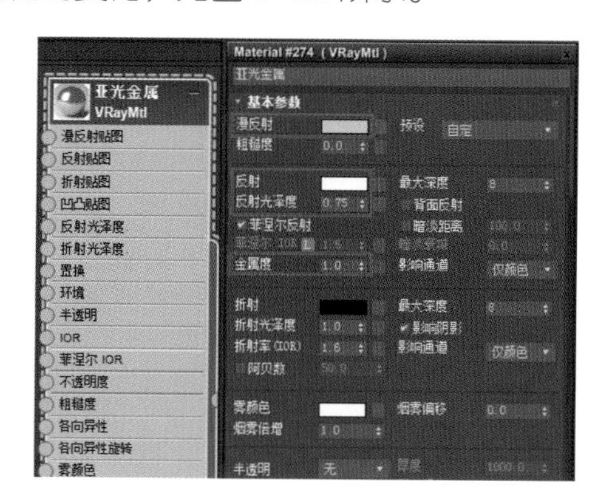

图 6-37　调节材质参数

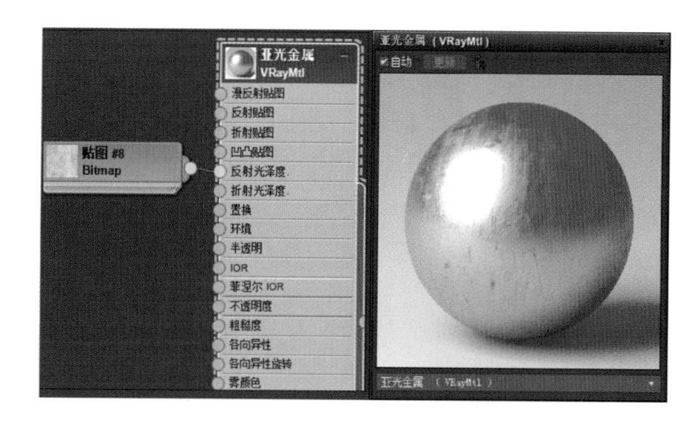

图 6-38　在“反射光泽度”通道中添加贴图

（3）选择模型，将材质赋予对象，渲染摄影机视图，如图 6-39 所示。

图 6-39　完成亚光金属材质制作

六、编辑香水瓶、碟子、香水材质

（1）新建“VRayMtl”材质并命名为“香水瓶”，设置“漫反射”颜色（R0，G0，B0）；“反射”颜色为白色（R255，G255，B255），“折射”颜色为白色（R255， G255， B255），如图6-40所示。

（2）将“香水瓶”材质配合“Shift”键进行复制，更改名称为“碟子”，修改“雾颜色”（R210，G214，B215），“烟雾倍增”为“0.5”，“烟雾偏移”为“3.0”，如图6-41所示。

图6-40　调节香水瓶材质参数

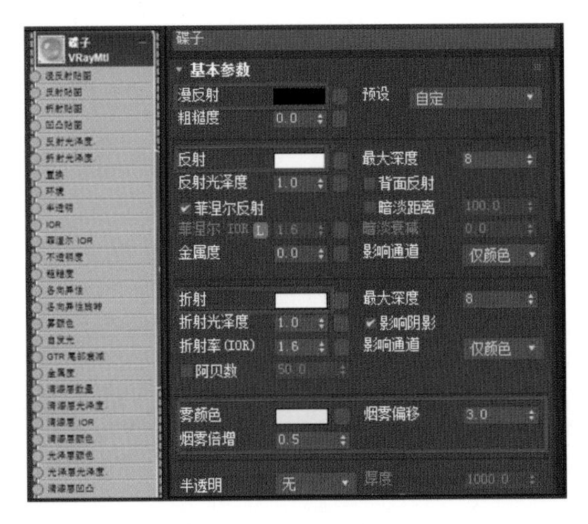

图6-41　调节碟子材质参数

（3）新建“VRayMtl”材质，命名为“香水”，设置“漫反射”颜色（R0，G0，B0）；“反射”颜色为灰色（R135，G135，B135）；“折射”颜色为白色（R255，G255，B255），“折射率”为“1.33”；设置“雾颜色”（R255，G254，B237），“烟雾倍增”为“0.2”，“烟雾偏移”为“0.0”，如图6-42所示。

（4）分别将材质赋予对象，渲染摄影机视图，如图6-43所示。

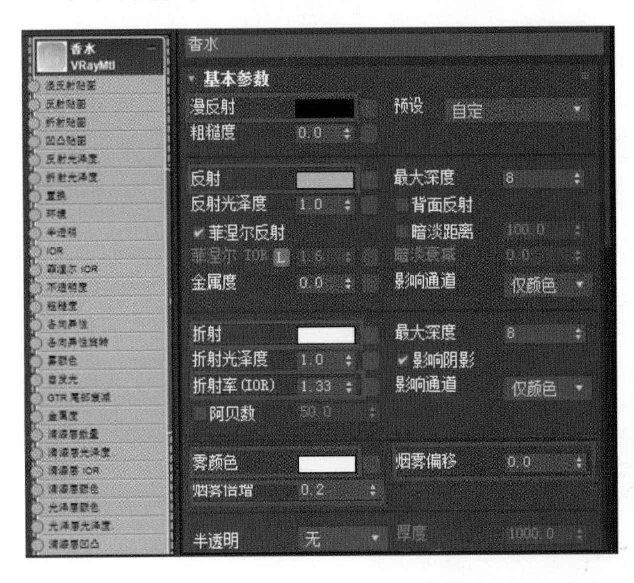

图6-42　调节香水材质参数

图6-43　完成香水瓶、碟子、香水材质编辑

七、制作陶瓷材质

（1）新建“VRayMtl”材质，命名为“陶瓷罐”，点击“漫反射”通道，选择渐变坡度，如图6-44所示，改变渐变坡度参数中的颜色，设置“W”角度为-90°。

（2）点击“反射”通道，设置颜色（R230，G230，B230），为其添加衰减贴图，调节“反射”数量为“70.0”，如图6-45所示。

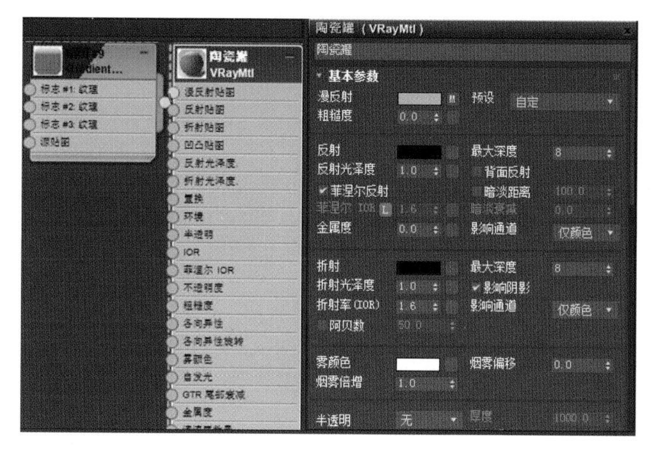

图6-44　在“漫反射”通道添加渐变坡度贴图

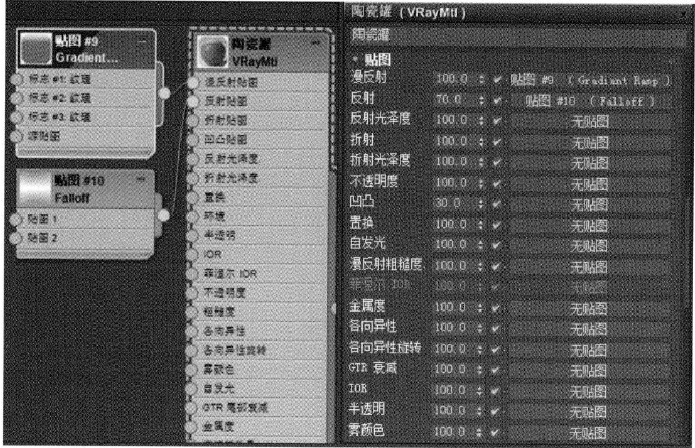

图6-45　在“反射”通道添加衰减贴图

技巧与提示：衰减贴图根据摄影机角度的不同可以让物体表面有一种虚实的变化，类似近实远虚的效果。与摄影机角度越接近垂直的地方越体现黑色以及右侧通道中的贴图；与摄影机角度成其他夹角的地方体现白色以及右侧通道中的贴图。“衰减参数”卷展栏如图6-46所示。

（3）选择“罐子”模型，在修改器列表为其添加“UVW贴图”修改器，调整“参数”卷展栏，改为“平面”贴图，选择“视图对齐”（激活摄影机视图），如图6-47、图6-48所示。

（4）将“陶瓷罐”材质指定给“罐子”，渲染摄影机视图，如图6-49所示。

图6-46　“衰减参数”卷展栏

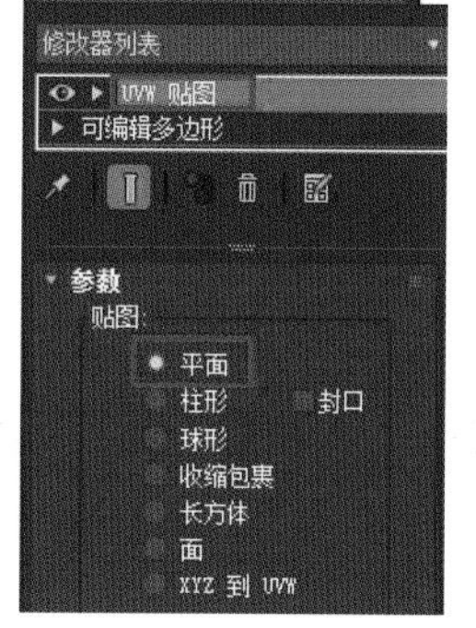

图6-47　调整为平面贴图

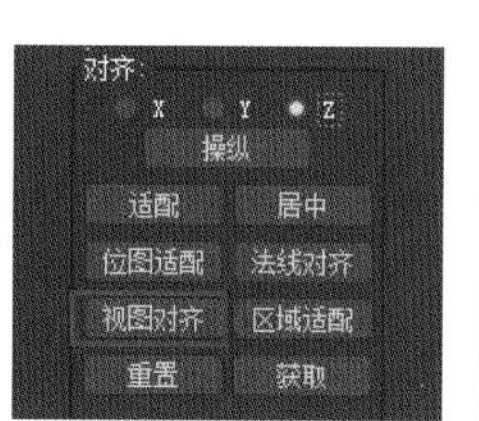

图6-48　调整贴图对齐方式

图6-49　完成陶瓷材质制作

技巧与提示：材质编辑器中经常可以看到U、V、W坐标，其中“U”轴代表水平方向，“V”轴代表垂直方向，“W”轴代表纵深方向，分别对应物体在视图中的x、y、z轴三个轴向。

八、编辑苹果材质

（1）新建“VRayMtl”材质并命名为“苹果”，点击“漫反射”通道，选择“位图”，在配套文件中选择“苹果”；设置“反射”颜色（R70，G70，B70）、“反射光泽度”（为“0.7”），如图6-50所示。

（2）选择“苹果”模型，在修改器列表为其添加“UVW贴图”修改器，调整“参数”卷展栏，改为“柱形”贴图，设置对齐“X”轴，如图6-51、图6-52所示。

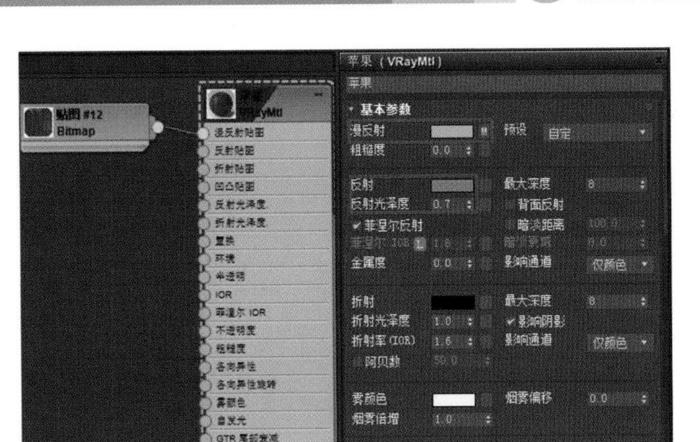

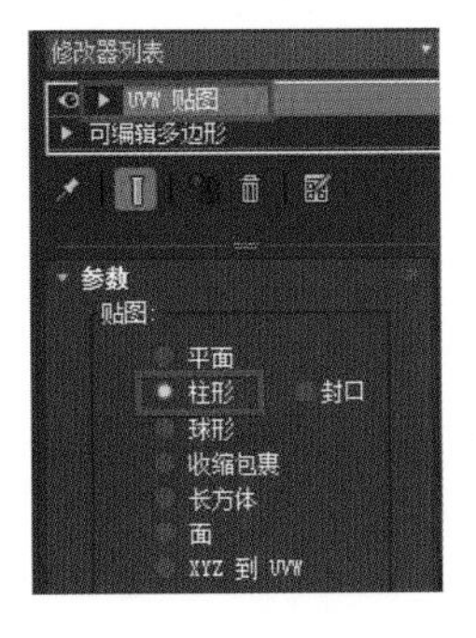

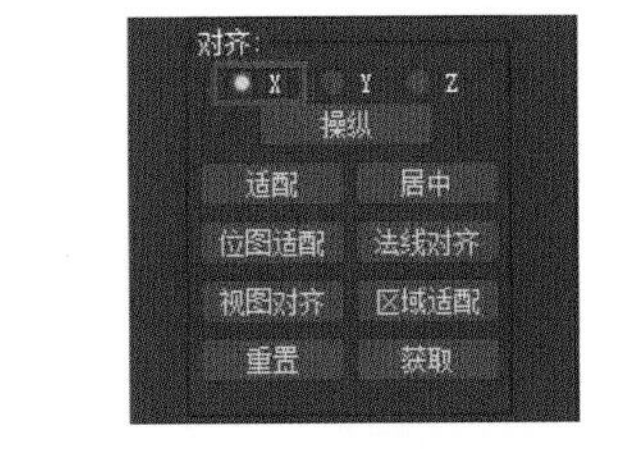

图 6-50 调节“苹果”材质

图 6-51 调整为柱形贴图

图 6-52 调整贴图对齐方式

（3）新建“VRayMtl”材质并命名为“苹果蒂”，点击“漫反射”通道，选择衰减贴图，设置“前：侧”颜色如图 6-53 所示。

（4）分别将材质赋予对象，渲染摄影机视图，如图 6-54 所示。

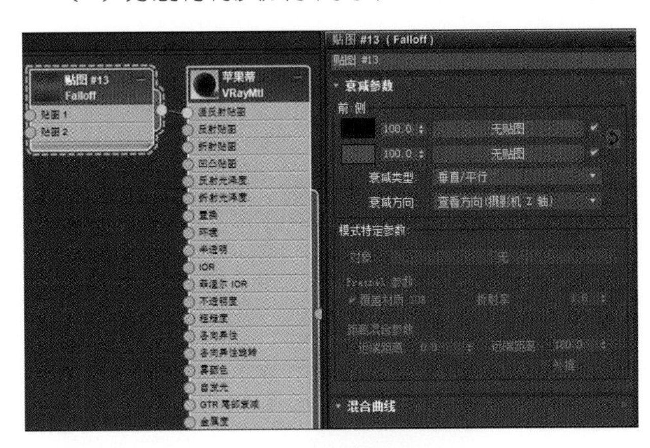

图 6-53 设置“苹果蒂”材质

图 6-54 完成一个苹果材质编辑

（5）选择“苹果”与“苹果蒂”，配合“Shift”键进行复制，在弹出的“克隆选项”对话框中选择“复制”，通过添加“FFD 4x4x4”修改器改变每个苹果的形态，如图 6-55 所示，调节完成后将苹果转换为可编辑多边形。

图 6-55 复制并调节苹果形态

（6）按“M”键打开材质编辑器，将“苹果”材质配合“Shift”键进行复制，更改名称为“苹果 01”；点击苹果贴图，单击鼠标右键选择“更改材质 / 贴图类型”，选择“颜色校正”，在弹出的“替换贴图”对话框中选择“将旧贴图保存为子贴图”，如图 6-56、图 6-57 所示。

（7）双击“颜色校正”，进入其参数面板，调节“色调切换”“饱和度”“亮度”改变苹果表面颜色。调节完成后将其指定给场景中的一个苹果，让其表面颜色产生差别。渲染摄影机视图，如图 6-58 所示。

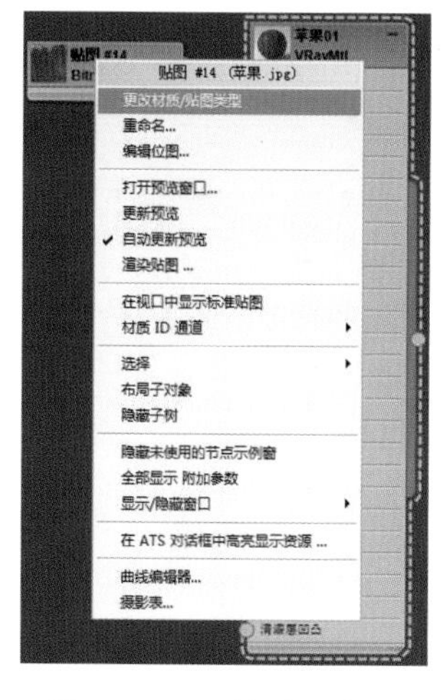

图 6-56　更换贴图类型

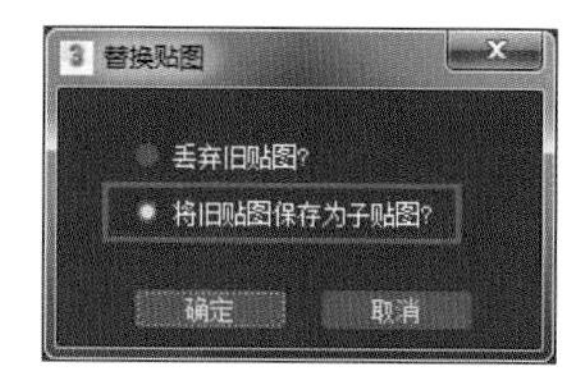

图 6-57　替换贴图

图 6-58　完成苹果材质编辑

九、编辑墙面材质与其他

（1）新建“VRayMtl”材质并命名为“墙面”，设置“漫反射”颜色（R23，G24，B32）和“反射”颜色（R75，G75，B75），“反射光泽度”为“0.5”，如图 6-59 所示。

（2）点击“凹凸”通道，选择“位图”，在配套文件中选择“墙面”；双击“墙面”贴图，设置“坐标”栏为平铺（U10，V10），如图 6-60 所示。

（3）其他细小的材质，可以使用制作好的近似材质直接赋予，也可以使用简单材质直接赋予，以提高工作效率。完成场景其他材质的设置，如图 6-61 所示。

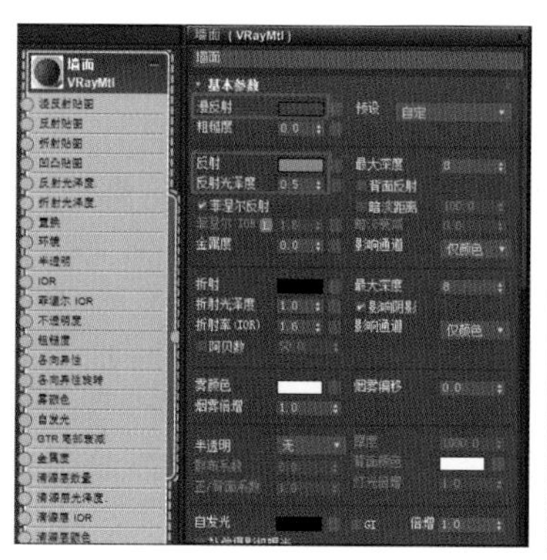

图 6-59　调节材质参数

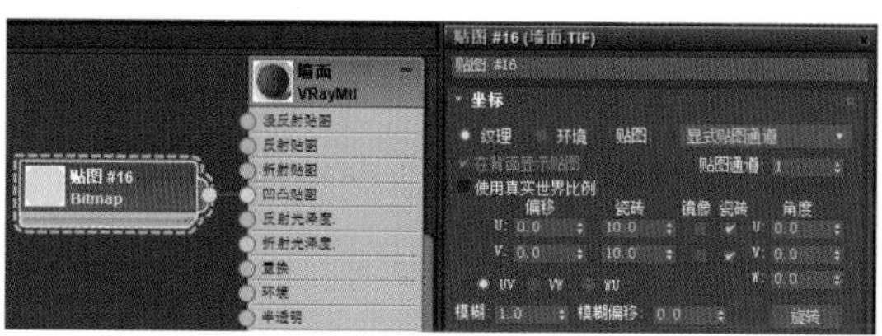

图 6-60　添加凹凸贴图

图 6-61　完成场景其他材质设置

十、渲染最终场景

（1）按“F10”键打开“渲染设置”窗口，打开“公用”选项卡，设置“输出大小”选项组中的“宽度”和“高度”分别为“2000”和“1500”，如图 6-62 所示。

（2）切换到“V-Ray”选项卡，展开“全局开关”卷展栏，切换至“专家”模式，选择“全局灯光评估”，如图 6-63 所示。

（3）在“图像采样器（抗锯齿）”卷展栏，设置“类型”为“渲染块”，“最小着色率”为“16”；“渲染块图像采样器”卷展栏“最小细分”为“2”、“最大细分”为“24”，“渲染块宽度”为“48.0”，“噪点阈值”为“0.005”，如图 6-64 所示。

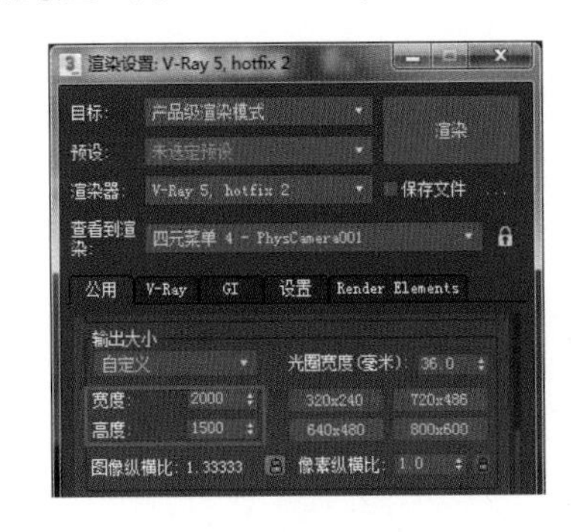

图 6-62 渲染设置 1

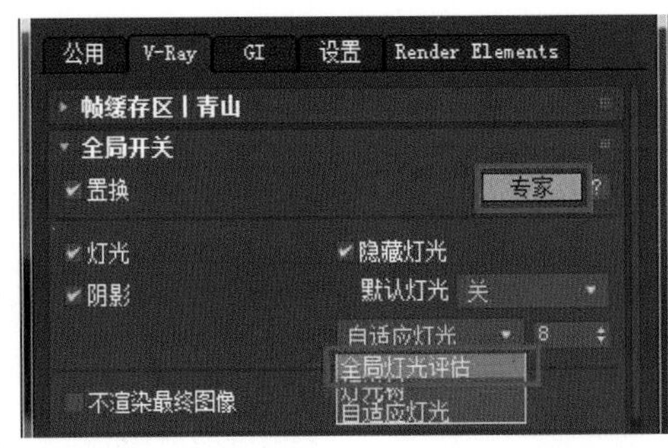

图 6-63 渲染设置 2

图 6-64 渲染设置 3

技巧与提示：“噪点阈值”参数极大地影响图像的质量，数值越小会得到噪点更少、质量更高的图像，也会花费更长的渲染时间。

（4）切换到“GI”选项卡，在“全局光照”卷展栏中设置“主要引擎”为“发光贴图”，“辅助引擎”为“灯光缓存”；在“发光贴图”卷展栏中设置“当前预设”为“高”，如图 6-65 所示；在“灯光缓存”卷展栏中调节“细分”为“2000”，如图 6-66 所示。

技巧与提示：“发光贴图”是“V-Ray 5，hotfix 2”渲染器提供的一种强大的 GI 计算引擎，通常作为全局照明的“首次引擎”使用。

（5）设置完成后激活摄影机视图，点击主工具栏“渲染产品”按钮渲染，最后结果如图 6-67 所示。

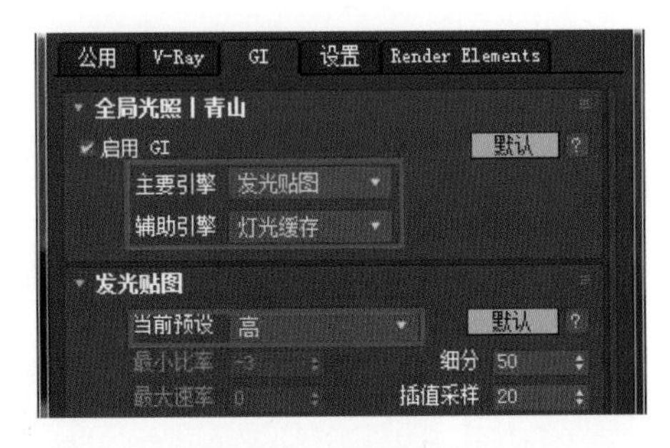

图 6-65 渲染设置 4

图 6-66 渲染设置 5

图 6-67 渲染最终效果图

【本章小结】

本章系统讲解了 VRay 灯光、VRay 材质、VRay 渲染的常用参数和设置情况，并综合运用这些知识完成了一个场景的渲染，掌握了这些内容，可以举一反三地使用“V-Ray 5，hotfix 2”渲染器渲染各式各样的模型场景。

【课题训练】

请综合利用所学知识来完成一个 VRay 场景的制作练习。

3ds Max SANWEI JIANMO YU XUANRAN JIAOCHENG

第七章

青铜罐写实模型制作与渲染

拓展资源

本章知识点

写实道具模型创建、UV 编辑、贴图绘制与渲染表现。

学习目标

掌握写实模型的制作流程。

素养目标

进一步理解传统文化资源三维数字转化的意义，形成传承与创新民族文化的设计思维。

本章完成的青铜罐写实模型最终效果如图 7-1 所示。

图 7-1　青铜罐写实模型

7.1　青铜罐模型的制作

（1）在命令面板中单击“创建 > 图形 > 样条线”，在前视图中绘制青铜罐剖面轮廓直线，如图 7-2 所示。

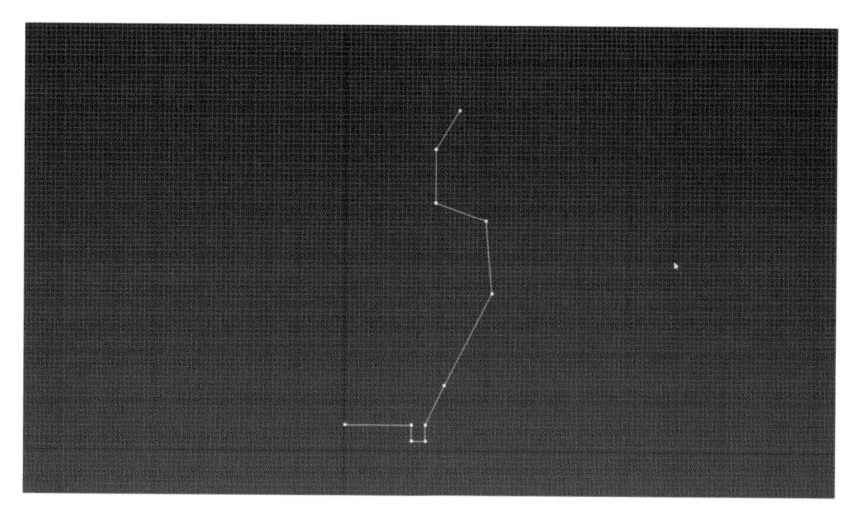

图 7-2 创建样条线

（2）进入“修改”面板，选择“顶点”子层级，利用“圆角”工具调整样条线，如图 7-3 所示。

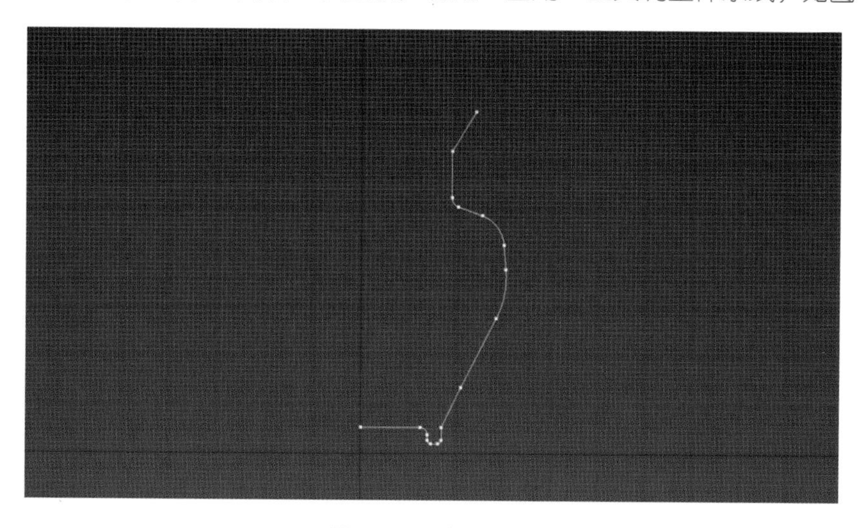

图 7-3 调整样条线

（3）选择“样条线”子层级，点击“轮廓”按钮，调整剖面厚度，如图 7-4 所示。

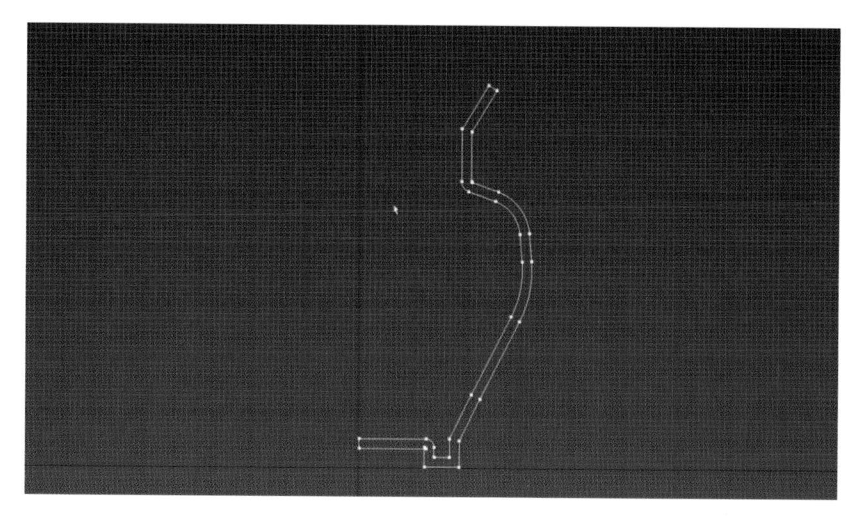

图 7-4 调整剖面厚度

（4）切换到“顶点”子层级，灵活运用“焊接”“熔合”等工具整理样条线，如图 7-5 所示。

（5）选择轮廓线顶层级，在修改器列表中为其加载“车削”修改器，勾选“参数”卷展栏“焊接内核”，设置对齐方式为“Y”轴向，形成青铜罐雏形，如图 7-6 所示。

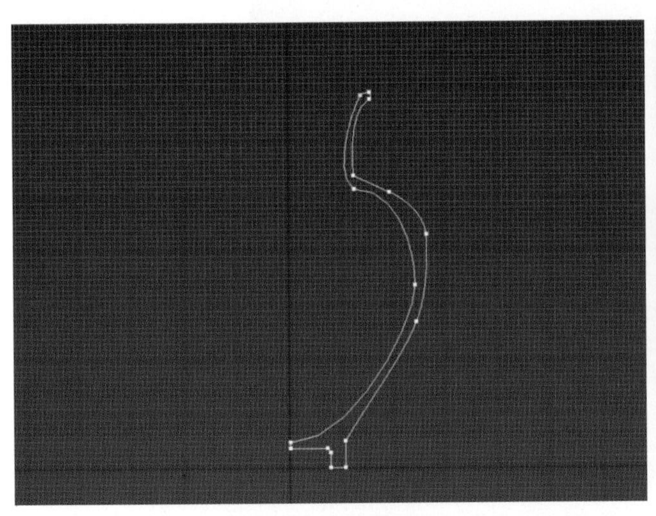

图 7-5 整理样条线

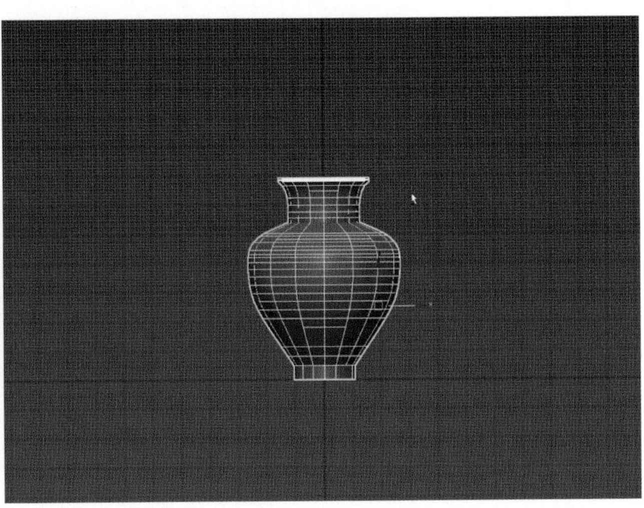

图 7-6 青铜罐雏形

（6）选择青铜罐雏形，单击鼠标右键将其转换为可编辑多边形。分别进入“顶点”“边”“多边形”子层级对青铜罐的细节进行编辑，如图 7-7 所示。

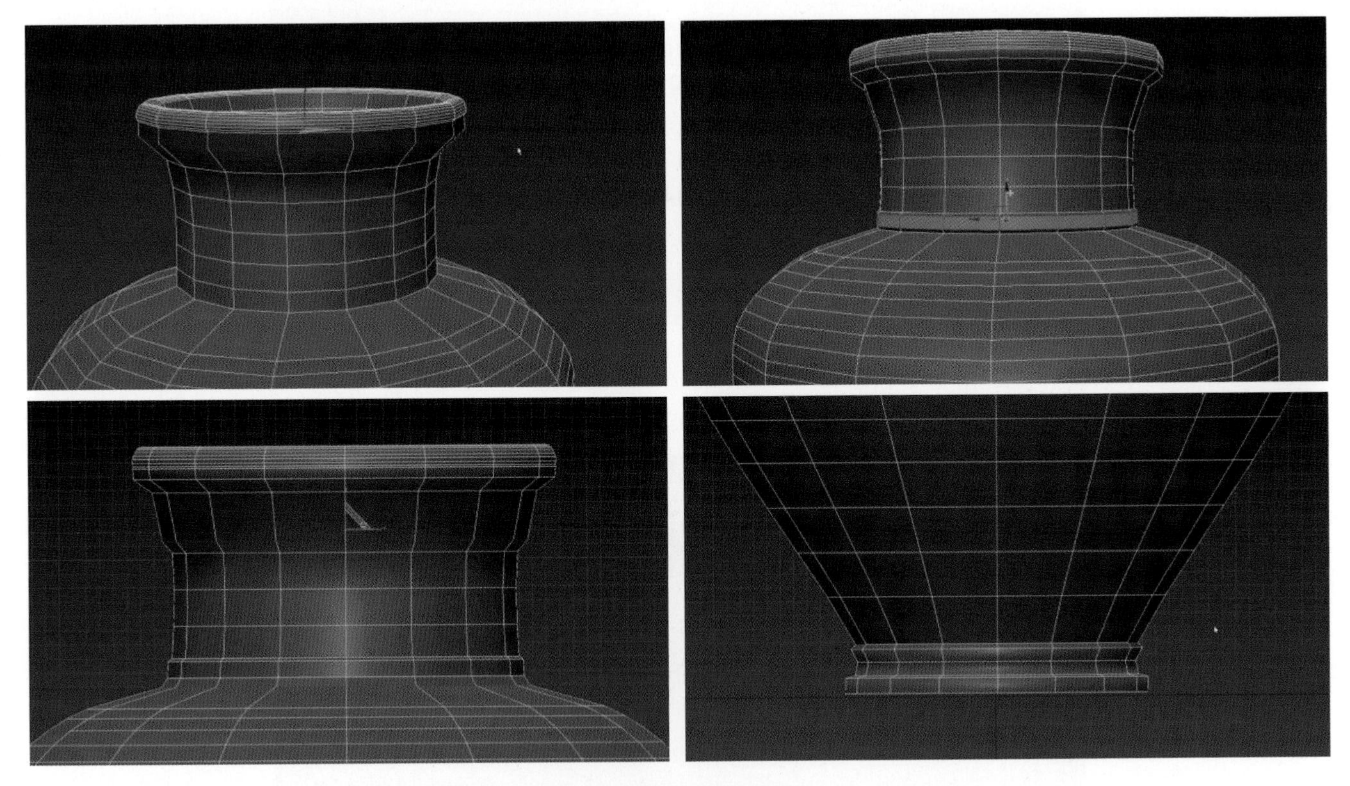

图 7-7 调整青铜罐细节

（7）创建长方体，将其转换为可编辑多边形，进入对应子层级模式调节细节，作为青铜罐罐耳的一部分，如图 7-8 所示。

（8）创建圆环，转换为可编辑多边形，与步骤（7）编辑的对象附加成一个整体，作为罐耳，进行镜像复制，如图 7-9 所示。

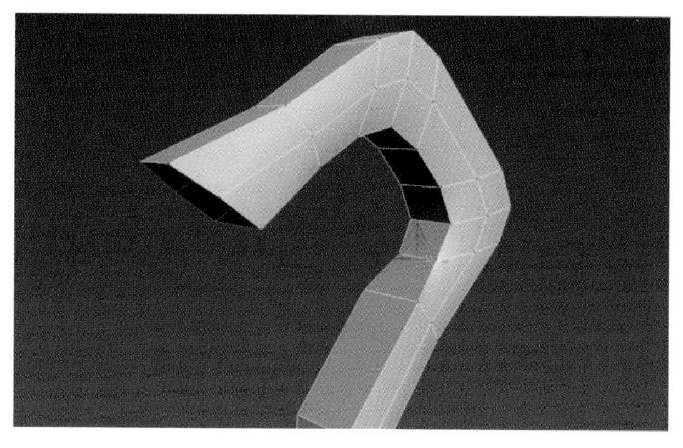

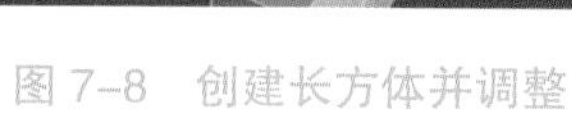

图 7-8 创建长方体并调整

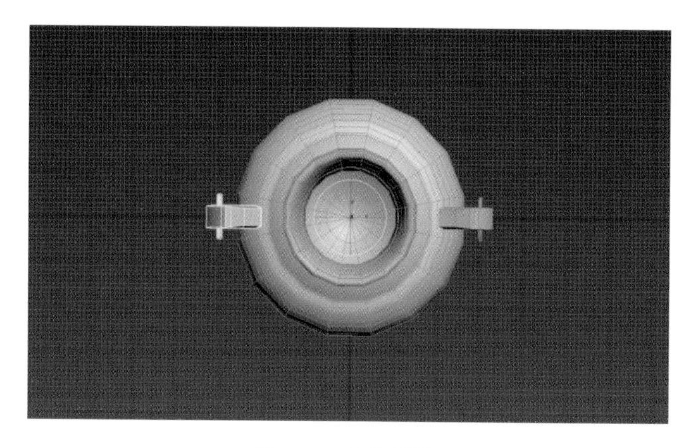

图 7-9 添加罐耳

（9）将罐身与罐耳附加成一个整体，并利用目标焊接工具进行焊接，完成整体模型制作，如图 7-10 所示。

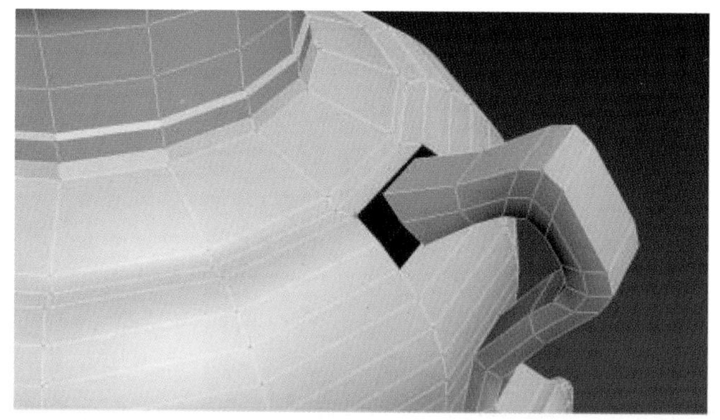

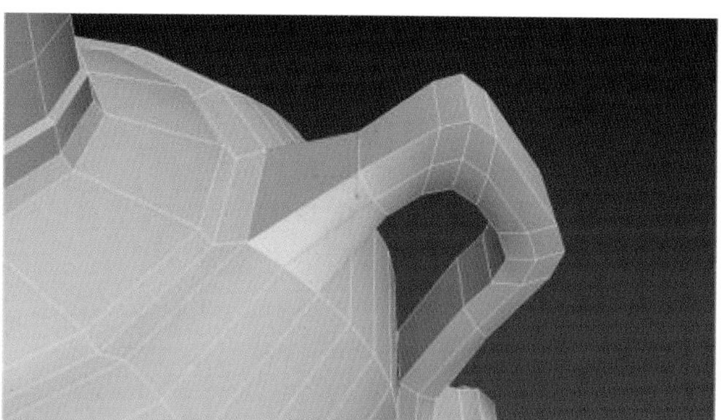

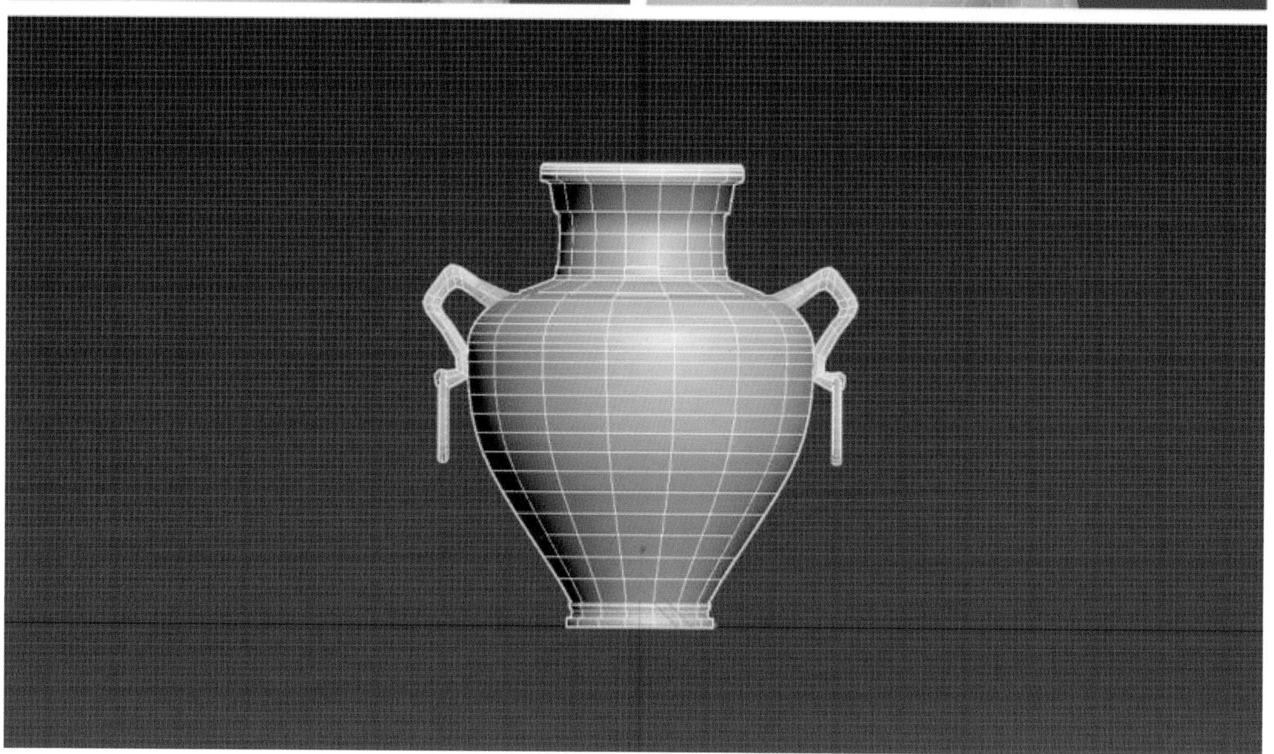

图 7-10 将青铜罐罐身与罐耳附加成一个整体

7.2 模型 UV 的编辑

（1）选择青铜罐模型，为其添加“UVW 展开”修改器，如图 7–11 所示。

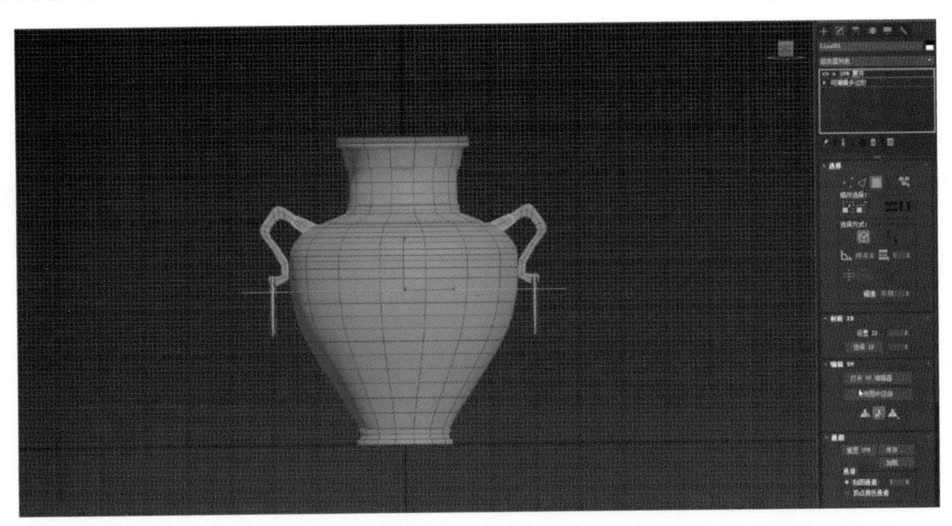

图 7–11 添加“UVW 展开”修改器

（2）进入“边”子层级，选择边重新定义缝合线，并通过“剥”“松弛”命令对模型物体的 UV 网格进行编辑，如图 7–12 所示。

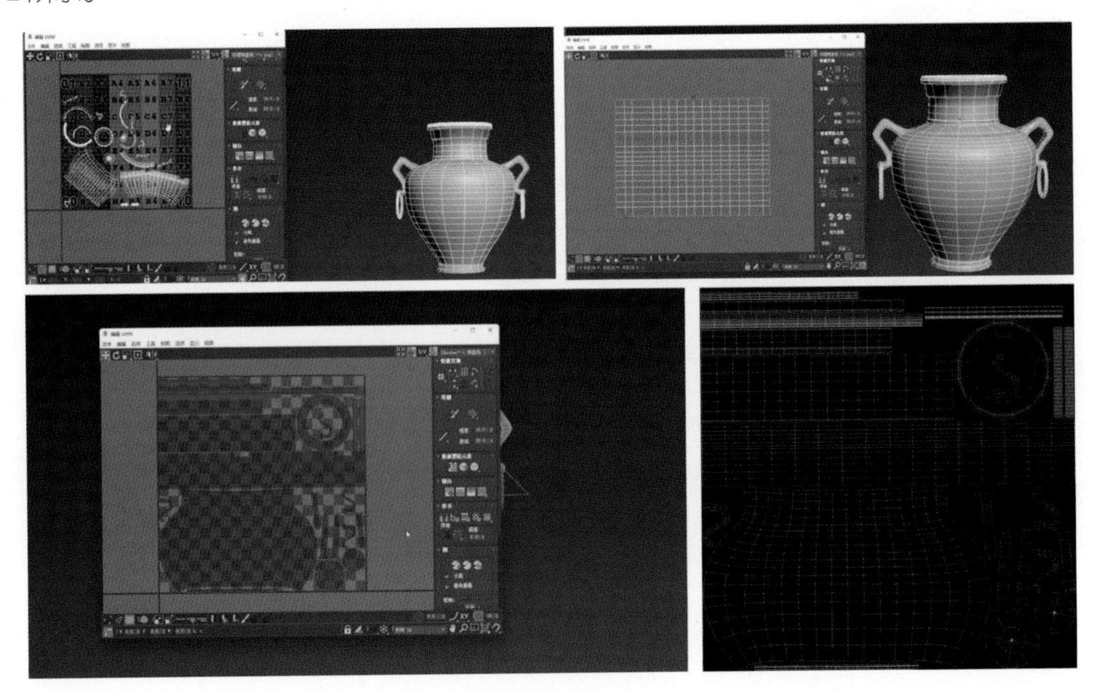

图 7–12 编辑 UV

技巧与提示：运用“垂直对齐到轴”与“水平对齐到轴”工具将 UV 拉直。拉直 UV 能够解决各部分之间的排列问题，也可以最大化利用 UV 象限空间。

（3）点击青铜罐模型，为其添加“涡轮平滑”修改器。返回“UVW 展开”修改器打开 UV 编辑器，点击“工具 > 渲染 UVW 模板”，保存 UVW 模板，并导出模型的 FBX 格式备用，如图 7-13 所示。

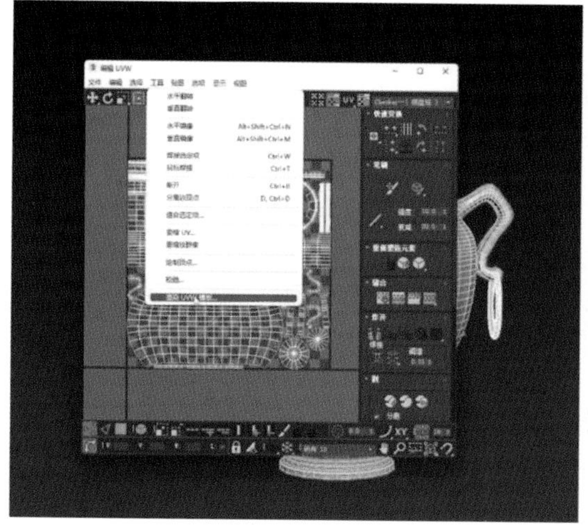
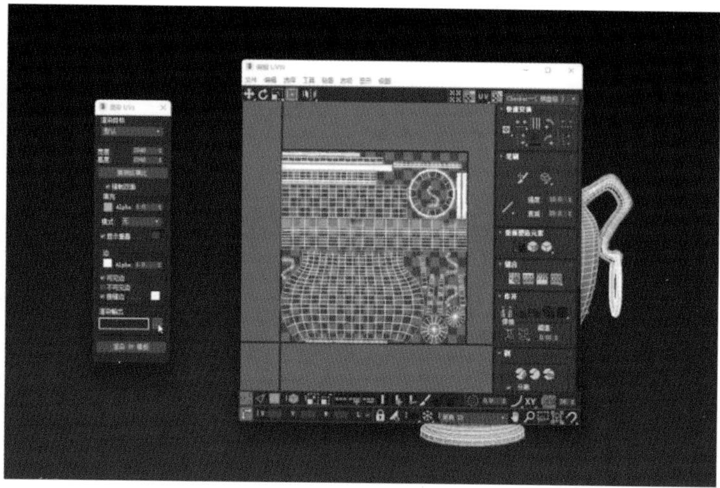

图 7-13　渲染 UV 模板并导出

7.3　模型雕刻与贴图的绘制

（1）打开 Photoshop 软件，将图案纹理素材摆放在合适的位置，如图 7-14 所示。完成后保存为 PSD 格式。

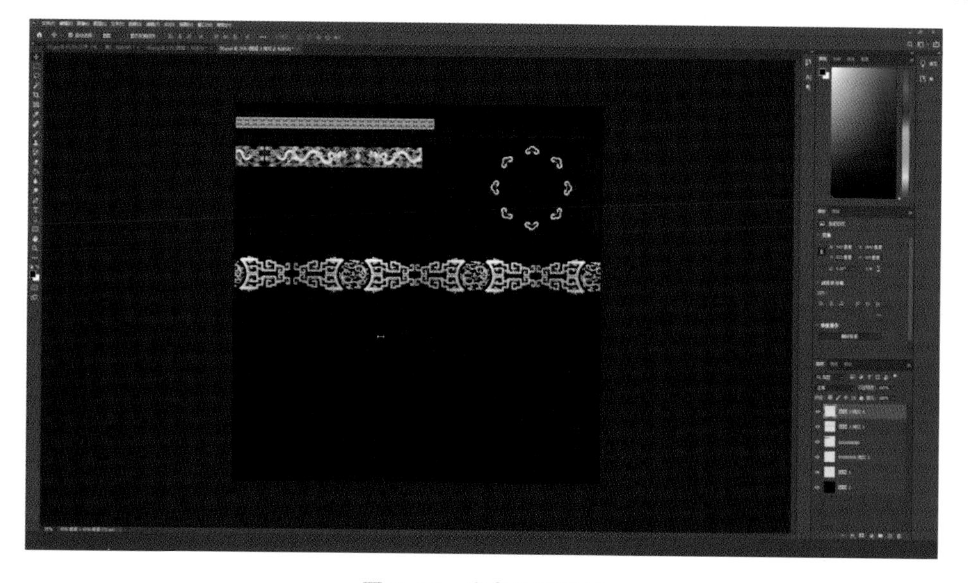

图 7-14　准备纹理素材

（2）打开 ZBrush 软件，再打开由 3ds Max 导出的 FBX 格式文件，将在 Photoshop 中保存的 PSD 格式文件作为“置换贴图”，生成模型表面纹理，如图 7–15 所示。

图 7–15　生成青铜罐表面纹理

（3）打开 Substance 3D Painter 软件，烘焙模型贴图并添加材质，效果如图 7–16 所示。编辑完成后导出贴图。

图 7–16　烘焙模型贴图并添加材质

7.4 灯光与渲染

（1）打开 3ds Max 软件，创建平面，将其转换为可编辑多边形，利用“挤出”与“切角”工具调整场景，如图 7-17 所示。

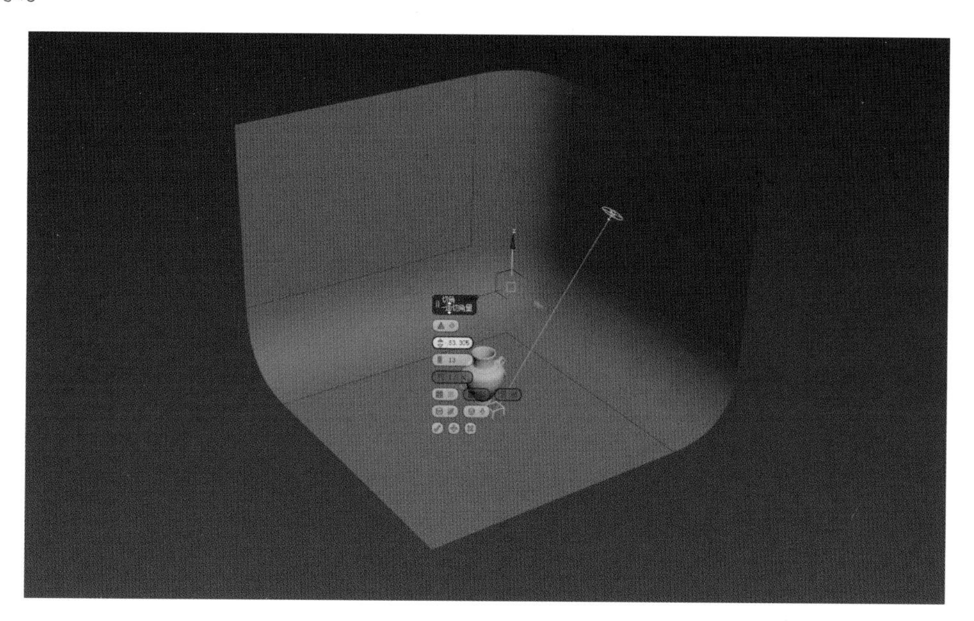

图 7-17 创建并调整场景

（2）指定“V-Ray 5，hotfix 2”渲染器，创建“VRay 太阳光”，调整灯光强度与入射角度，如图 7-18 所示。

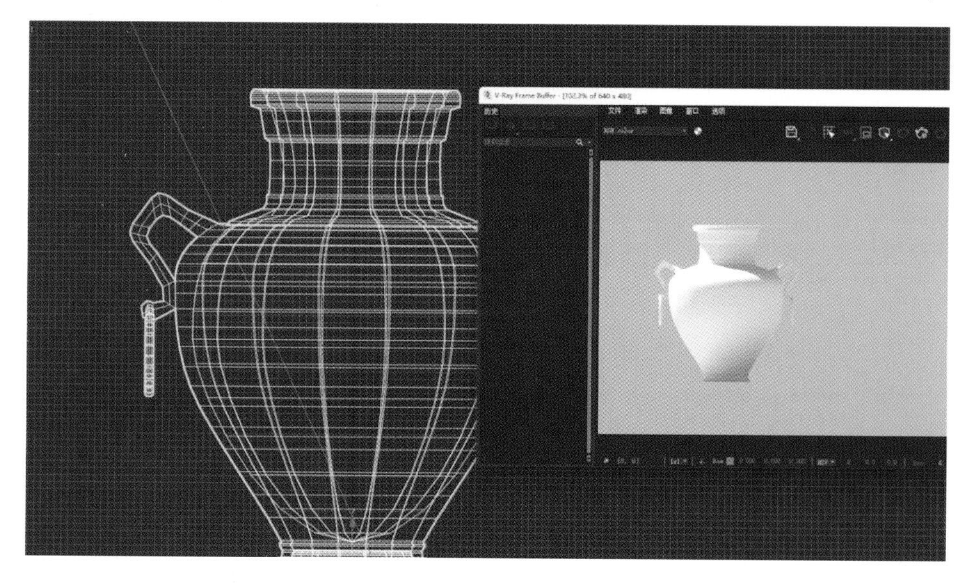

图 7-18 添加并调试灯光

（3）按“M”键打开材质编辑器，选择“VRayMtl”材质，将材质指定给青铜罐模型。选择贴图“Normal”“Roughness”“BaseColor”“Metallic”分别连接至“凹凸贴图”“粗糙度”“漫反射贴图”“金属度”通道，设置贴图通道“凹凸”值为“100.0”，如图 7–19 所示。渲染效果如图 7–20 所示。

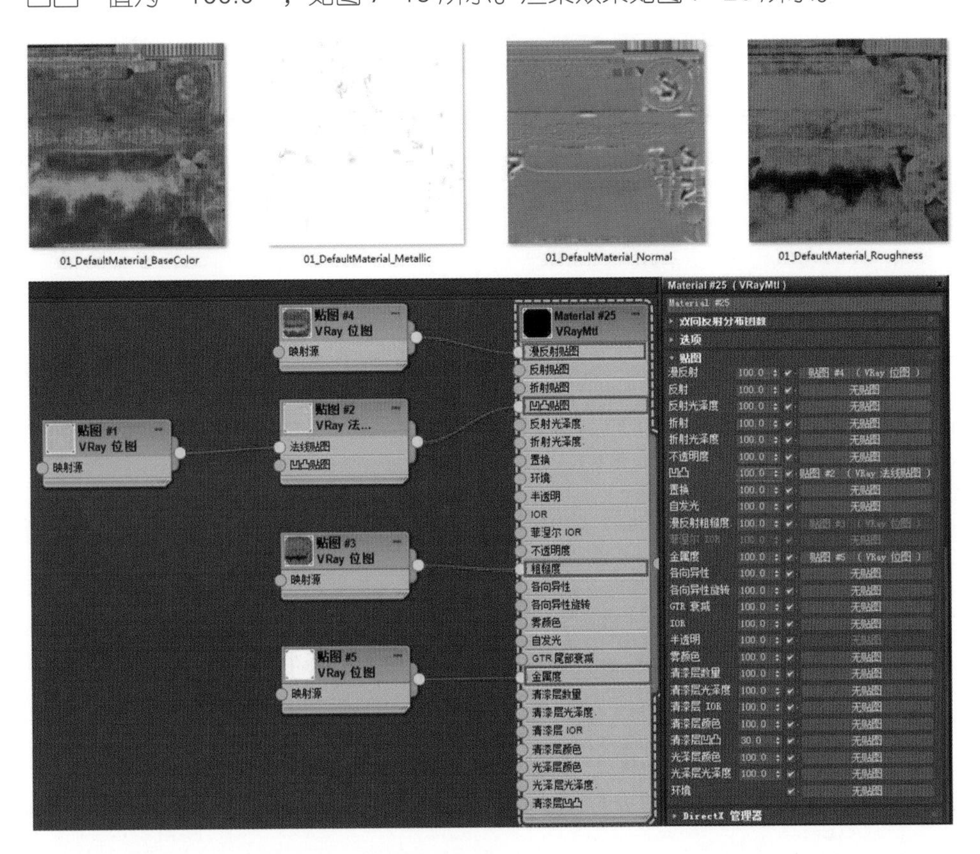

图 7–19　将贴图添加至对应属性通道

图 7–20　渲染效果

（4）选择平面添加“涡轮平滑”修改器，并为其指定“VRayMtl”材质，设置“漫反射”颜色。调整场景视角，设置渲染尺寸，最终完成写实青铜罐的制作，如图 7-21 所示。

图 7-21　完成写实青铜罐的制作

【本章小结】

本章以青铜罐模型为例，主要介绍写实道具模型的创建、UV 编辑、贴图绘制与渲染以及写实模型的制作流程，进一步传达传统文化资源三维数字转化的意义，以期形成传承与创新民族文化的设计思维。

【课题训练】

文物是一个国家科学和文化的历史沉淀，是一个国家精神价值的直接体现，有着重要的价值。请选择一个感兴趣的文物，了解它的背景，通过三维建模与渲染的方式实现其由物质形态向数字形态的转化。

拓展资源

3ds Max SANWEI JIANMO YU XUANRAN JIAOCHENG

第八章

《历史的皮箱》模型制作与渲染

拓展资源

本章知识点

模型制作，UV 投射，贴图制作及渲染。

学习目标

掌握道具模型制作流程。

素养目标

认识三维设计在社会相关领域中的应用及对相关领域发展的促进意义，规范项目制作流程，形成良好的职业习惯与工作素养。

本章将完成对广州起义纪念馆文物“杨殷的皮箱”的数字还原与修复，如图 8-1 所示。

图 8-1　广州起义纪念馆文物“杨殷的皮箱”（上）的数字还原与修复（下）

8.1 皮箱模型制作

（1）在命令面板中单击“创建 > 几何体 > 长方体”，单击鼠标右键将其转换为可编辑多边形，利用“连接”与“挤出”工具，调整皮箱模型大轮廓，如图 8-2 所示，选择面，将其分离。

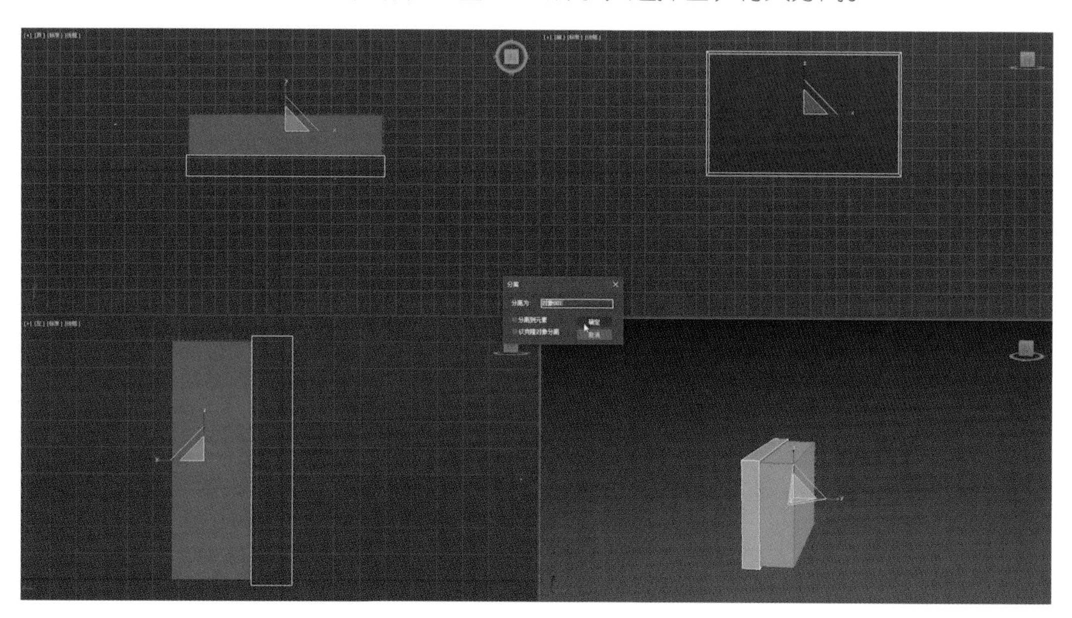

图 8-2 创建模型大轮廓

（2）按“M”键打开材质编辑器，指定“标准”材质赋予对象，如图 8-3 所示。

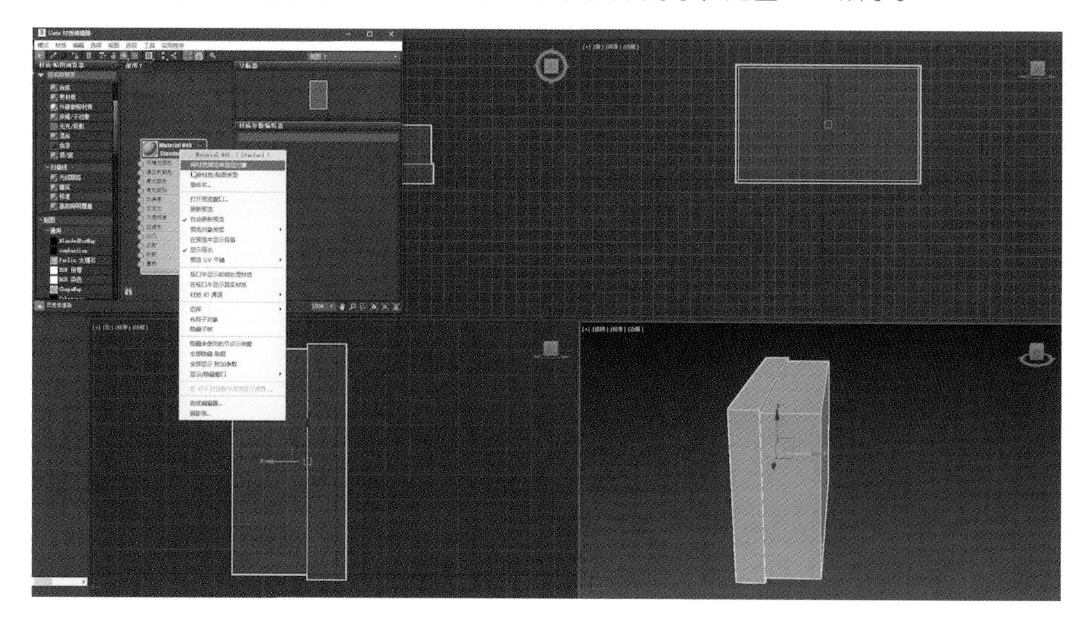

图 8-3 指定材质赋予对象

（3）利用“连接”和“移动”工具，在转折位置进行卡线操作，添加“涡轮平滑”修改器（见图 8-4）并预览平滑效果。

图 8-4　添加“涡轮平滑”修改器

技巧与提示：模型边界处的卡线用于约束形体，添加“涡轮平滑”修改器后可避免变形。

（4）选择箱体的一部分，为方便编辑，隐藏未选定对象，进入“点”层级，对四个角处的细节点进行调节，如图 8-5 所示。

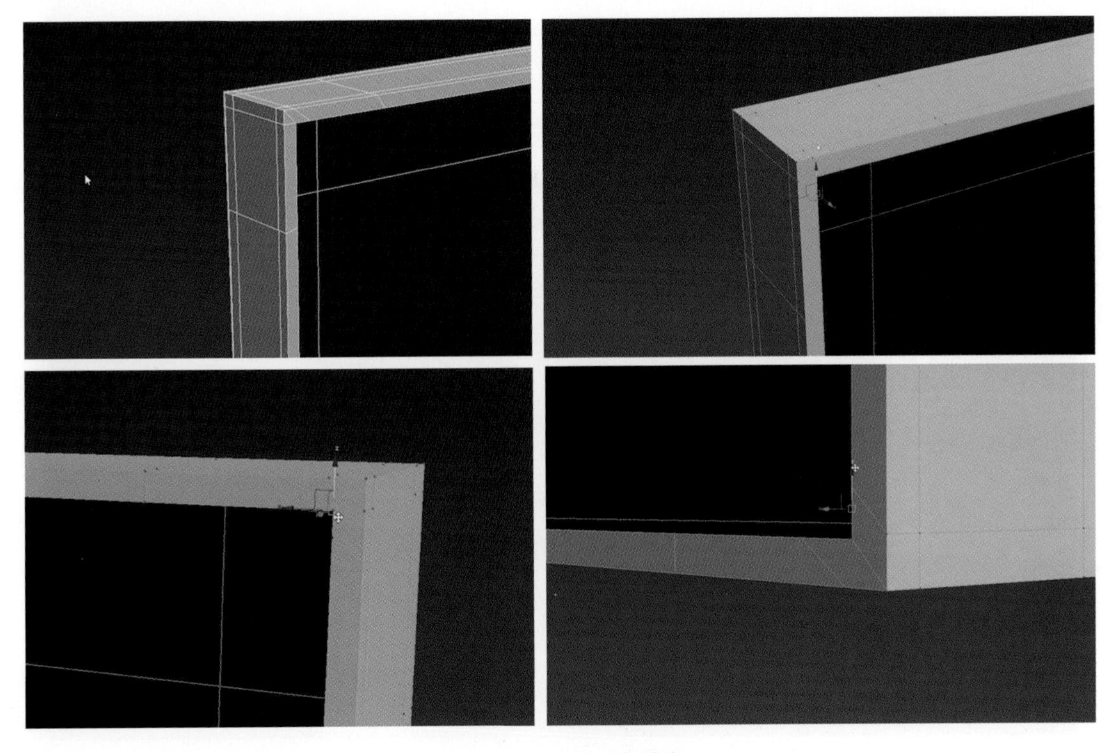

图 8-5　调节四个角的点

（5）切换至“多边形”层级，选择循环的一圈面执行“挤出”与“缩放”命令，调整至与边缘对齐，如图 8-6 所示。

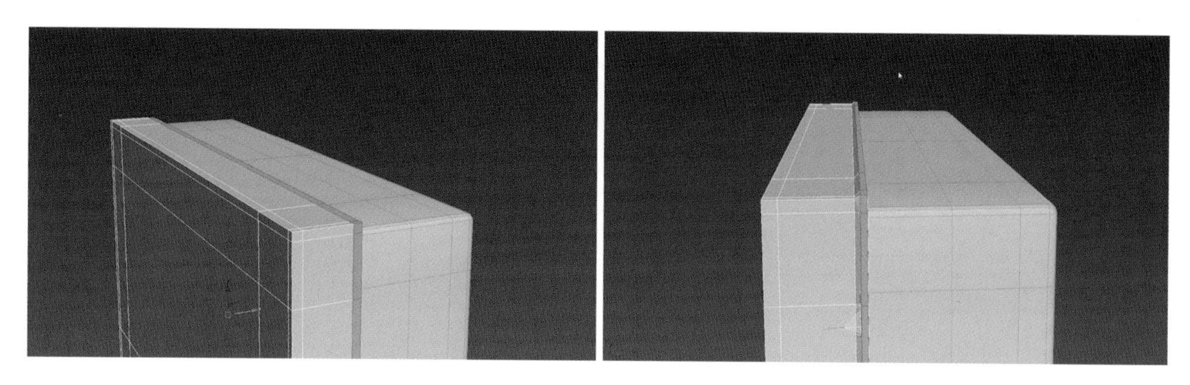

图 8-6　挤出并缩放结构，调整至对齐

（6）在模型转折的位置，添加结构线，如图 8-7 所示。

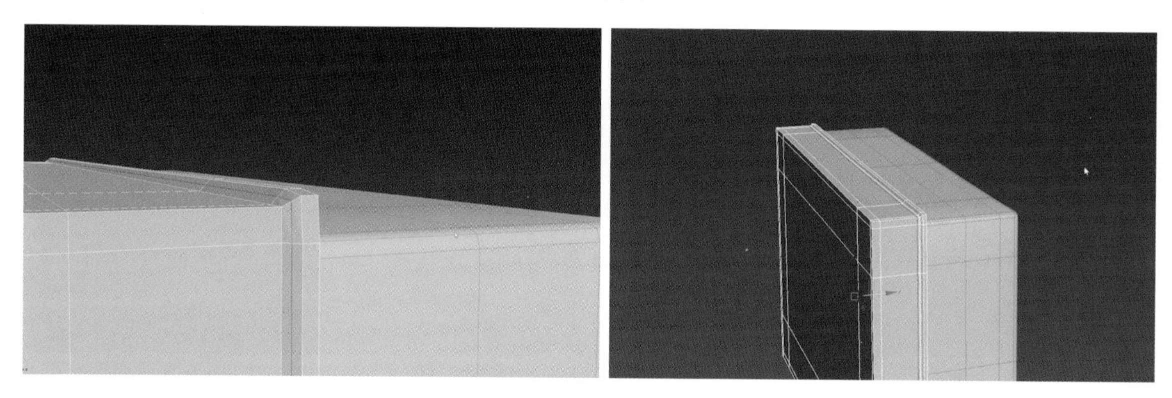

图 8-7　添加结构线

（7）添加“涡轮平滑”修改器，取消全部隐藏。选择另一侧箱体，加线并移动至边缘，选择循环的一圈面挤出，并在转折处进行卡线操作，如图 8-8 所示。

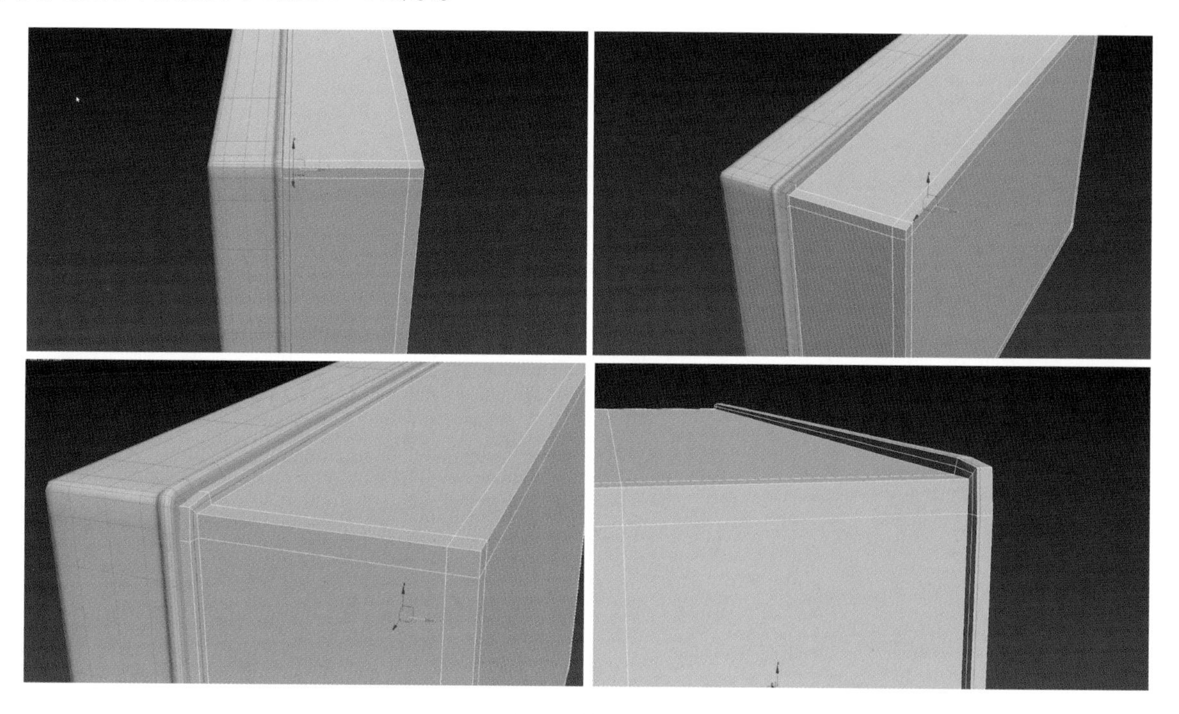

图 8-8　转折处操作

（8）连接线，选择图 8-9 所示的面，按下“Shift”键并移动，将其克隆到对象，如图 8-9 所示。

图 8-9　连接线并克隆对象

（9）单独显示选中物体，按“Alt+C”组合键激活剪切工具，添加线，然后删除选中的三角面，如图 8-10 所示。

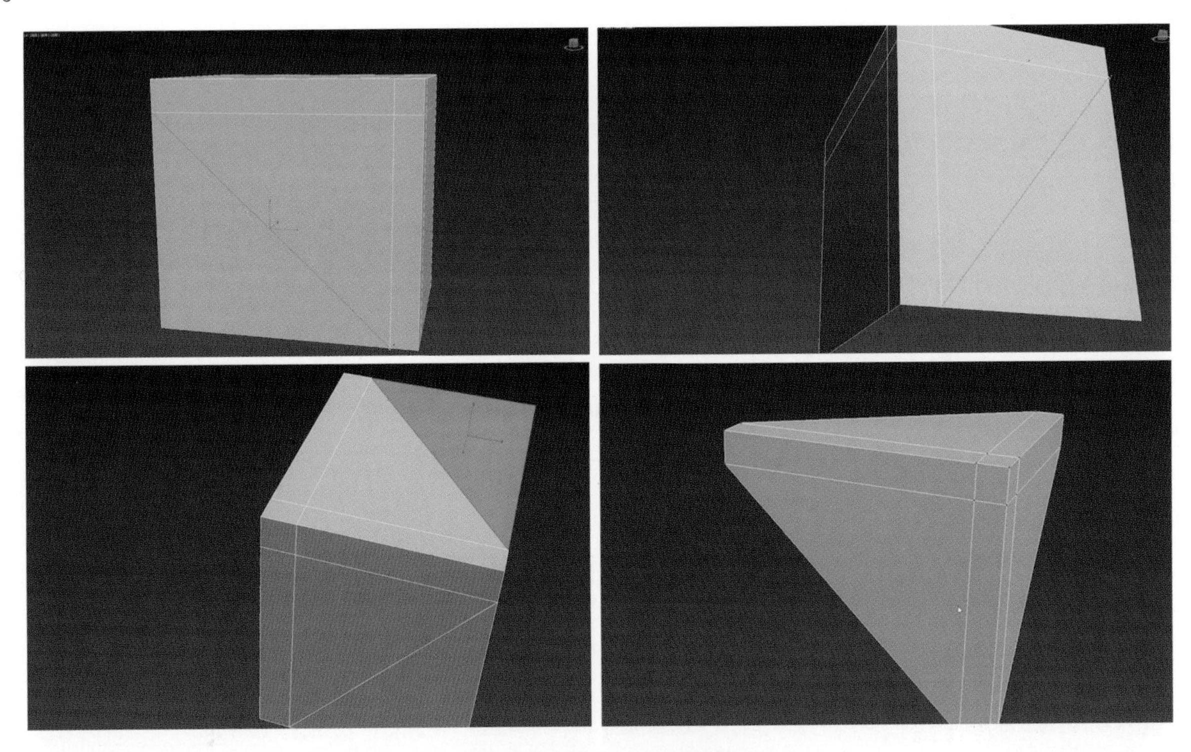

图 8-10　添加线并删除面

（10）用切割工具添加线，再分别移动点到指定位置，如图 8-11 所示，注意不要让点偏离所在面的位置。

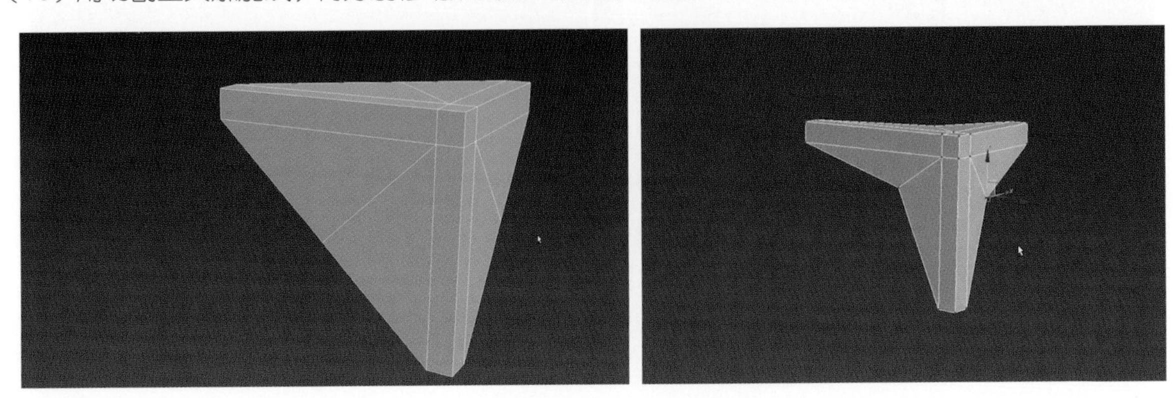

图 8-11　添加线并调整点的位置

（11）选择外沿一圈的边，挤出并调整参数，如图 8–12 所示。选择挤出所产生的面，再一次挤出为“多边形”，并调整外形，如图 8–13 所示。利用“切割”和“连接”工具，为护角模型结构加线，如图 8–14 所示。

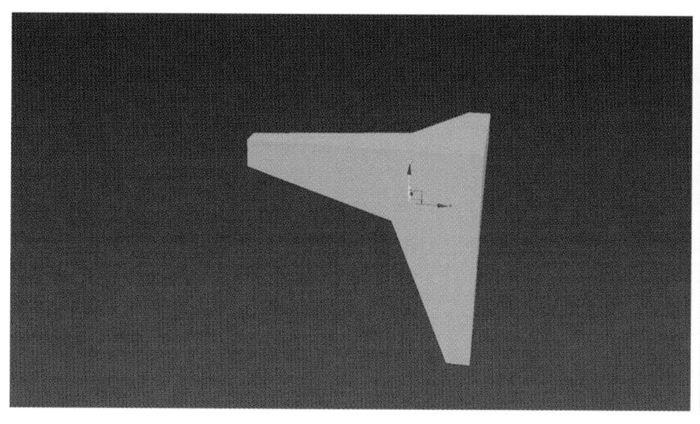
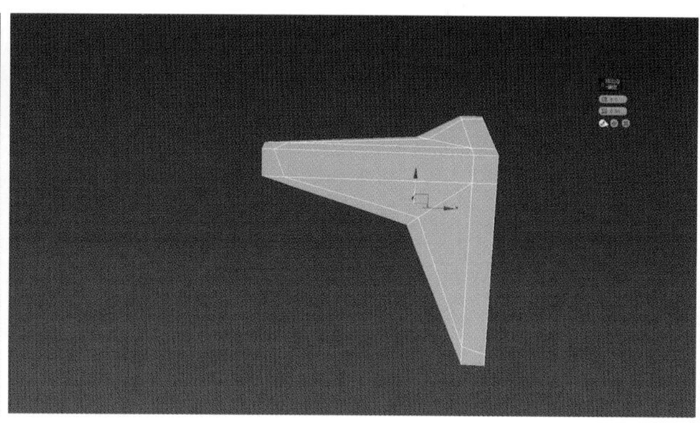

图 8–12　挤出外沿一圈边

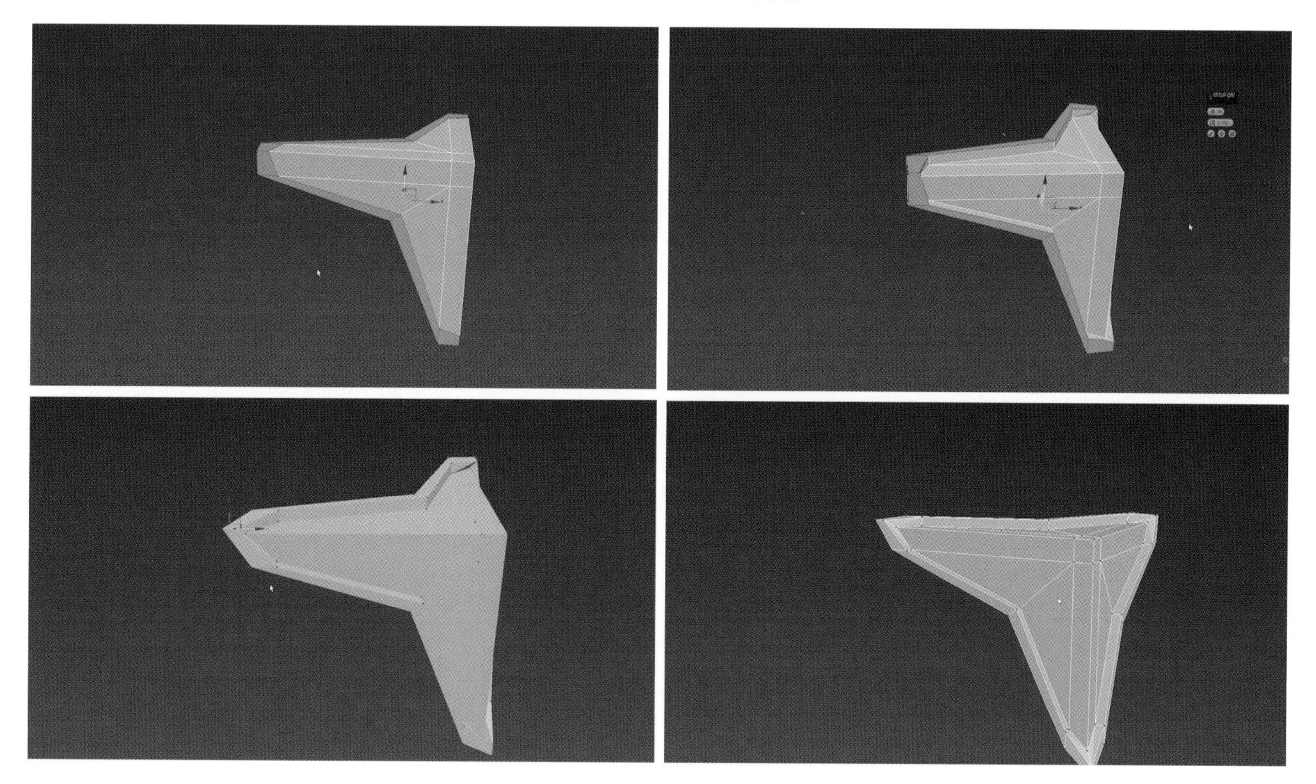

图 8–13　挤出并调整外形

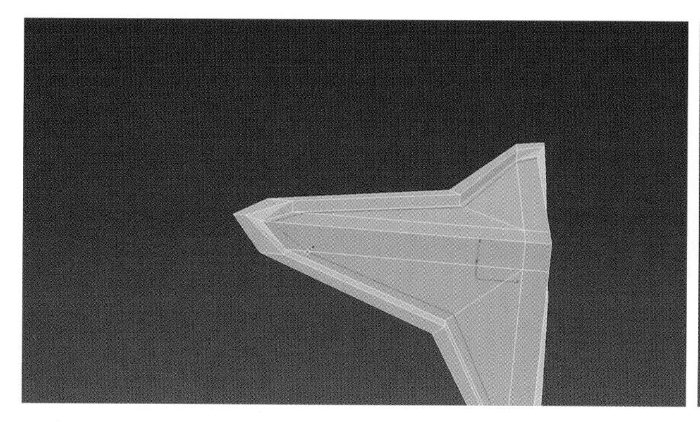
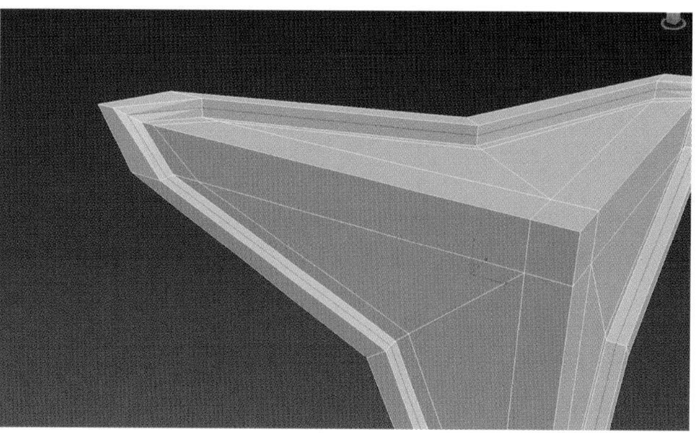

图 8–14　模型结构加线

（12）全部取消隐藏，调整护角模型位置、大小，使之与箱体贴合，如图 8-15 所示。使用“镜像”和“实例复制”方式，完成四个护角的制作，如图 8-16 所示。

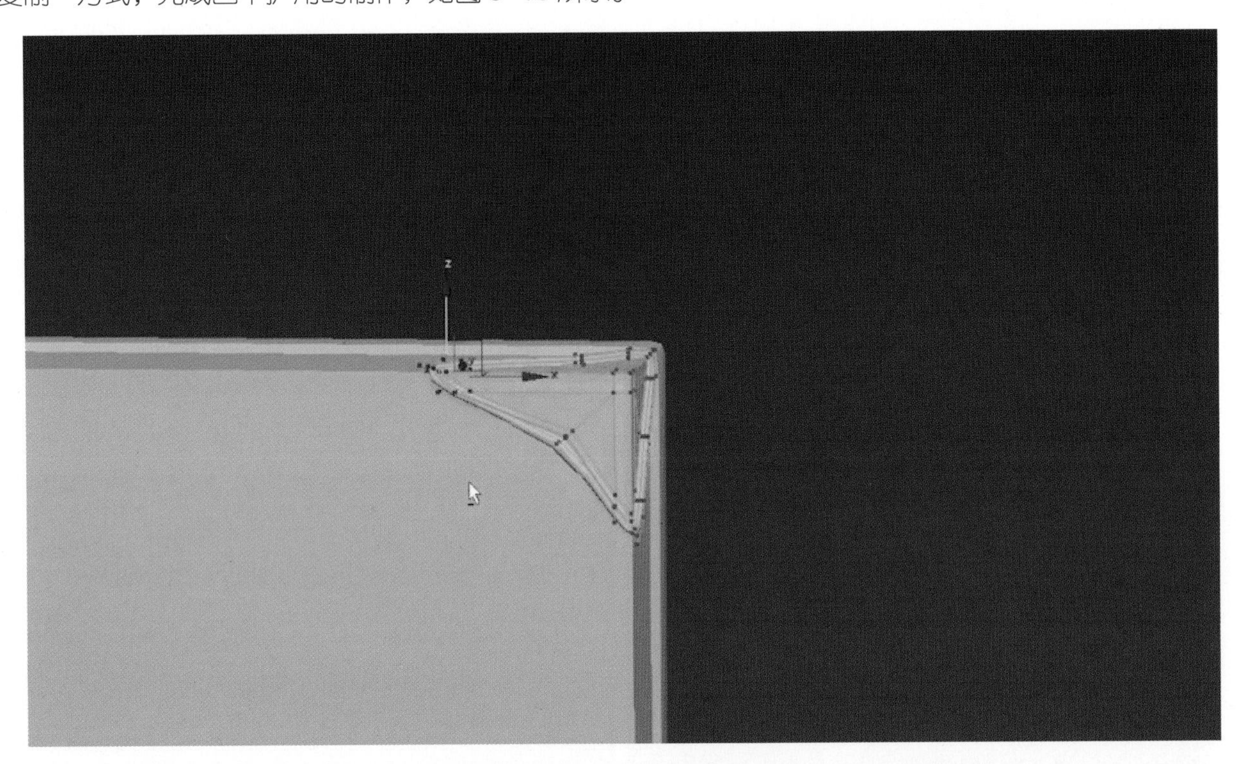

图 8-15　调整护角模型至与箱体贴合

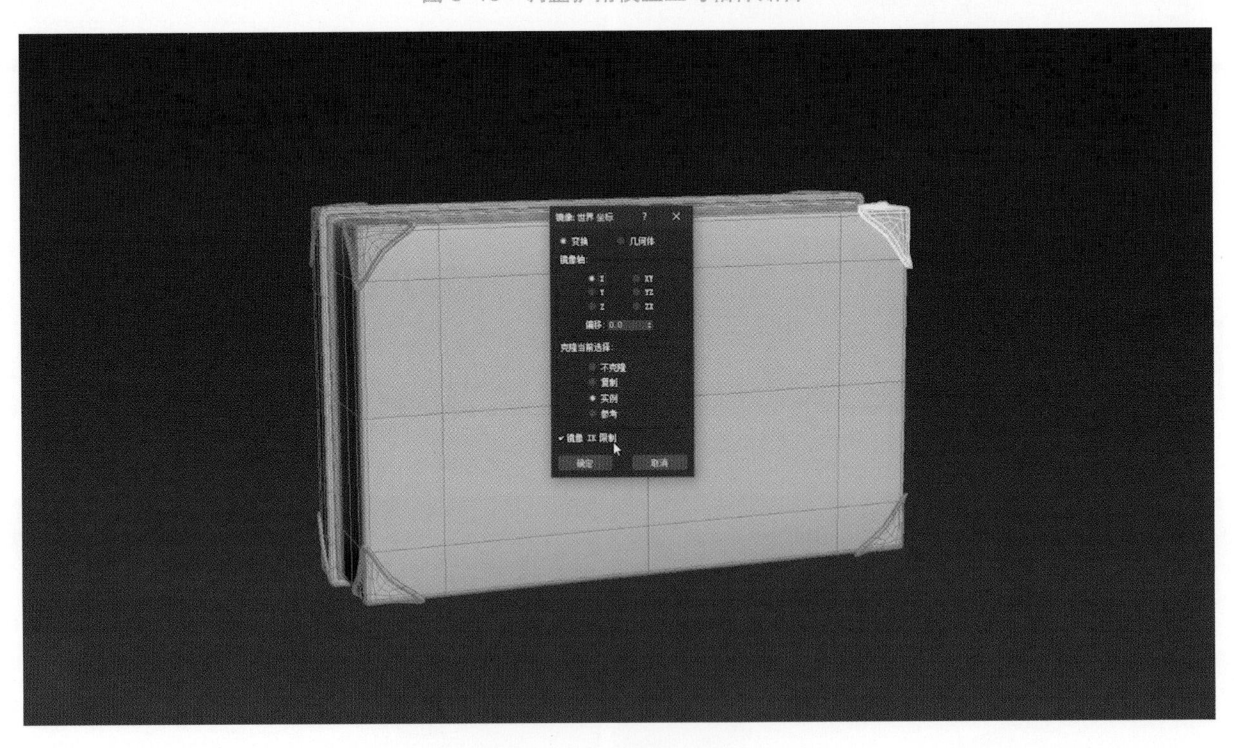

图 8-16　复制完成四个护角

（13）创建长方体，将其转换为可编辑多边形，利用“挤出”“切割”“连接”“移动”等工具，为模型增加细节并调整布线，如图 8-17 所示。添加“涡轮平滑”修改器，调整位置，使其贴合箱体，镜像复制完成另一侧，如图 8-18 所示。

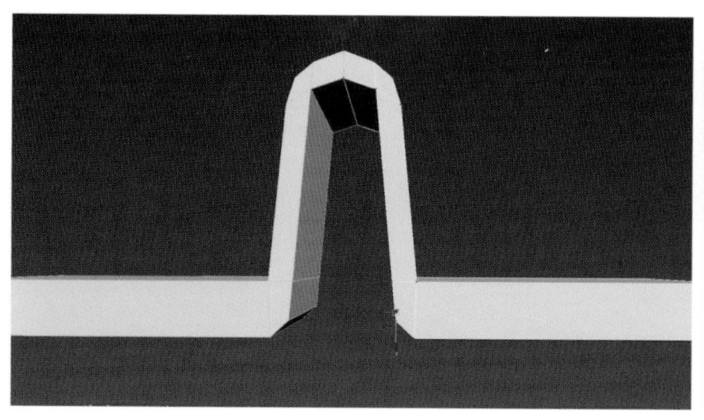

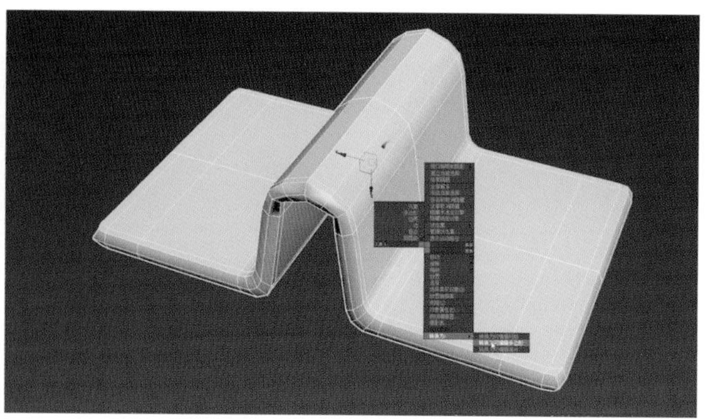

图 8-17 调整布线

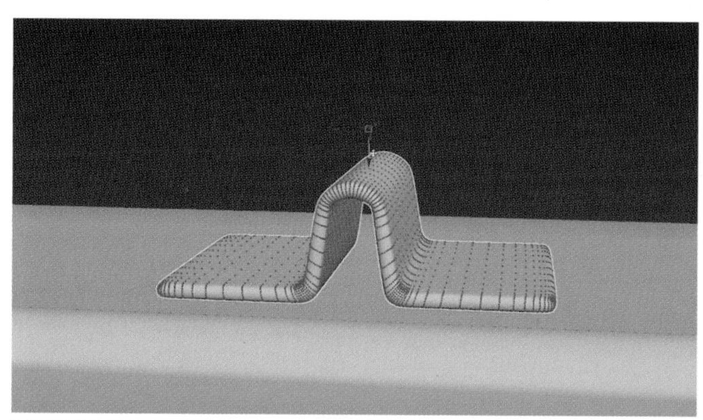

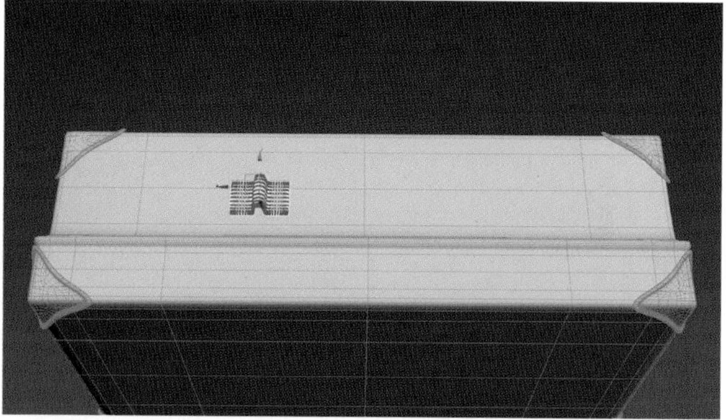

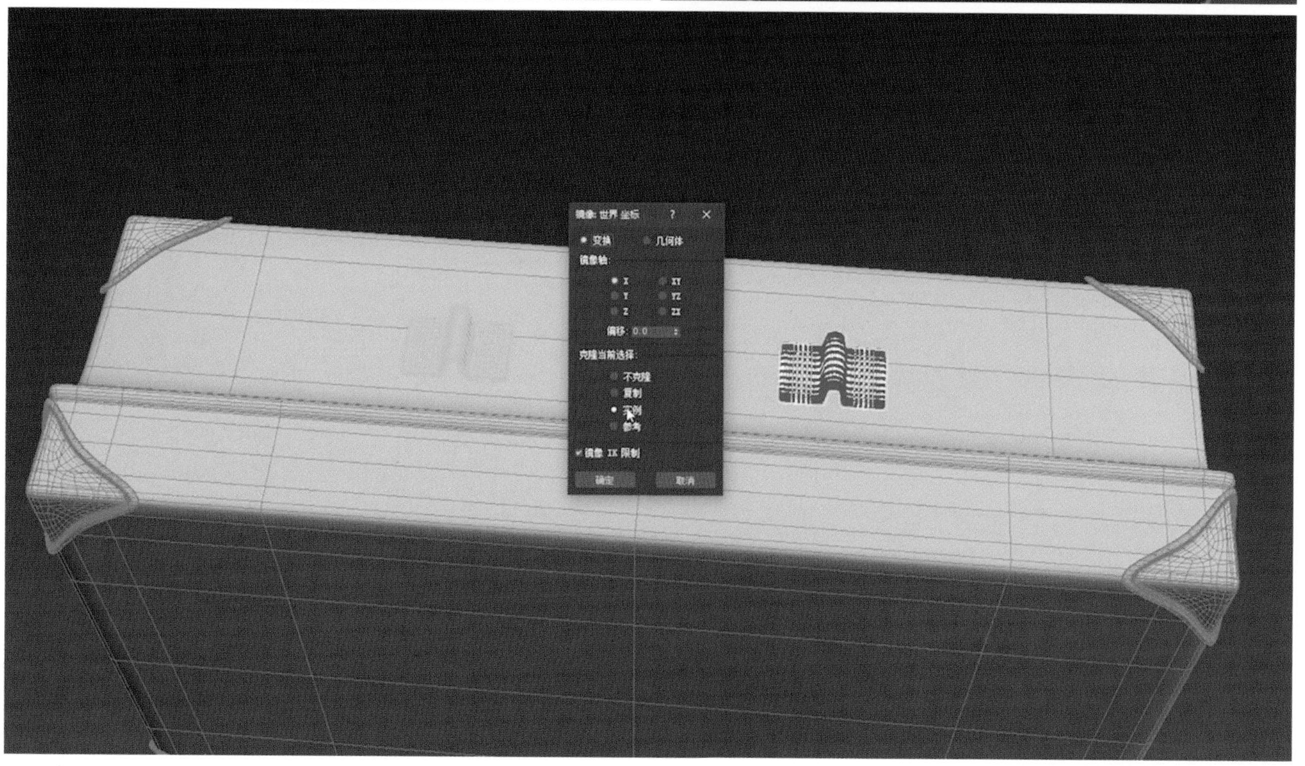

图 8-18 涡轮平滑并镜像复制

（14）添加方形金属扣。创建圆环，修改“半径”“分段”“边数”，调整位置并旋转至如图 8-19 所示，再将其转换为可编辑多边形，调整细节点到合适的位置，并利用“切角”“连接”工具调整形状至如图 8-20 所示。添加“涡轮平滑”修改器，镜像完成另一侧，调整摆放角度，如图 8-21 所示。

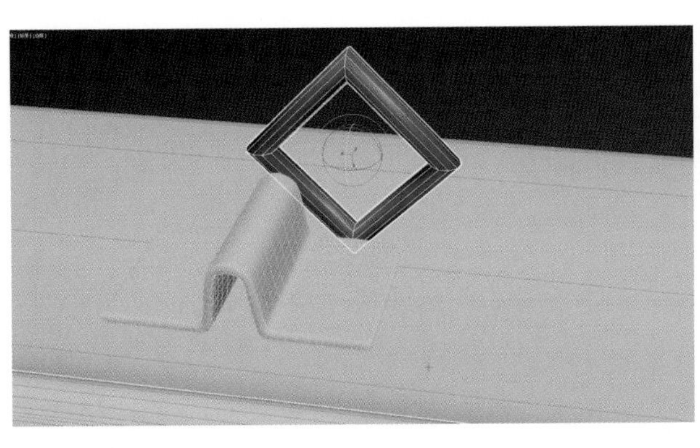

图 8-19　调整位置并旋转

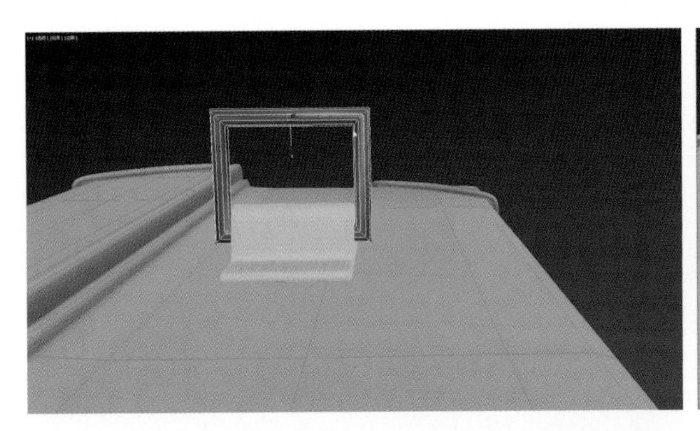
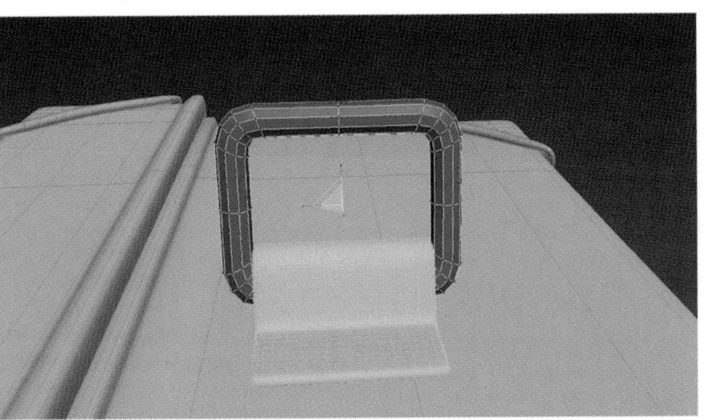

图 8-20　调整形状

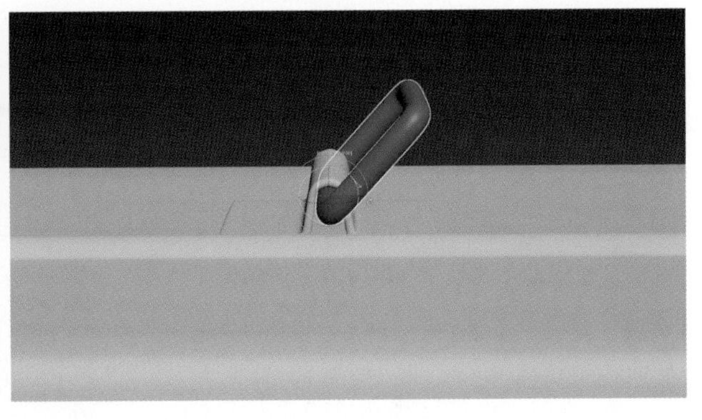

图 8-21　涡轮平滑并镜像复制，调整角度

（15）创建长方体，将其转换为可编辑多边形，通过“挤出”“连接”“切割”工具，调整形状至如图 8-22 所示。继续调整细节点的位置，使长方体弧度自然，如图 8-23 所示。

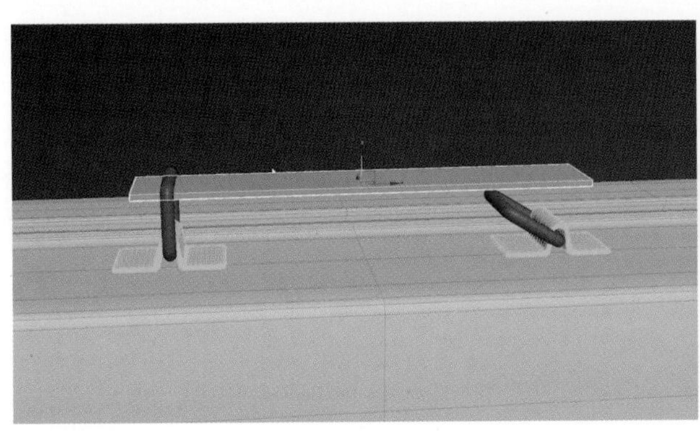
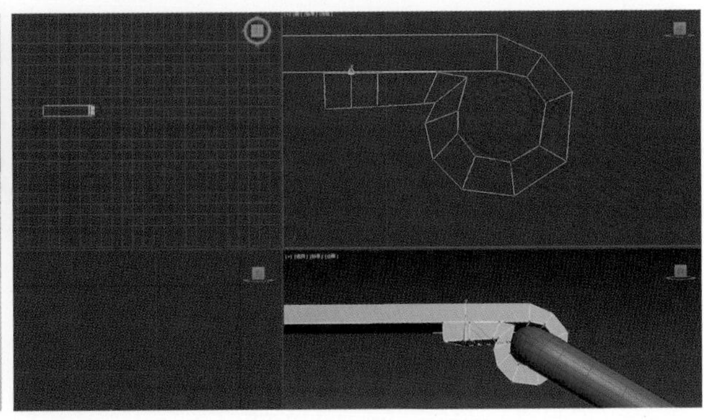

图 8-22　调整形状

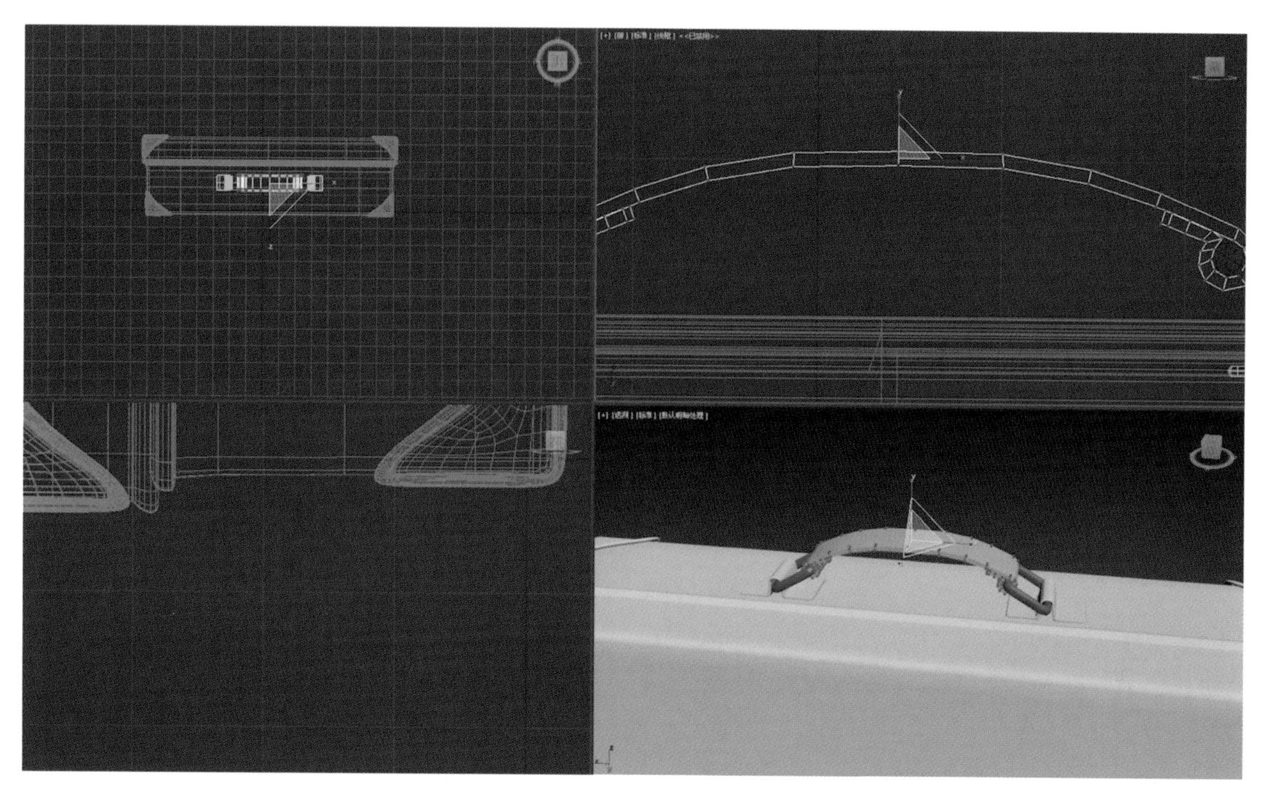

图 8-23 调整细节

（16）创建长方体，将其转换为可编辑多边形，并进行移动复制，如图 8-24 所示。使用“连接”工具加线，删除图 8-25 中选中的面，对相关的边进行“桥”操作，调整形状至如图 8-25 所示。连接线，对图 8-26 所示的点进行焊接，完成形状。通过“连接”工具进行卡线操作，调整点，避免出现直角，调整完成后添加“涡轮平滑”修改器，效果如图 8-27 所示。

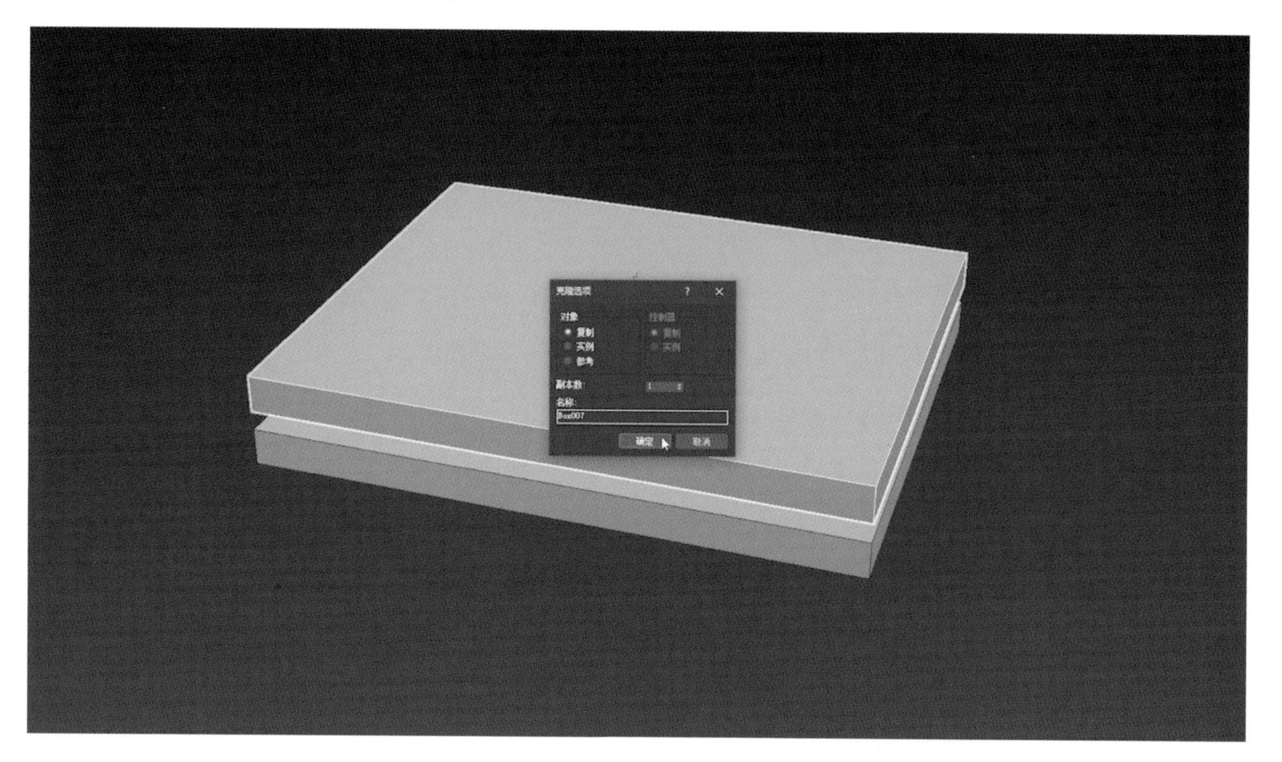

图 8-24 创建长方体并移动复制

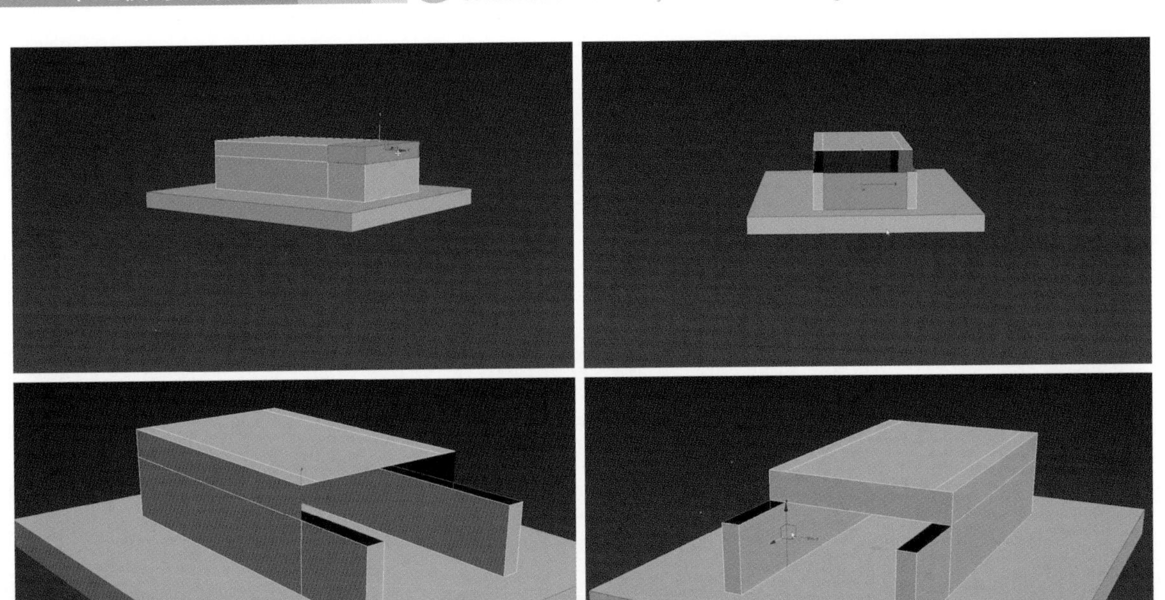

图 8-25　调整形状

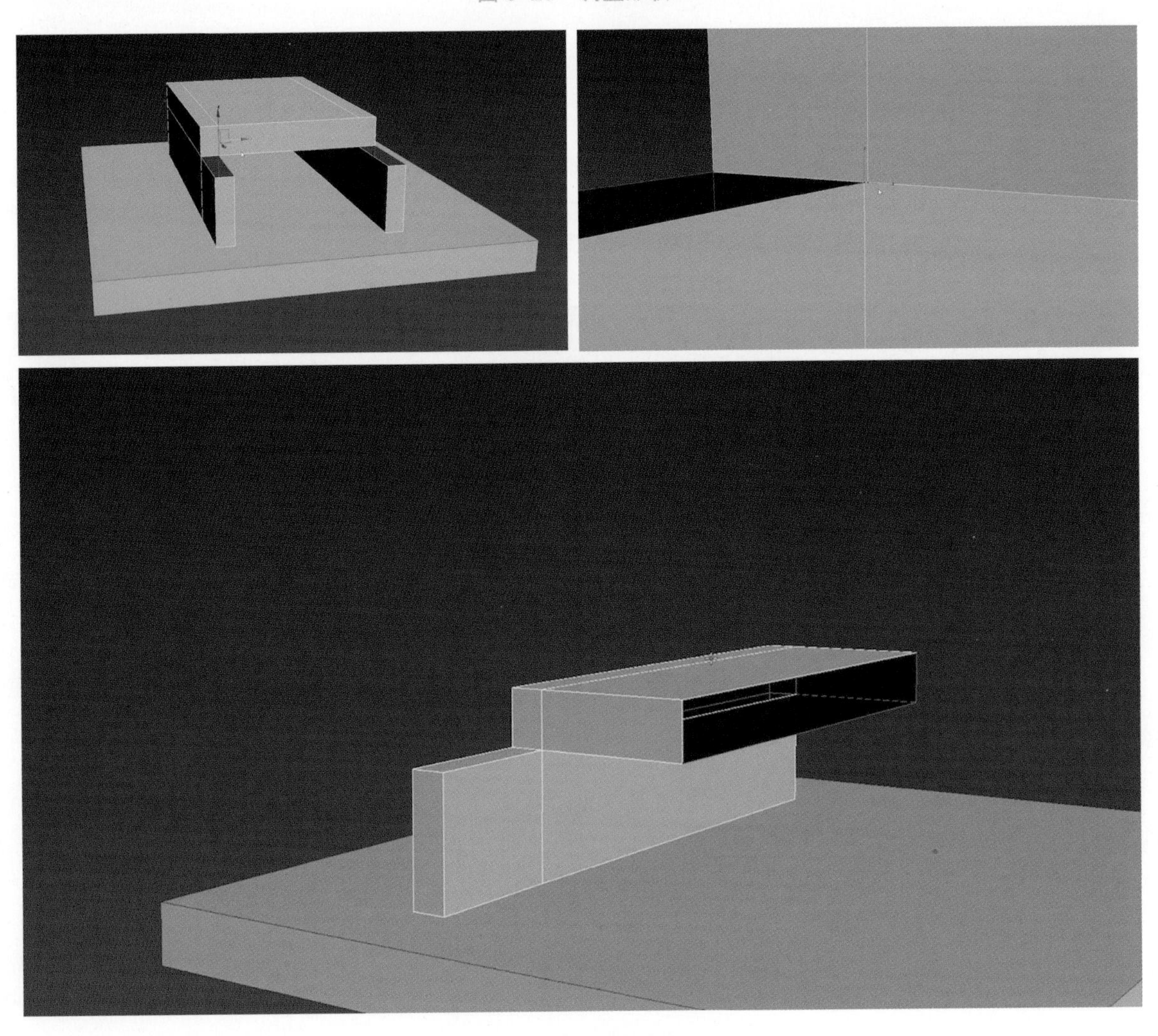

图 8-26　连接线并焊接点

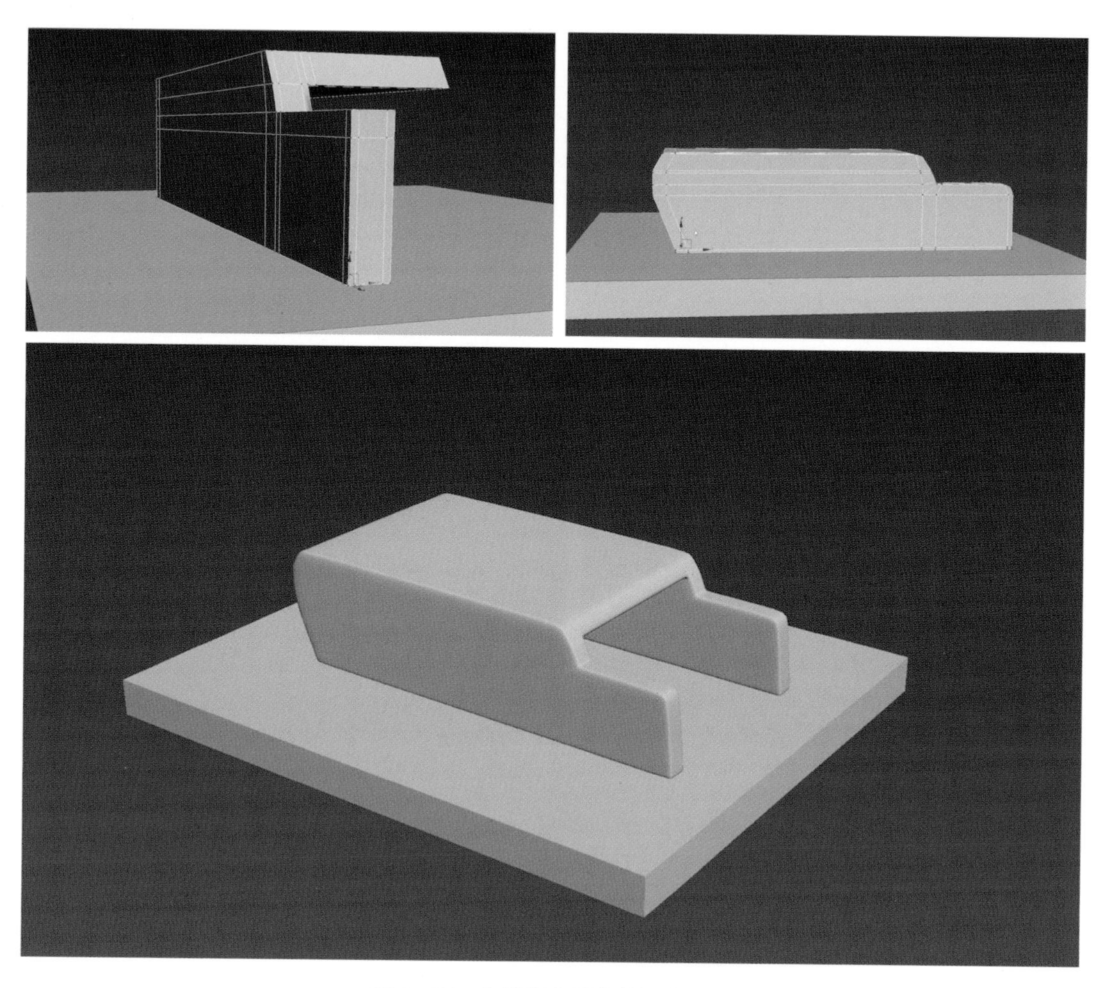

图 8-27 卡线调节形状并涡轮平滑

（17）为底座卡线，并创建长方体调整形状，添加“涡轮平滑”修改器，如图 8-28 所示。复制一个方形金属扣，将其摆放在合适位置，删除选定面，对边界进行封口并重新调整布线，如图 8-29 所示。

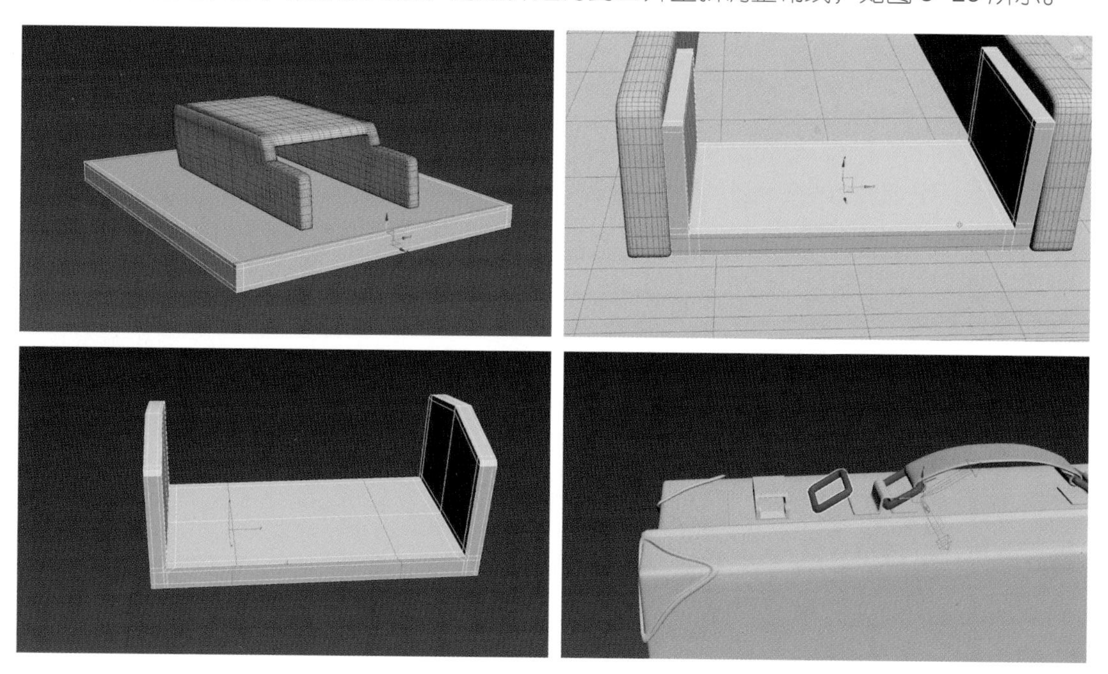

图 8-28 创建长方体并调整形状

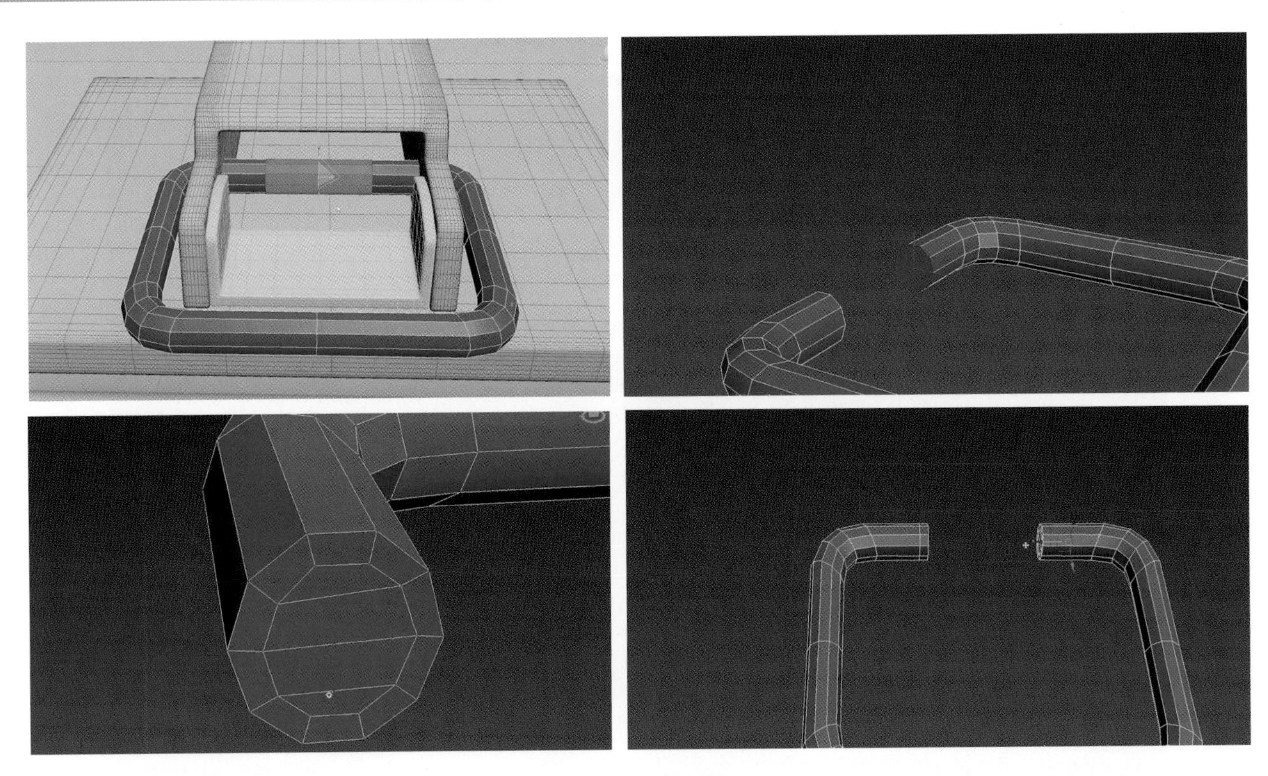

图 8-29　调节金属扣

（18）创建圆柱体，将其转换为可编辑多边形，在图 8-30 所示位置，重新调整布线，如图 8-30 所示。

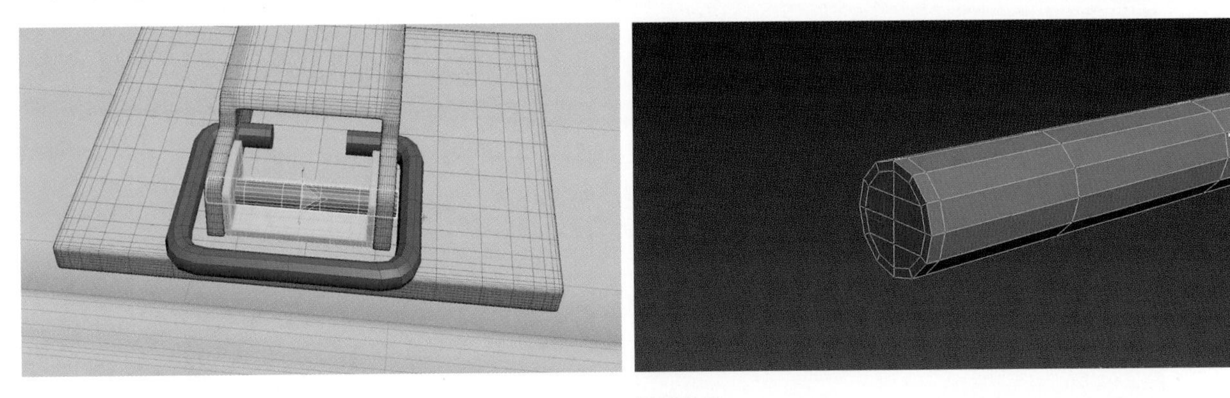

图 8-30　调整细节

（19）创建长方体，转换为可编辑多边形，通过“挤出”“连接”“移动”等工具，调节形状与位置，如图 8-31 所示。调整各个部件之间的关系，匹配到合适位置，并为模型卡线，如图 8-32 所示。完成后，镜像复制出另一侧。

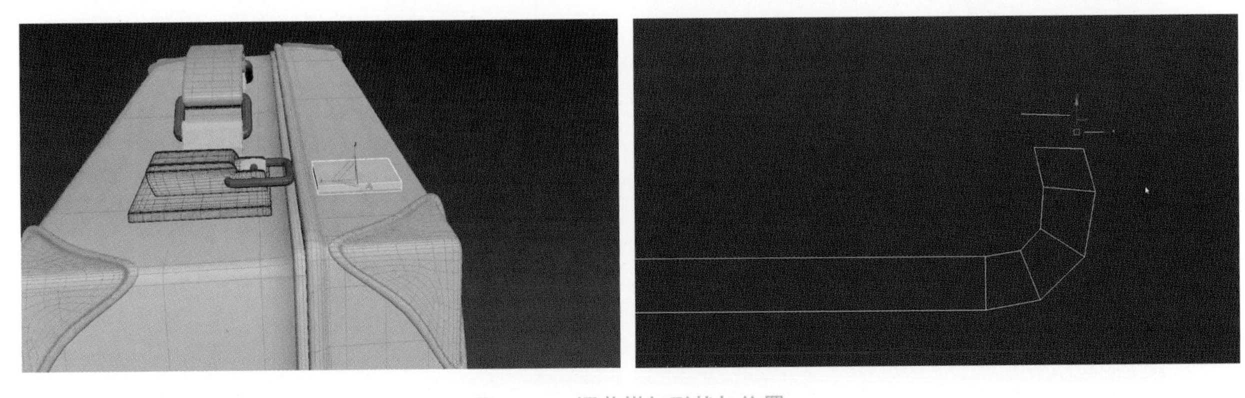

图 8-31　调节搭扣形状与位置

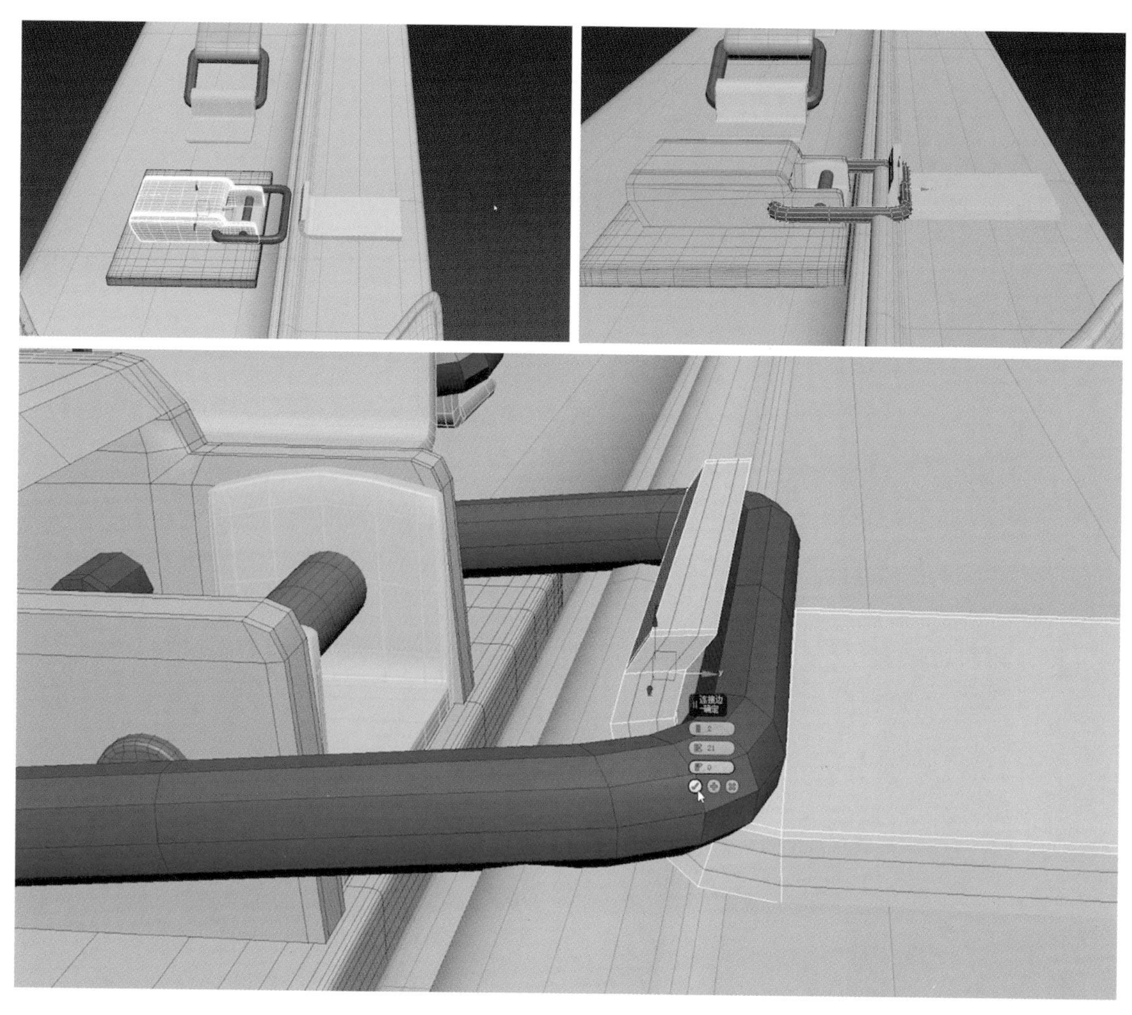

图 8-32 匹配位置并卡线

（20）完成模型制作（关闭涡轮平滑效果），如图 8-33 所示。

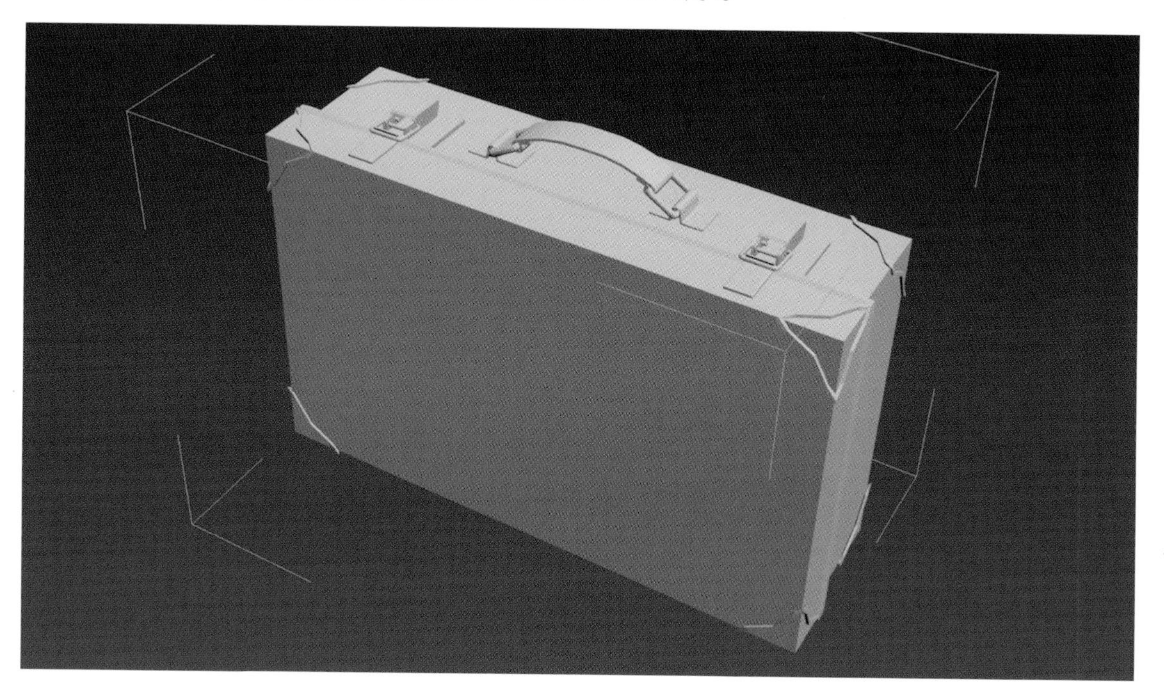

图 8-33 完成模型制作

8.2 UV 的编辑

（1）按“M”键打开材质编辑器（为方便在进行 UV 编辑的时候进行对照，可以将已经制作好的 UV 图作为参考），为“漫反射”通道连接“位图”，选择配套文件“UV 对照图”，在视口中显示明暗处理材质，如图 8-34 所示。

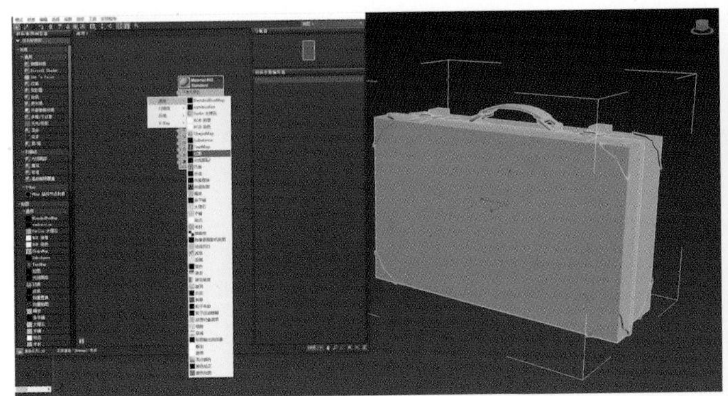
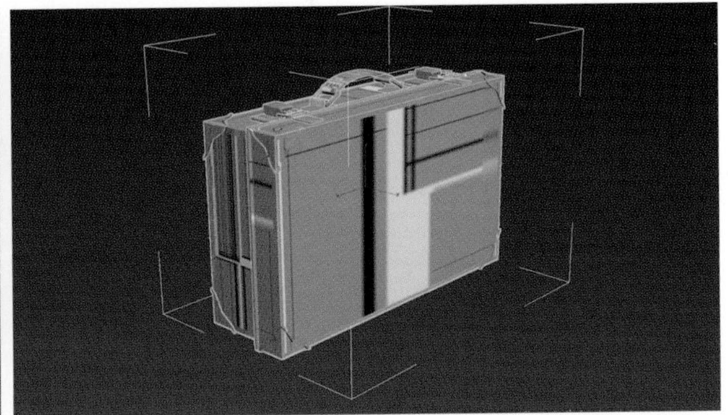

图 8-34 添加材质

（2）全选所有对象，添加“UVW 展开”修改器，如图 8-35 所示。

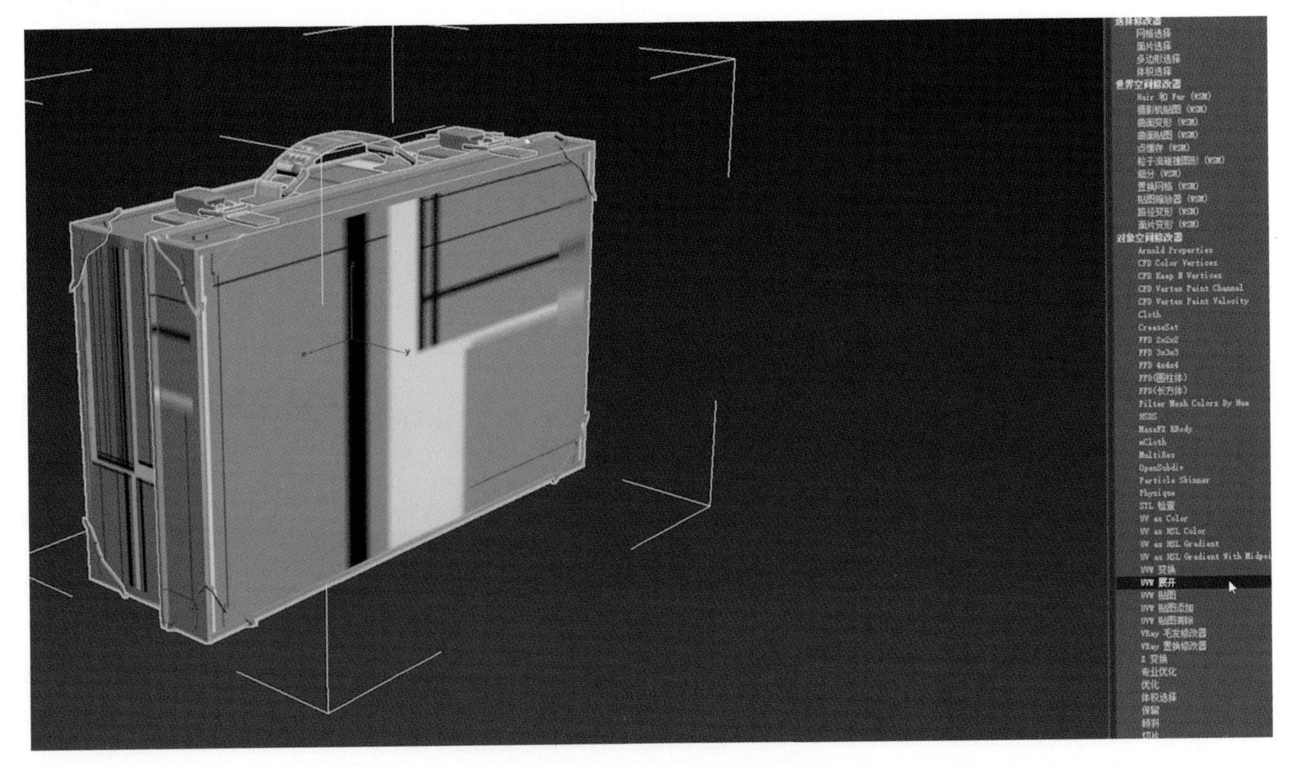

图 8-35 添加“UVW 展开”修改器

（3）打开 UV 编辑器，选择边重新定义缝合线，通过“剥”和“松弛”命令对模型物体的 UV 网格进行编辑，如图 8-36 所示。

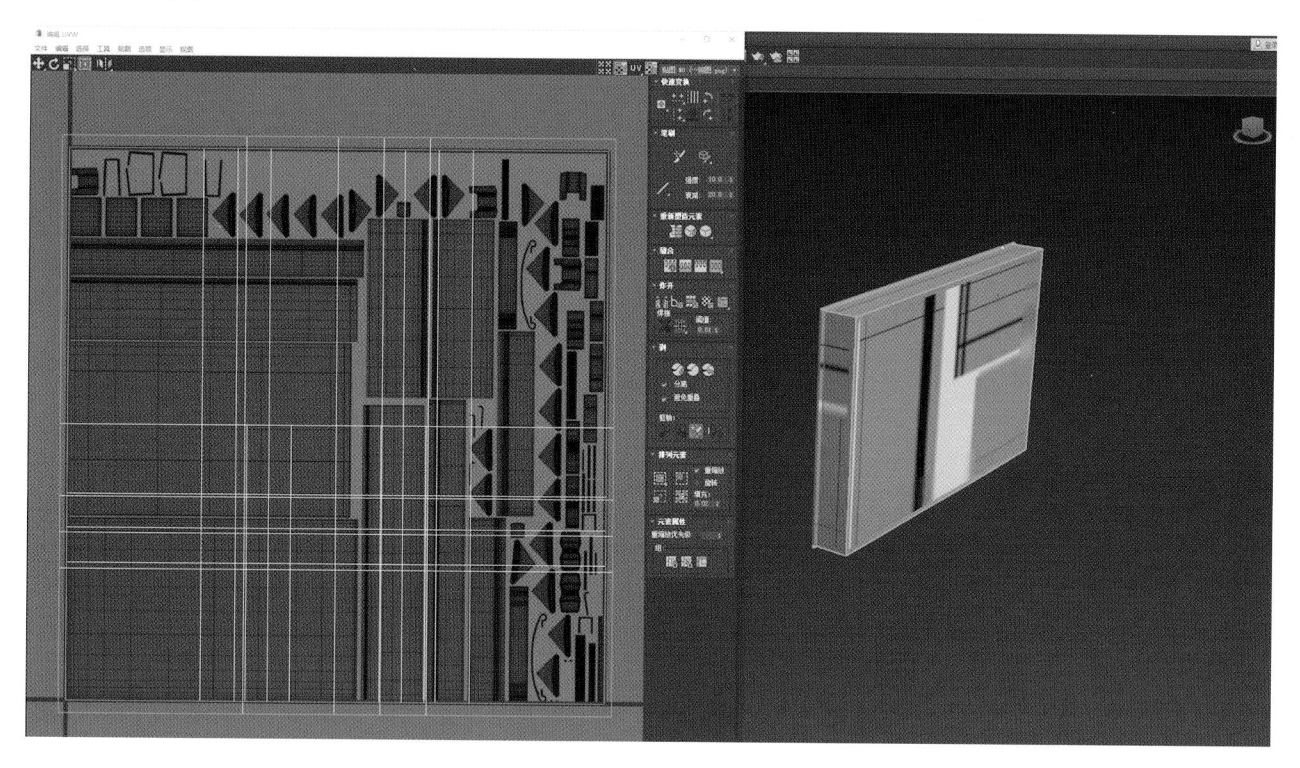

图 8-36　编辑 UV 网格

（4）依次选择一侧的面，以相应轴向的投影方式进行展开；一些不好展开的地方可以选择部分点进行松弛。依次将模型的 UV 展开并有序摆放在象限区域，如图 8-37 所示。

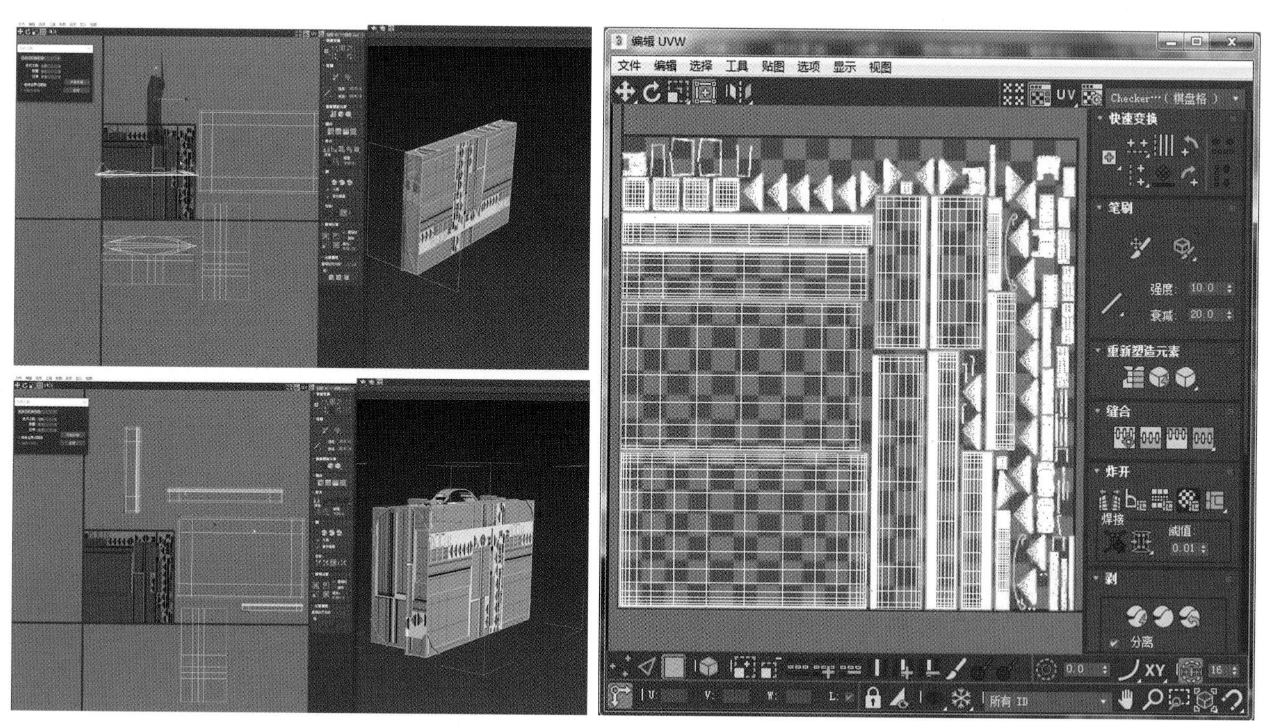

图 8-37　调节 UV 并有序摆放

（5）将编辑好 UV 的模型附加成一个整体，并添加“涡轮平滑”修改器，如图 8-38 所示。

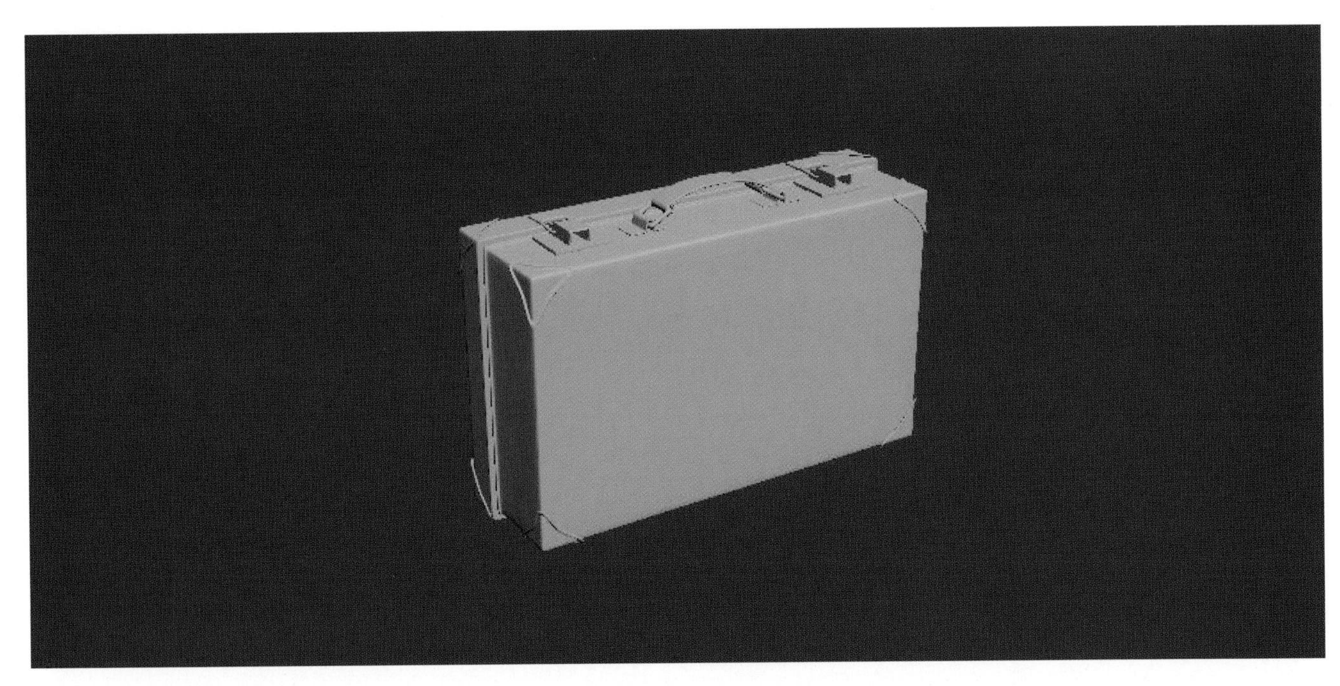

图 8-38　附加模型并添加“涡轮平滑”修改器

8.3　绘制贴图与场景布局渲染

（1）将 UV 网格渲染出的图片导入 Photoshop，或将模型导入 BodyPaint、Substance Painter 等专业贴图绘制软件中进行贴图的绘制，绘制完成的贴图如图 8-39 所示。

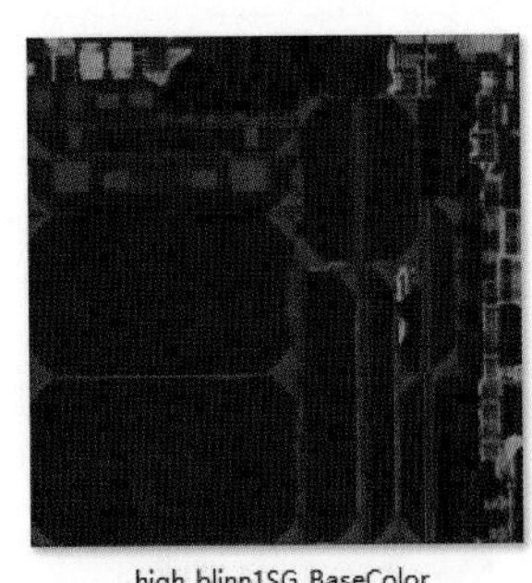

high_blinn1SG_BaseColor

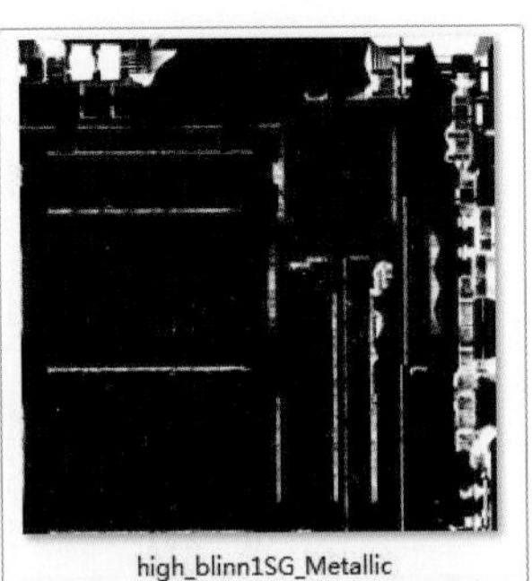

high_blinn1SG_Metallic

high_blinn1SG_Normal

high_blinn1SG_Roughness

图 8-39　绘制贴图

技巧与提示：本案例贴图使用 Substance Painter 绘制完成，Substance Painter 为目前主流的贴图绘制软件，读者可以将其作为拓展知识了解。

（2）按“Ctrl+C”组合键创建一个摄影机，按实例复制皮箱并调整其摆放位置，如图 8-40 所示。

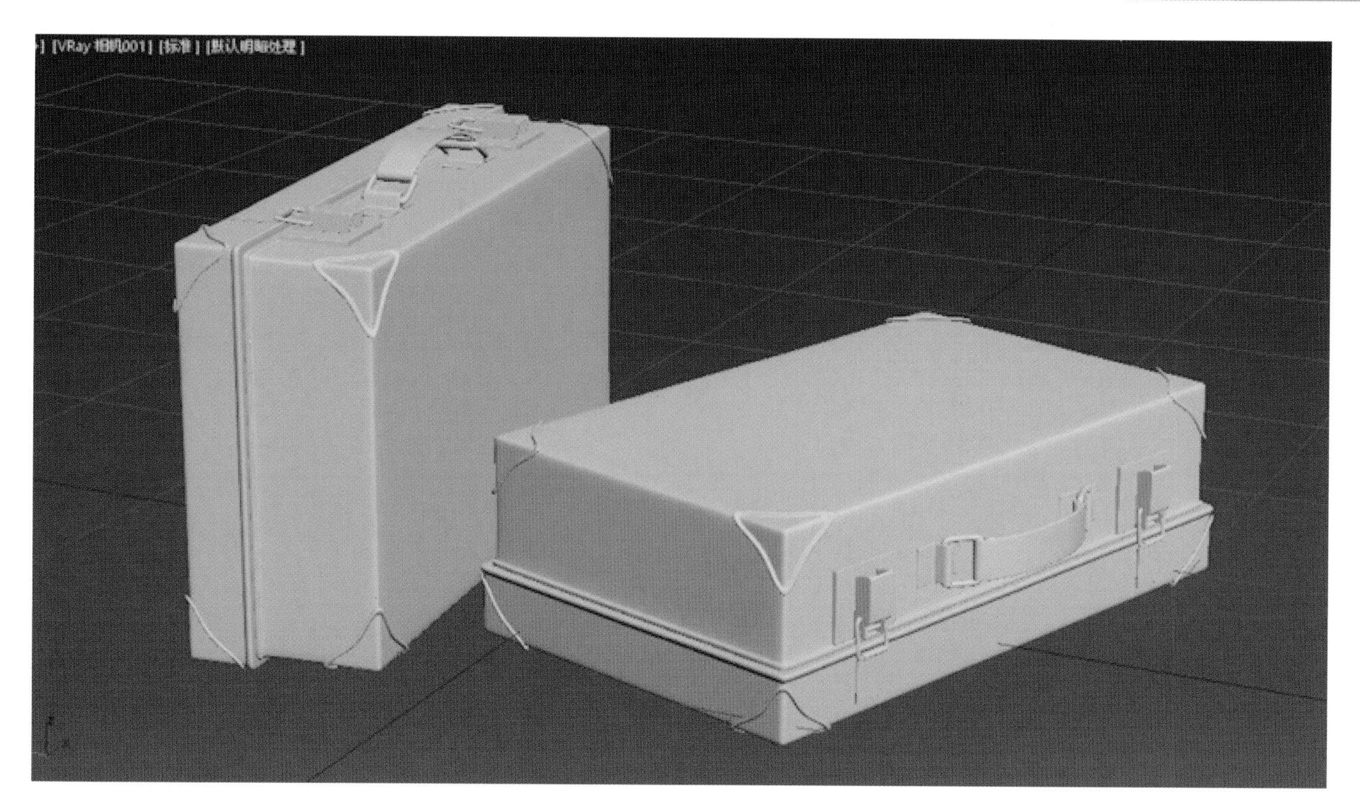

图 8-40　创建摄影机并调整皮箱视角

（3）创建平面，转换为可编辑多边形，利用“挤出”和“切角”命令调节形状，调整背景位置，使之与箱体贴合，如图 8-41 所示。

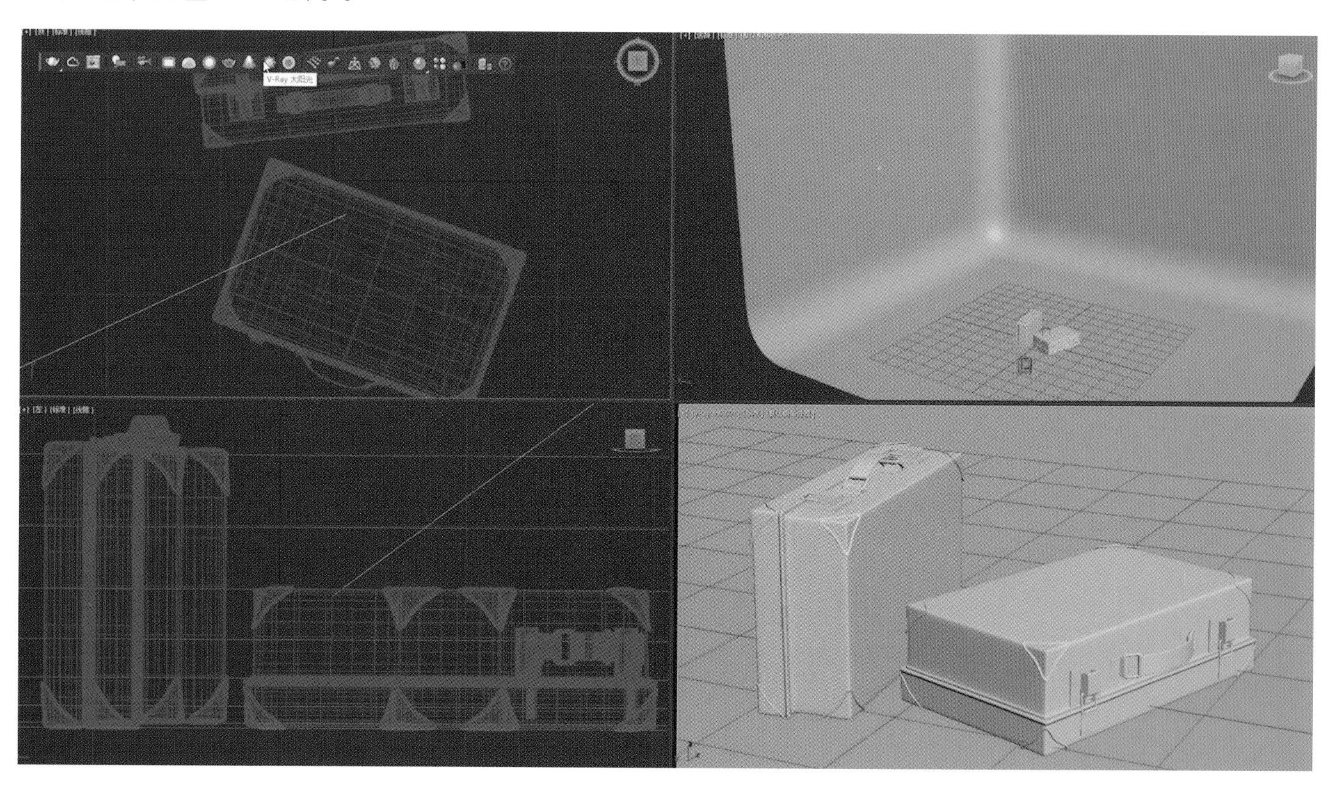

图 8-41　调整背景

（4）创建“VRay 太阳光”，新建“VRayMtl”材质并指定给背景，调节“漫反射”颜色，如图 8-42 所示。

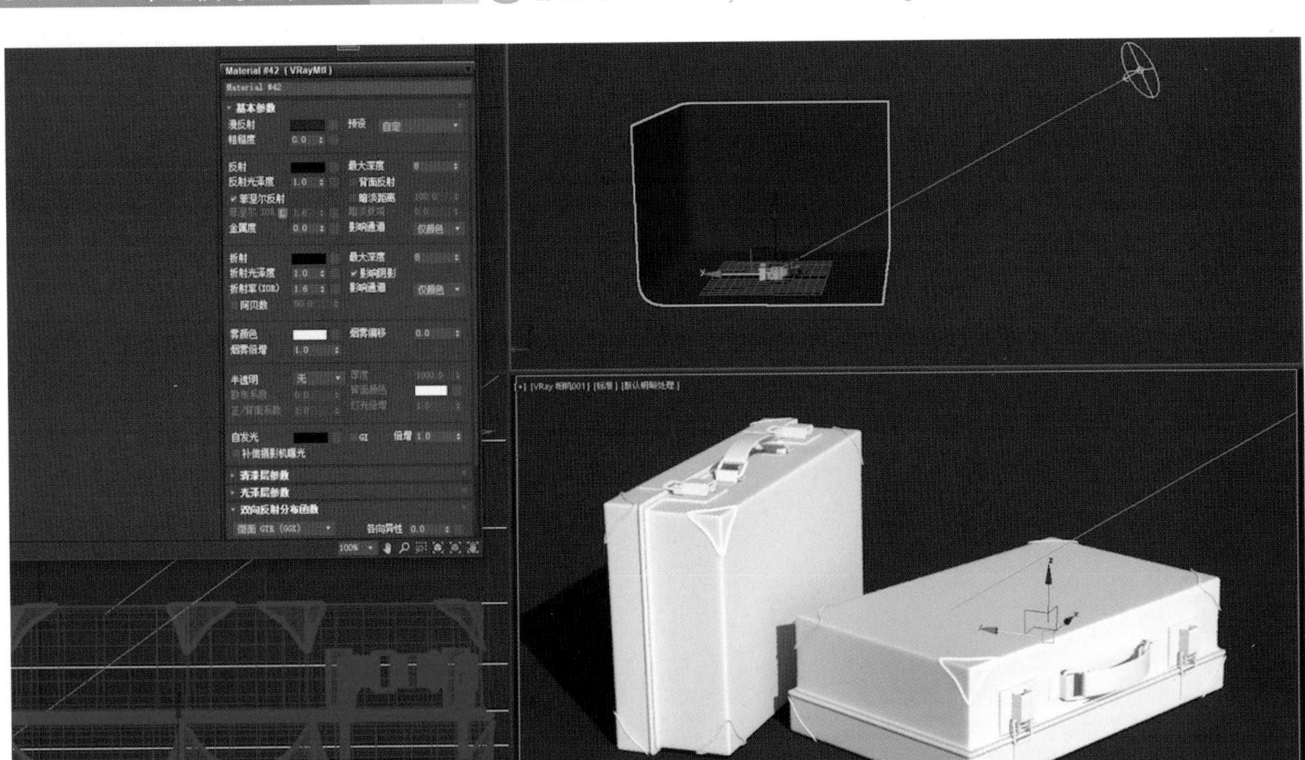

图 8-42　创建灯光并指定背景材质

（5）重新创建一个“VRayMtl”材质，指定给皮箱，选择贴图“Normal”“Roughness”“BaseColor”“Metallic”，分别连接至凹凸、粗糙度、漫反射、金属度通道，如图 8-43 至图 8-45 所示。

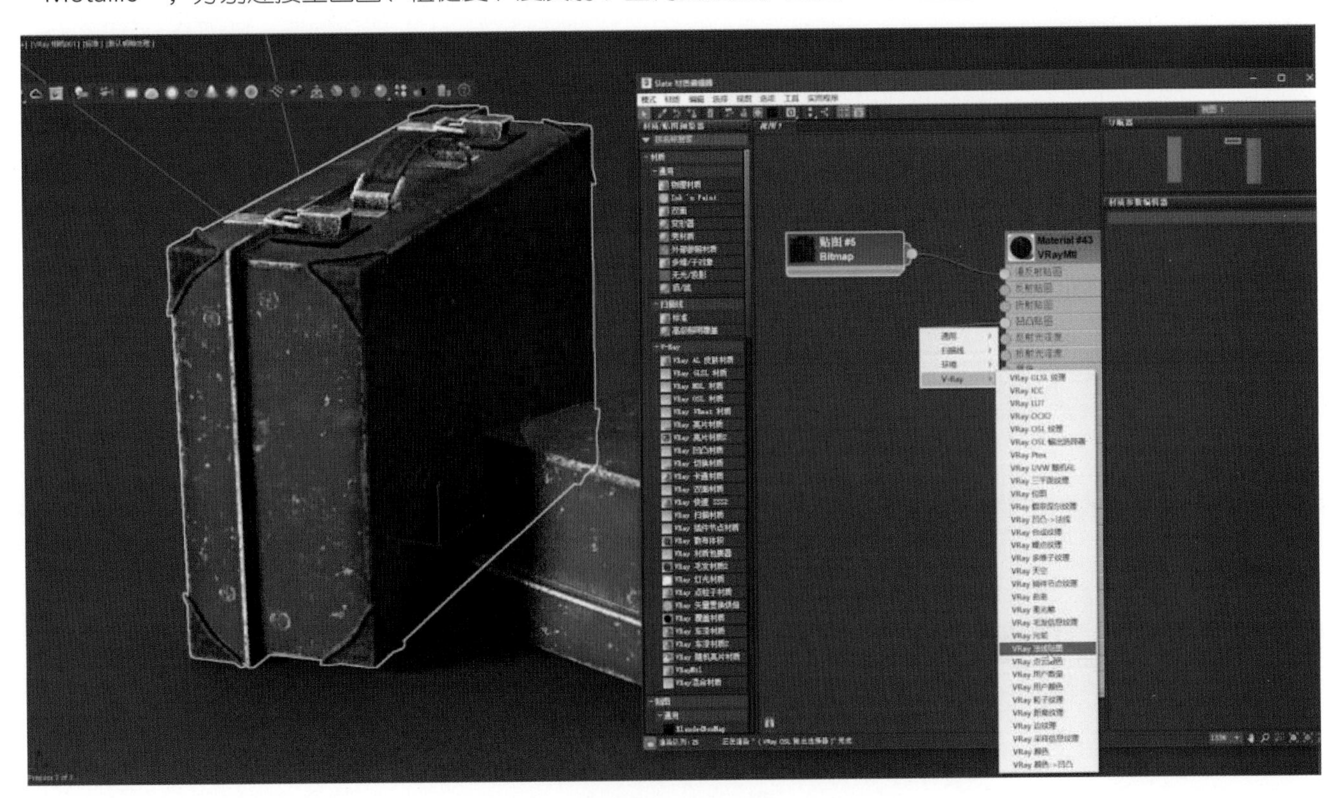

图 8-43　指定“VRayMtl”材质

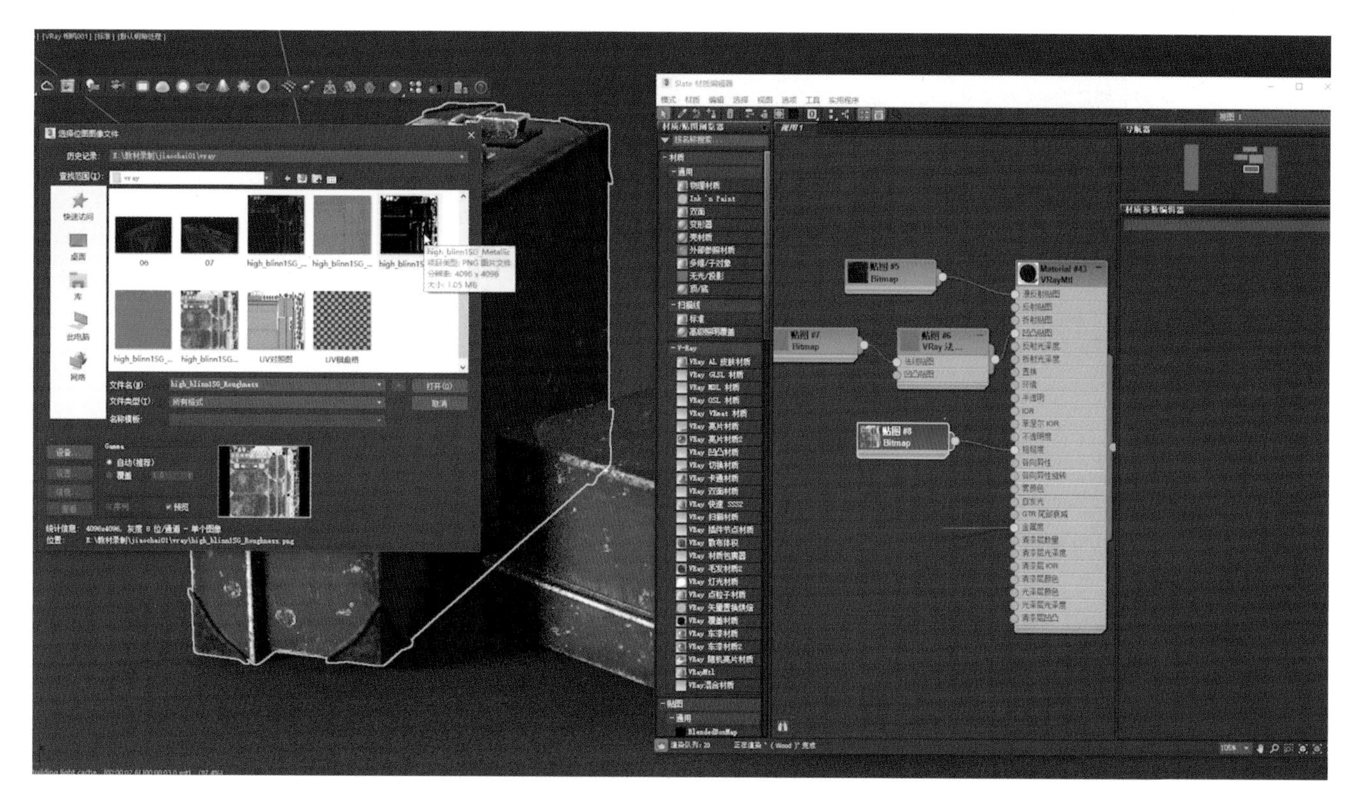

图 8-44 连接贴图至相应通道

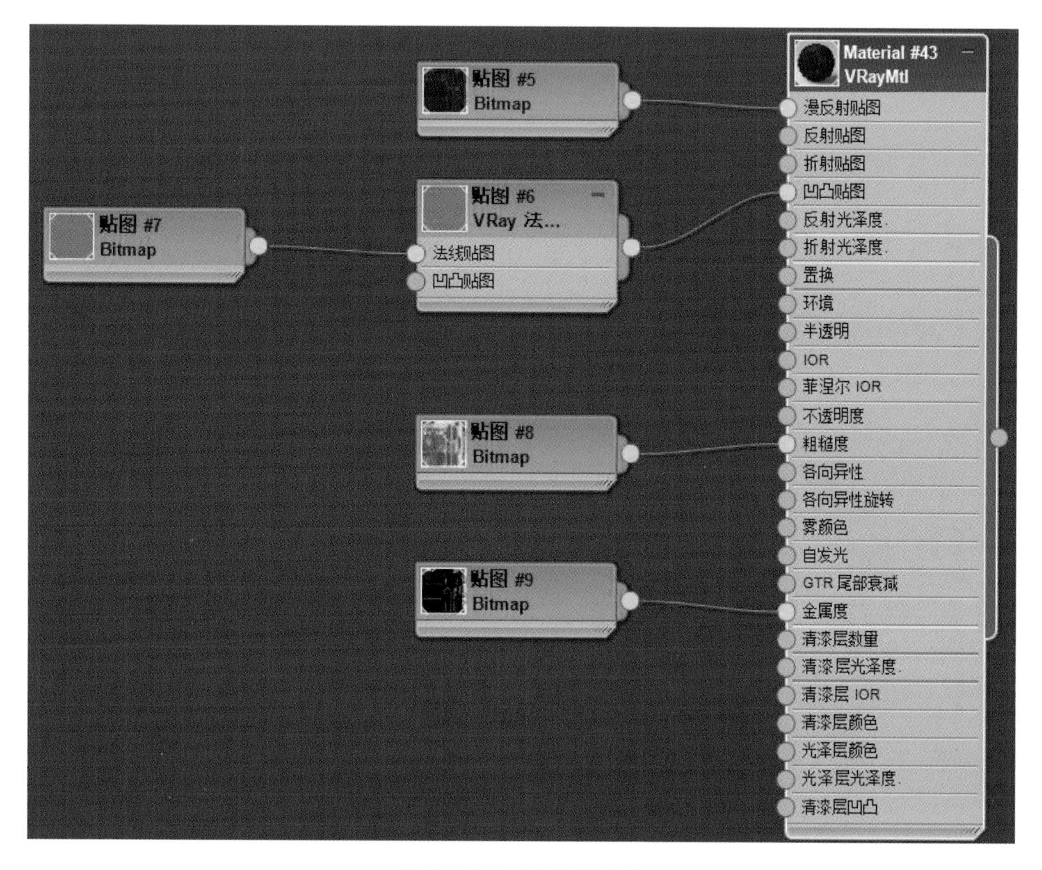

图 8-45 材质贴图连接

（6）修改“VRay 太阳光”的“过滤颜色”，创建“VRay 灯光”作为场景的辅光源，调整光源角度，营造场景整体氛围，如图 8-46 至图 8-50 所示。

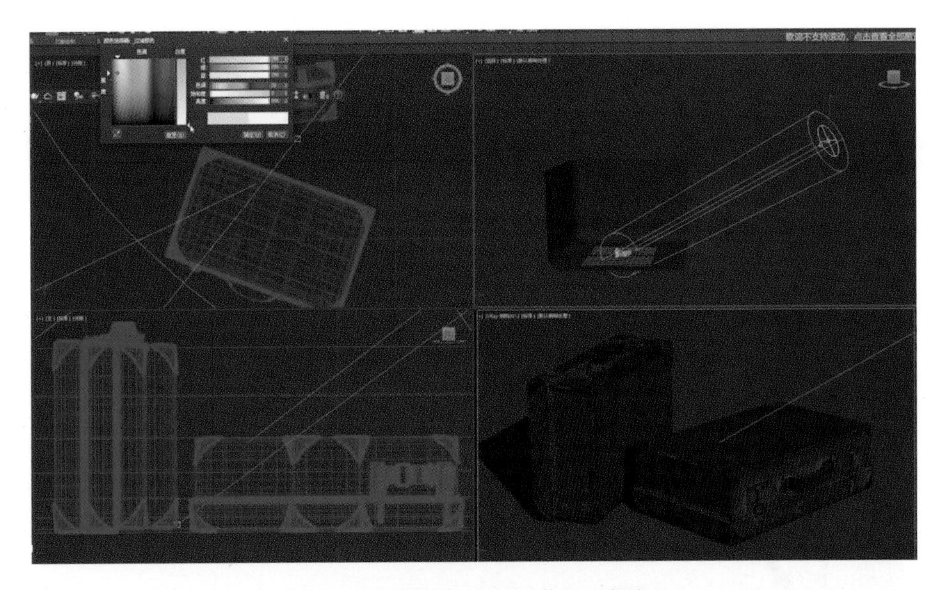

图 8-46 创建灯光并调节灯光颜色

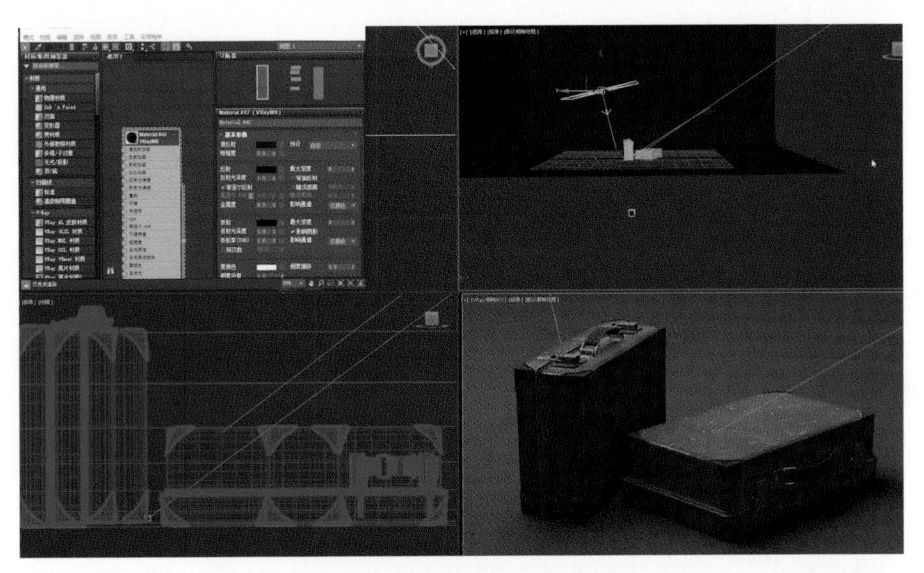

图 8-47 创建辅光源 1

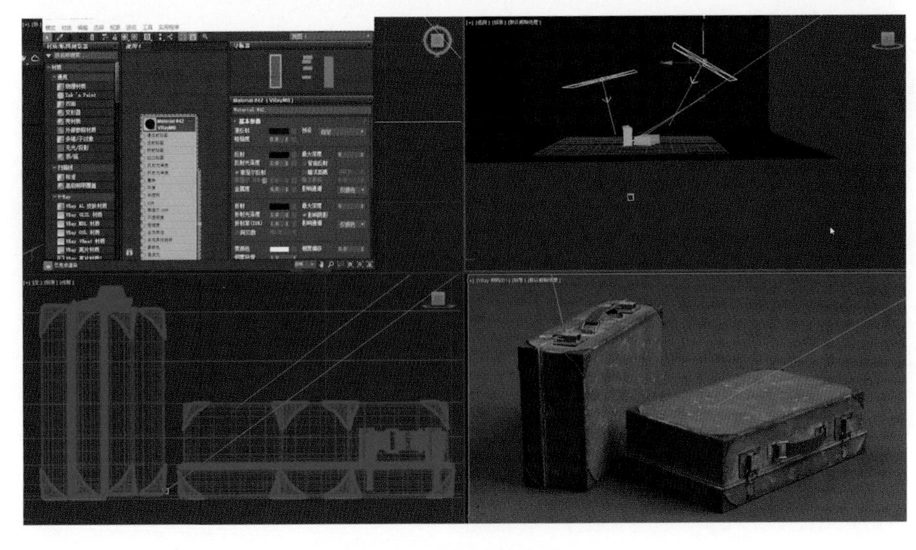

图 8-48 创建辅光源 2

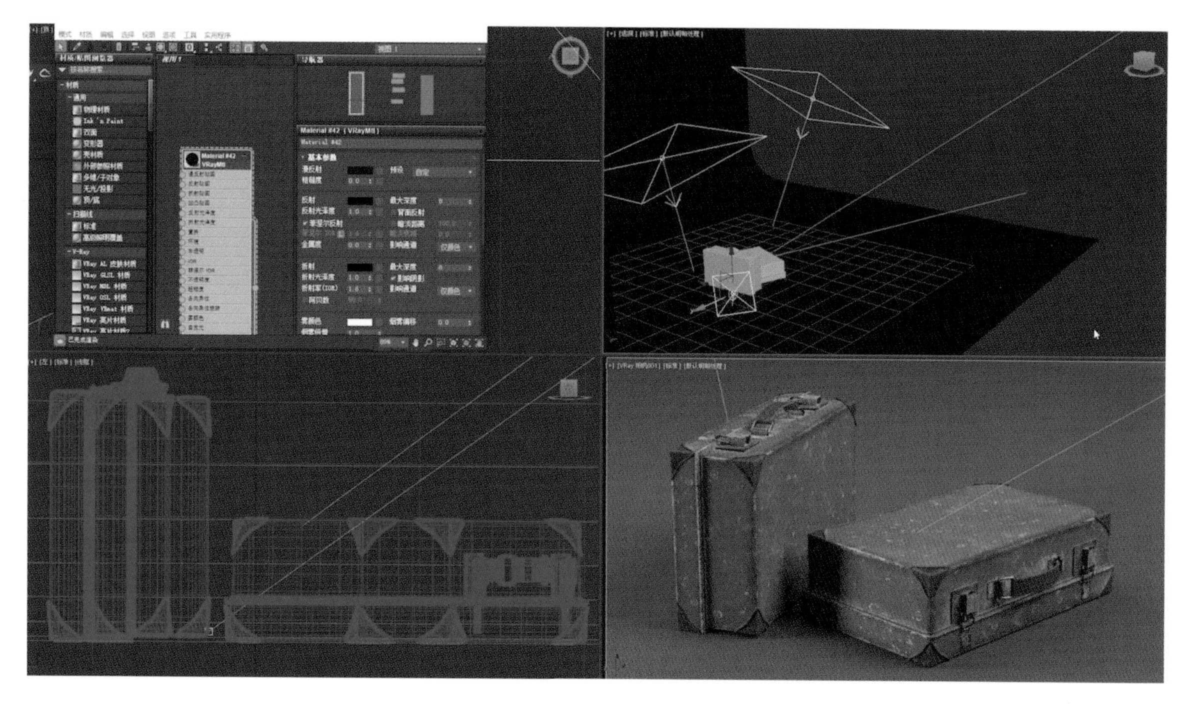

图 8-49 创建辅光源 3

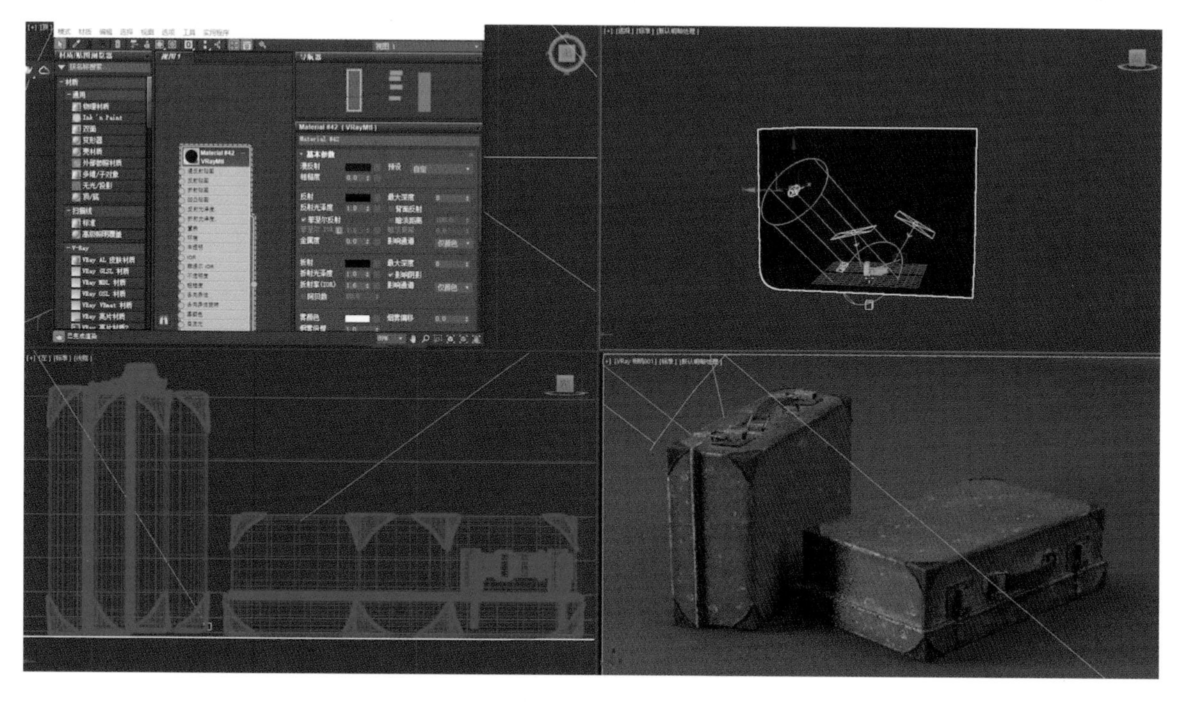

图 8-50 调整光源角度

（7）按“F10”键打开“渲染设置”窗口，指定“V-Ray 5，hotfix 2”渲染器，设置“公用”参数卷展栏“宽度”为“1920”，“高度”为“1080”，如图 8-51 所示。

（8）切换到“V-Ray”选项卡，开启“全局开关”卷展栏，点击切换至“高级”模式，选择“全局灯光评估”，“二次光线偏移”设置为“0.001”，如图 8-52 所示。

（9）在“图像采样器（抗锯齿）”卷展栏，设置“类型”为“渲染块”；在“渲染块图像采样器”卷展栏中设置“最小细分”为“2”，“最大细分”为“24”，“渲染块宽度”为“48.0”，“噪点阈值”为“0.003”，如图 8-53 所示。

图 8–51　指定渲染器并设置渲染尺寸

图 8–52　设置“全局开关”选项

图 8–53　设置图像采样器

（10）切换到“GI”选项卡，在“全局光照”卷展栏中设置“主要引擎”为“发光贴图”，“辅助引擎”为“灯光缓存”；在“发光贴图”卷展栏中设置“当前预设”为“高”；在“灯光缓存”卷展栏中调节“细分”为“2000”，如图 8–54 所示。

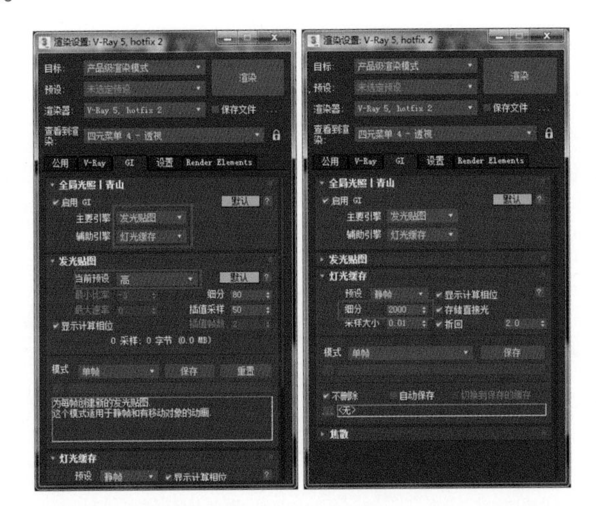

图 8–54　设置“GI”选项

（11）设置完成后激活摄影机视图，点击主工具栏“渲染产品”按钮渲染，最后结果如图 8–55 所示。

图 8–55　最终渲染效果

【本章小结】

本章主要介绍历史文物皮箱模型制作、UV 投射、贴图制作及渲染，希望帮助读者掌握道具模型制作流程，形成良好的职业习惯与工作素养。

【课题训练】

红色文化是中华民族的宝贵精神财富，具备重大的政治价值、教育价值等。在数字化技术的支持下，红色文物、红色历史能够以立体化、多层次的形式呈现在大众面前。请选择一件红色文物或一个历史场景，对其进行三维建模与渲染。